Heinz Mehlhorn · Birgit Mehlhorn

Zecken, Milben, Fliegen, Schaben …

Schach dem Ungeziefer

4. Auflage

Heinz Mehlhorn
Institut für Zoologie, Heinrich Heine
University
Düsseldorf, Deutschland

Birgit Mehlhorn
Neuss, Nordrhein-Westfalen, Deutschland

ISBN 978-3-662-61541-6   ISBN 978-3-662-61542-3   (eBook)
https://doi.org/10.1007/978-3-662-61542-3

Die Deutsche Nationalbibliothek verzeichnet diese Publikation in der Deutschen Nationalbibliografie; detaillierte bibliografische Daten sind im Internet über http://dnb.d-nb.de abrufbar.

Einbandabbildung: Fliege: © Sergii Figurnyi/stock.adobe.com; Zecke: © nata777_7/stock.adobe.com; Kakerlake: © NaMaKuKi/stock.adobe.com

Planung/Lektorat: Stefanie Wolf
Springer ist ein Imprint der eingetragenen Gesellschaft Springer-Verlag GmbH, DE und ist ein Teil von Springer Nature.
Die Anschrift der Gesellschaft ist: Heidelberger Platz 3, 14197 Berlin, Germany

Vorwort zur 4. Auflage

Der Rehbock scheut den Büchsenknall,
    doch die Ratt' gedeihet überall.

Wilhelm Busch

Die Erdbevölkerung erlebt zurzeit eine hochgradige Globalisierung, verbunden mit dem täglichen weltweiten Transport von Menschen, Tieren und Waren binnen weniger Stunden über den gesamten Globus. Damit bieten sich extrem schnelle Verbreitungsmöglichkeiten für Krankheitserreger – so auch von eventuell lebensbedrohlichen Parasiten des Menschen.

Die zustimmenden Reaktionen auf das Erscheinen der ersten drei Auflagen sowie die Zunahme von Parasiten und Schädlingen betroffener Personen haben uns bewogen, eine aktualisierte und erweiterte vierte Auflage folgen zu lassen, damit in der sommerlichen Hauptverbreitungszeit von potenziellen Schmarotzern dieser kleine Ratgeber wieder zur Verfügung steht. Die hier neben **alternativen Maßnahmen** zur Parasitenbekämpfung empfohlenen **chemischen Substanzen** unterliegen wegen ihrer potenziellen Giftigkeit der **Kontrolle** und **Zulassung** durch das Bundesgesundheitsamt. Nur bei **sachgemäßer Anwendung** – im Zweifelsfall besser beim Produzenten nachfragen – kann ein Gesundheitsrisiko nach dem gegenwärtigen Wissensstand ausgeschlossen werden. Aber in vielen Fällen kann der Leser – sofern er die Schädlingsart erkannt und/oder ihre Harmlosigkeit ermittelt hat – auf Chemie verzichten und eines der hier vorgestellten einfachen, schützenden Verfahren wählen. Daneben gibt es aber manche Schädlinge (bzw. ihr massenhaftes Auftreten), deren Bekämpfung nur durch gut ausgebildete Spezialisten (Schädlingsbekämpfer, „Kammerjäger") erfolgen kann, was stets schnell nach der Beobachtung ihres Auftretens am Körper bzw. in der Behausung erfolgen sollte, um eine Ausbreitung bzw. das Auftreten von Krankheiten zu vermeiden. Die Entdeckung und Beseitigung von potenziellen gesundheitlichen Schäden infolge von Schädlings- bzw. Parasitenbefall können den Gang zum Arzt erforderlich machen, was dann aber auch unverzüglich erfolgen sollte, wenn man Schäden vermeiden möchte. Zu einer möglichst **objektiven Einschätzung** der persönlichen bzw. häuslichen „Gefahrenlage" will dieses Büchlein beitragen. Auf der anderen Seite soll auch dringend vor dem unbesehenen Einsatz von häufig nicht näher geprüften sog. „biologischen Mitteln" gewarnt werden, insbesondere wenn ihre Inhaltsstoffe unbekannt bzw. gefährlich sind, sofern sie auf die Haut und/oder in die Atemwege von Mensch und Haustier gelangen. Denn auch biologische Stoffe können durchaus giftig sein! Ein am Ende des Buches angefügtes Glossar erklärt einige Fachausdrücke, die häufiger wiederkehren. Gleichzeitig erneuern wir unser Anerbieten, bei ungeklärten Objekten mit Rat zur Seite zu stehen, denn nur nach Erkennen der Erreger können Maßnahmen zur Vorbeugung und Bekämpfung erfolgen.

März 2020   Birgit Mehlhorn

Heinz Mehlhorn

Danksagung

Die Drucklegung dieses Buches in einer ansprechenden Form ist ohne Hilfen Dritter nur schwer möglich. So danken wir herzlich unseren Kollegen, die uns einige Abbildungen überließen:

- Frau Britta Franzheim, Aachen
- Dr. M. Martinez Gomez, Universität Bogota, Kolumbien
- Prof. Dr. J. Grüntzig, Universität Düsseldorf
- Dr. R. Hüther, Universität Bochum
- Prof Dr. H. Krampitz (†), Universität München
- Prof. Dr. W. Peters (†), Universität Düsseldorf (aus einem gemeinsamen Buch)
- Dr. S. Thomas, Lübeck
- Dr. V. Walldorf, Universität Düsseldorf

<table>
<tr><td>Düsseldorf
März 2020</td><td>Birgit Mehlhorn
Heinz Mehlhorn</td></tr>
</table>

Inhaltsverzeichnis

1 Ungezieferwahn, Psychosen 1

2 Welche Formen von Schädlingen gibt es? 5
   2.1 Haus- und Gesundheitsschädlinge 5
   2.2 Gefahren auf Reisen, Erkrankungen, Überträger (Vektoren) 25
   2.3 Lästlinge 27
   2.4 Nützlinge und Zufallsgäste 27
   2.5 Materialschädlinge 27
   2.6 Vorratsschädlinge 28

3 Spinnen und Skorpione 33
   3.1 Verschiedene Spinnenarten 33
      3.1.1 *Latrodectus*-Arten (Schwarze Witwen) 33
      3.1.2 Weitere einheimische Spinnen von Bedeutung 35
      3.1.3 Dornfinger-Arten (Gattung *Cheiracanthium*) 36
      3.1.4 Braune Einsiedler- bzw. Violinenspinne (*Loxosceles reclusa*) 37
      3.1.5 Australische Trichternetzspinnen (*Atrax robustus, Hadronyche*-Arten) 38
   3.2 Skorpione 39

4 Zecken 41
   4.1 Bedeutende Zeckenarten 41
      4.1.1 Taubenzecken (*Argas*-Arten) 41
      4.1.2 Braune Hundezecke (*Rhipicephalus sanguineus*) 44
      4.1.3 Holzbock (*Ixodes ricinus*) 46
      4.1.4 Taiga-Zecke (*Ixodes persulcatus*) 50
      4.1.5 *Hyalomma*-Arten 51
   4.2 Erkrankungen des Menschen durch von Zecken übertragene Erreger 51
      4.2.1 Frühsommer-Meningoencephalitis (FSME) 51
      4.2.2 Russische Frühsommer-Meningoencephalitis 54
      4.2.3 Borreliose (*Lyme disease*) – die verkannte Volkskrankheit 54
      4.2.4 Afrikanisches Zeckenfieber 59

4.3 Schutz vor Zeckenbefall. 59
4.4 Zeckenentfernung 60
4.5 Weitere wichtige Zecken in Deutschland (und Importe). 61
4.6 Die 30 häufigsten Irrtümer bei Zeckenbefall 64

5 Milben 69
5.1 Hausstaubmilben *(Dermatophagoides pteronyssinus)*. 69
5.2 Vorratsmilben. 73
5.3 Saug- bzw. Raubmilben 74
    5.3.1 Hühnermilbe (Rote Vogelmilbe, *Dermanyssus gallinae*) . . . 74
    5.3.2 Nordische Vogelmilben *(Ornithonyssus, Bdellonyssus, Liponyssus)*. 76
    5.3.3 Herbstmilbe *(Neotrombicula autumnalis)* 76
    5.3.4 Kugelbauchmilben *(Pyemotes*-Arten) 79
5.4 Nage- bzw. Grabmilben 79
    5.4.1 Krätz- bzw. Räudemilben. 79
    5.4.2 Haarbalgmilben *(Demodex folliculorum)* und Talgdrüsenmilben *(D. brevis)*. 83
    5.4.3 Pelzmilben *(Cheyletiella*-Arten) 84

6 Insekten 87
6.1 Fliegen 89
    6.1.1 Familie Muscidae. 89
    6.1.2 Vertreter der Familien Calliphoridae und Sarcophagidae . . . 98
    6.1.3 Lausfliegen (Familie Hippoboscidae) 104
    6.1.4 Bremsen (Familie Tabanidae) 106
6.2 Mücken (Familie Culicidae und andere) 108
    6.2.1 Hausmücken *(Culex-* und *Culiseta*-Arten). 111
    6.2.2 Fiebermücken *(Anopheles*-Arten) 112
    6.2.3 Stechmücken in Hausnähe. 114
    6.2.4 Latrinenfliegen *(Psychoda)* 117
    6.2.5 Sandmücken (Phlebotomidae). 118
6.3 Läuse 120
    6.3.1 Anoplura. 121
6.4 Flöhe (Siphonaptera) 129
    6.4.1 Freilebende Arten. 134
    6.4.2 Hautpenetrierende Flöhe 135
6.5 Wanzen. 136
    6.5.1 Bettwanzen *(Cimex*-Arten). 136
    6.5.2 Andere „Bettwanzen" 140
    6.5.3 Raubwanzen (Reduviidae). 140
6.6 Schaben 144
    6.6.1 Deutsche Schabe, Hausschabe *(Blattella germanica)* 148
    6.6.2 Orientalische Schabe, Küchenschabe *(Blatta orientalis)*. . . . 148
    6.6.3 Möbel-, Braunbandschabe *(Supella longipalpa)* 149
    6.6.4 Amerikanische Schabe *(Periplaneta americana)*. 149

6.7 Ameisen (Formicidae) 150
   6.7.1 Pharaoameise *(Monomorium pharaonis)*. 153
   6.7.2 Rasenameise *(Tetramorium caespitum)* 154
   6.7.3 Rossameise *(Camponotus ligniperda)* 154
   6.7.4 Glänzendschwarze Holzameise *(Lasius fuliginosus)* 155
   6.7.5 Mauerameisen *(Lasius brunneus)* 155
   6.7.6 Schwarzgraue Wegameise *(Lasius niger)* 155
6.8 Bienen, Wespen, Hornissen 155
6.9 Heimchen, Hausgrillen *(Acheta domesticus)* 162

7 **Nagetiere** 165

8 **Insektizide und Repellentien** 169
8.1 Insektizide 169
8.2 Repellentien 172
   8.2.1 Wie lange wirken Repellents? 172
   8.2.2 Welche Kriterien muss ein sehr gutes Repellent
       erfüllen? 173

Anhang: Glossar – Begriffserläuterungen 175

Literatur 185

Stichwortverzeichnis 189

Hierunter versteht man bei diesbezüglich Erkrankten das Auftreten der unkorrigierbaren, subjektiven Gewissheit, in oder auf der Haut von Parasiten befallen zu sein. Dabei lassen sich dann bei Untersuchungen durch hautärztliche wie auch zoologische Spezialisten **keinerlei** Beweise dafür finden! Dieses Krankheitsbild ist ein Phänomen aus der Psychopathologie – häufig sind insbesondere ältere, alleinstehende Personen davon betroffen, wie zahlreiche Fälle (Besuche) in der Düsseldorfer Universität zeigten.

Derartige Patienten fühlen sich ständig von irgendwelchen Schädlingen belästigt, befallen oder bedroht und erfinden ohne ersichtlichen Grund (also ohne Nachweis irgendwelcher tatsächlicher Schädlinge) ganze Legenden. Als **Beispiele** mögen folgende spektakulären **Fälle** dienen, die öfters in der täglichen Praxis des Autors aufgetreten sind:

- Eine 50-jährige Krankenschwester hat starkes Juckgefühl in der Haut und glaubt, dass dies von Schädlingen in ihrer Haut stammt, die gleichzeitig noch Signale aussenden, welche sowohl von ihr als auch den „Russen" wahrgenommen werden können (der Fall trat noch zu Zeiten der Teilung Deutschlands auf, als sich im Ostteil Deutschlands (DDR) noch stattliche Anzahlen von Soldaten der UdSSR aufhielten). Sie gibt an, derartige Signale auch von Schädlingen im Gemüse wahrnehmen zu können und kauft daher nur „nichtbefallenes" Gemüse ein. Zum Beweis ihrer Hypothese legt sie ständig Partikel aus ihrem Bett (in pseudowissenschaftlicher Art auf Objektträger aufgezogen) zur Untersuchung vor und glaubt den Beteuerungen des Untersuchers nicht, dass diese Objekte Hornpartikel etc. sind, selbst dann nicht, wenn er sie ihr im Mikroskop zeigt.
- Ein Mann (Beginn des Ungezieferwahns bereits mit 40 Jahren) glaubt, von Amöben (Einzellergruppe) befallen zu sein, die nach einer Darmpassage jeweils über die Haut (starker Juckreiz) wieder in den Mund einwandern.

Der Mann glaubt an eine neue wissenschaftliche Entdeckung, zimmert eine Theorie, lässt kostspielige rasterelektronenmikroskopische Aufnahmen von Pflanzenteilen aus seinen Fäzes erstellen (die er für Stadien des Amöbenzyklus hält) und läuft über 30 Jahre zu einer Vielzahl von parasitologischen und medizinischen Instituten. Er setzt sogar einen Preis für die Bestätigung seiner „Amöbentheorie" aus und ist keinem rationalen Argument zugänglich. Er wird leider von einigen „wissenschaftlichen Scharlatanen" finanziell ausgenutzt, die ihn geschickt in seiner Hypothese bestärken.

- Ein junger Mann (26 Jahre) glaubt, dass er eine „Ameisenkönigin" verschluckt hat, und bringt größere Mengen Speichel mit ins Institut. Dieser enthält einige offenbar von ihm hineinpraktizierte Ameisen.
- Eine junge Frau (etwa 25 Jahre alt) glaubt, dass Fliegen in ihrer Scheide leben. Sie bringt zum Beweis Urin mit adulten Latrinenfliegen zur Analyse.

Achtung: Einige Fliegenlarven können jedoch durchaus in die Haut von Menschen wie auch in deren Körperöffnungen eindringen, dies führt zu einer sog. **Myiasis** (Abb. 6.16).

Allen diesen und zahlreichen anderen an unser Institut gelangten Fällen ist gemeinsam, dass die Personen

- unter Allgemeinsymptomen wie Jucken, Kribbeln leiden;
- durch Zeitungs- oder Fernsehberichte auf einen Schädling aufmerksam werden;
- sich dazu eine Befallstheorie erstellen und diese durch Beweismaterialien abzusichern versuchen, wobei alles Mögliche, wie z. B. völlig harmlose Insekten, aber auch Pflanzenteile, als Beleg herbeigeschafft wird;
- für den Nachweis dieses vermeintlichen Schädlingsbefalls enorme Energien entwickeln, keine Kosten scheuen, weite Fahrten (z. B. aus der Schweiz bzw. Görlitz nach Düsseldorf) antreten etc.;
- rationalen Argumenten (z. B. eigenem Augenschein im Mikroskop) nicht zugänglich sind;
- sich auf keinen Fall in psychologische Behandlung begeben wollen, sondern den nächsten Schädlingsfachmann aufsuchen und den davor konsultierten für unfähig erklären (mitunter erstatten sie auch Anzeigen gegen Ärzte wegen unterlassener Hilfeleistung).

Dieser sog. **Dermatozoenwahn** ist für die Betroffenen eine äußerst quälende und zermürbende Realität, die, weil sie scheinbar niemand ernst nimmt, doppelt belastend wirkt und sie sogar zum Selbstmord treiben kann. Wahnkranke sind nämlich in diesem einen Punkt, also dem wahnhaften Ungezieferbefall, unheilbar. An ihrer Überzeugung halten sie mit starker subjektiver Gewissheit fest und lassen sich auch durch wissenschaftliche Beweise und logische Erklärungen von Medizinern bzw. Parasitologen nicht davon abbringen. Dabei rückt ihre wahnhafte Überzeugung durch starke Selbstbeobachtung (juckt es wieder?) immer mehr in den Mittelpunkt ihres Denkens und Empfindens. Die oft mehrstündige tägliche Beschäftigung mit dem Thema Parasiten beeinträchtigt ihre partnerschaftliche, familiäre, schließlich auch berufliche Position. In dieser objektiven persönlichen Notlage vertraut man sich nämlich anderen an und wird oft nur belächelt. Im Laufe des Dermatozoenwahns werden die Arzt- bzw. Parasitologen-Konsultationen immer verzweifelter, wobei die Betroffenen spezielle Heilmittel einfordern. Häufig werden auch in Eigenregie intensive und aggressive Körperdesinfektionen durchgeführt (z. B. Baden in einem Desinfektionsmittel), was wiederum zu Hautschäden führt und bakterielle Superinfektionen mit sich bringt. Im Extremfall entstehen so chronische Ekzeme, die die Wahngewissheit nur bestätigen. Ein Teufelskreis!

Wenn in einer Familie z. B. die Mutter dermatozoenwahnkrank ist, kann sie die Familie derart sensibilisieren, dass mehrere andere Familienangehörige nicht nur daran glauben, sondern auch dem gleichen Wahn verfallen können (Beispiel einer psychotischen Ansteckung).

Die Gründe für die Entstehung dieses **Ungezieferwahns** sind unbekannt. Eine völlige Heilung ist auch bei psychiatrischer Behandlung in vielen Fällen noch nicht gelungen. Allerdings gibt es sinnvolle Psychopharmaka, die, sofern der Patient sich im Weiteren auf eine psychologische Behandlung konsequent einlässt, gute Heilungschancen in mehr als 50 % der Fälle versprechen. Fatalerweise lehnen aber leider die meisten von Ungezieferwahn betroffenen Personen eine psychologische Therapie ab.

Andere Formen von Psychosen haben ebenfalls Schädlinge als äußeren Anlass. So legte z. B. eine Frau, die sich für bedroht von ihrem Mann hielt, Brotkäfer vor und verlangte die Bestätigung, dass er diese absichtlich (mit Mordabsicht) in ihr Essen praktiziert habe. Als aber nur auf die Harmlosigkeit dieser Käfer hingewiesen wurde, schlug ihre Freundlichkeit sekundenschnell in beträchtliche Aggressivität um.

Da aber in den meisten Fällen Wahnvorstellungen nur schwer zu erkennen sind, muss der Allgemeinarzt, der Schädlingsbekämpfer oder der meist zuletzt befragte Biologe zunächst die vom Patienten mitgebrachten Objekte gewissenhaft untersuchen, denn zahlreiche Schädlinge selbst oder ihr Kot können tatsächlich zu **Allergien** oder anderen Hauterscheinungen oder gar zur Übertragung von Erregern ernster Erkrankungen führen (z. B. FSME, Borreliose). So wird verhindert, dass Personen fälschlich des **Ungezieferwahns** verdächtigt werden (z. B. legte eine Frau zwar zahlreiche „harmlose" Insekten im Institut vor, ihre Kinder waren aber alle an Borreliose erkrankt).

Der **Ungezieferwahn** darf nicht mit der **Ungezieferphobie** gleichgesetzt werden. Unter letzterem Begriff versteht man den Ekel bzw. die Angst vor dem Kontakt bzw. dem Anblick von tatsächlich vorhandenen, aber eher harmlosen Tierchen wie Spinnen, Schnaken, Mäusen etc. Diese **Phobie** fand in der voremanzipierten Zeit ihren Ausdruck in sog. „Bildwitzen", wo Frauen auf Stühlen standen und ein Mäuschen neugierig zu ihnen aufsah. In vielen Filmen wird auf diese offenbar doch latent vorhandene Gruselbereitschaft weiter Kreise weiblicher und männlicher Kinobesucher spekuliert, wenn z. B. Spinnen (wie etwa im Film „Arachnophobia") enorme Giftigkeit bzw. Aggressivität angedichtet wird. Unterschiedlich starke Ausprägungen von derartigen Phobien führen oft zum Gefühl des

„Krabbelns von Ungeziefer" auf der tatsächlich aber nicht befallenen Haut. Dies erfolgt oft bereits, wenn derartige Insekten oder Spinnen lediglich im Gespräch erwähnt werden. Personen, die unter Ungezieferwahn leiden, sehen überall – auch in völlig harmlosen Tieren bzw. Teilen davon – aggressive Elemente.

Allerdings muss auch festgestellt werden, dass die Kenntnis von Schädlingen und Ektoparasiten gerade in Ärztekreisen nicht immer besonders hoch ist (weil dies in vielen Universitäten nicht (mehr) gelehrt wird) und daher ein tatsächlich bestehender Befall oft nicht erkannt wird, die Patienten dann fälschlich als von Dermatozoenwahn Betroffene abgestempelt werden und ihre Leiden andauern, weil sie eben nicht behandelt werden. Leider gibt es aber auch „Scharlatane" ohne jegliche medizinische und biologische Vorkenntnisse, die dann obskure Aktionen veranlassen, so Geld „zocken", aber wegen „Nichtheilung" die betroffenen Personen ihrem Leid überlassen.

Das vorliegende Büchlein soll daher Gewissheit verschaffen und die Erkennung der Schädlinge und echten Erreger erleichtern sowie die Klärung von Gefährdungspotenzialen schnell ermöglichen.

Welche Formen von Schädlingen gibt es?

2.1 Haus- und Gesundheitsschädlinge

Von alters her sind zahlreiche Tierarten bekannt, die in menschliche Behausungen eindringen, um dort Vorräte, gelagerte Materialien oder den Menschen selbst zu befallen. Diese Tierarten können auf unterschiedlichste Art und Weise (Wind, Flug, Zulauf, Körperkontakt, Haustiere etc.) in die Wohnungen gelangen, vermehren sich dort bei günstigen Bedingungen (Futter, schützende Verstecke etc.) oft explosionsartig und sind dann nur schwer wieder zu vertreiben – zumal sie sich stets in schwer zugänglichen Verstecken entwickeln und von dort aus (oft nachts) auf „Beutezug" gehen. Diese ungebetenen Gäste, die im Falle echter Schadwirkungen als Schädlinge, Schmarotzer oder Parasiten bzw. pauschalierend als Ungeziefer bezeichnet werden, gehören im Wesentlichen zum zoologischen Stamm Arthropoda (Gliedertiere) mit den einzelnen Gruppen Zecken, Milben, Spinnen, Skorpione und Insekten. Nur wenige andere Tierstämme sind auch noch beteiligt, können aber, wie z. B. Fadenwürmer (Nematoden) oder Säugetiere (Ratten, Mäuse), im Einzelfall durchaus in großer Individuendichte auftreten. Bei Hygiene- und Gesundheitsschädlingen im engeren Sinn handelt es sich um Arten, die direkt durch Stich oder Biss (als Blutsauger = Ektoparasiten) oder indirekt durch Fäkalien (z. B. Ratten, Schaben, Fliegen, Ameisen) Krankheitserreger des Menschen bzw. seiner Haustiere übertragen und so zu zum Teil massiven Erkrankungen führen können. In diese Kategorie gehören auch solche Arten, die durch massenhaftes Auftreten (z. B. Staubmilben) als Auslöser von Allergien indirekt massive Erkrankungen bewirken können. Manche Spinnen und Skorpione bedrohen auch die Gesundheit des Menschen. Dies erfolgt eher zufällig, wenn Menschen unbeabsichtigt mit ihren Fingern mit versteckten Individuen dieser Arten in Kontakt kommen.

Fundorte im Haus bzw. beim Menschen
Bestimmungsschlüssel nach Fundorten

Die vorgestellten Tiere können gefunden werden:

1	auf der Haut des Menschen	s. Kap. 4, 5, 6
2	an der Haut des Menschen	s. Abschn. 6.7
3	in der Kleidung des Menschen	s. Abschn. 6.4
4	im Haar des Menschen	s. Abschn. 6.3
5	im Fell bzw. in den Federn von Haustieren	s. Abschn. 6.4
6	im Bett des Menschen	s. Abschn. 6.3
7	im Lager bzw. Nest von Tieren	s. Abschn. 6.7
8	auf bzw. in Nahrungs- und Genussmitteln	s. Abschn. 6.7
9	in bzw. auf Materialien wie Fellen, Wolle, Holz, Papier	s. Abschn. 3.1
10	in ausgestopften Tieren bzw. Insektensammlungen	s. Abschn. 6.6, 6.7
11	in Kellerräumen	s. Abschn. 3.1, 5.2
12	in feuchten Räumen	s. Abschn. 5.2
13	in warmen Räumen (z. B. Backstuben)	s. Abschn. 6.6
14	in Lagerräumen	s. Kap. 5
15	unterm Dach, in Speichern	s. Abschn. 6.8
16	an Hauswänden	s. Abschn. 5.2, 6.7
17	in Dachrinnen	s. Abschn. 5.3
18	an Fenstern	s. Abschn. 6.1
19	auf Pflanzen und Gebüsch in Hausnähe	s. Abschn. 6.8
20	in Kotresten (von Ratten, Mäusen; z. B. als blutige oder schwarze Flecken) auf Bettwäsche und Tapeten	s. Abschn. 6.5

Einschleppmöglichkeiten
Bestimmungsschlüssel

Die aufgefundenen Tiere gelangen auf folgenden Wegen in die menschliche Behausung bzw. auf dessen Haut:

1	Sie fliegen zu	Mücken s. S. 108 Käfer s. S. 28 Zufluginsekten s. S. 89
2	Sie wandern auf der Futtersuche selbstständig zu	Nager s. S. 165 Lästlinge s. S. 150, 162
3	Sie werden von Haustieren eingeschleppt	Flöhe s. S. 129 Läuse s. S. 120 Milben s. S. 69 Zecken s. S. 41

4	durch Körperkontakt mit anderen Menschen	Läuse s. S. 120 Flöhe s. S. 129
5	Befall erfolgt bei Wanderungen bzw. im Garten	Zecken s. S. 41 Milben s. S. 69
6	Sie gelangen mit gebrauchten Möbeln ins Haus	Wanzen s. S. 136 Schaben s. S. 144 Holzschädlinge s. S. 149
7	Sie werden im Koffer bzw. auf dem Körper von Reisen mitgebracht	Schaben s. S. 144 Wanzen s. S. 136 Flöhe s. S. 129 Läuse s. S. 120
8	Sie gelangen mit (gekauften) Nahrungsmitteln ins Haus	Vorratsschädlinge

Bestimmungsschlüssel für Parasiten und Schädlinge

Hinweis: Ein solcher Bestimmungsschlüssel benutzt äußerlich sichtbare Merkmale des Körperbaus zur Unterscheidung von einzelnen Tiergruppen bzw. -arten, die im Haus auftreten oder den Körper befallen. Im Wesentlichen wird dabei auf die mitteleuropäischen Verhältnisse Bezug genommen. Es finden sich aber auch Hinweise auf einige wichtige Arten, mit denen der Tourist weltweit im Urlaub „Bekanntschaft" machen kann oder die mittlerweile in Europa eingewandert sind. Bei **Benutzung** dieses einfachen Bestimmungsschlüssels beginnt man bei **Frage 1,** liest alle Möglichkeiten, entscheidet sich für eine und wird auf die **nächste Frage** (hier z. B. auf **2** bzw. **3)** verwiesen. Dort liest man wieder **alle** Möglichkeiten (**a, b, c etc.**), überprüft diese anhand der Abbildungen und gelangt schließlich zum Namen des Schädlings. Der Seitenverweis führt dann zur jeweiligen Stelle der Darstellung im Buch. Ist man einen falschen Weg gegangen und so zu einer falschen Abbildung gelangt, so beginnt man am besten von vorn.

Frage	Merkmale	Bestimmtes Tier	Weiter mit
1 a)	Aufgefundene Tiere sind beinlos		2
1 b)	Tiere besitzen Beine		3
2 a)	Tiere besitzen eine breite, feuchte Kriechsohle, sind meist mehrere Zentimeter lang	Schnecken	
2 b)	Tiere sind im Querschnitt drehrund und bewegen sich schlängelnd	Würmer, Fadenwürmer	
2 c)	Tiere erscheinen äußerlich in Segmente gegliedert, sind vorn oft zugespitzt, bewegen sich durch Körperkontraktionen bzw. mit Beinen	Insektenlarven	s. S. 87
2 d)	Stadien sind ovoid und unbeweglich	Eier und Puppen von Insekten	s. S. 87

Frage	Merkmale	Bestimmtes Tier	Weiter mit
3 a)	Tiere weisen vier Beine auf	Nager	s. S. 165
3 b)	Tiere mit vier Beinpaaren		5
3 c)	Tiere mit drei Beinpaaren		8
3 d)	Tiere mit mehr als vier Beinpaaren		4
4 a)	Flache Tiere, Beine lang	Hundertfüßer	s. S. 39
4 b)	Tiere im Querschnitt drehrund, mit vielen kleinen kurzen Beinen	Tausendfüßer	s. S. 28
4 c)	Tiere sehen geschuppt aus, besitzen ventral sieben Beinpaare	Asseln	
5 a)	Tiere mit einem zusätzlichen Paar Scheren	Pseudoskorpione	
5 b)	Körper in zwei Teile untergliedert, Beine nur am Vorderkörper	Spinnen	s. S. 33
5 c)	Tiere mit ungeteiltem Körper		6
6 a)	Beine extrem lang	Weberknechte	s. S. 33
6 b)	Beine in Relation zum Körper sehr kurz		7
7 a)	Meist deutlich unter 1 mm lang (nur mit der Lupe sichtbar), deutlich beborstet	Milben	s. S. 69
7 b)	Meist mehrere Millimeter lang, saugen sich in der Haut fest; wenn freilaufend, dann Mundwerkzeuge von oben oder unten sichtbar	Zecken	s. S. 41
8 a)	Tiere mit deutlich sichtbaren Flügeln		9
8 b)	Tiere mit verdeckten Flügeln		13
8 c)	Tiere ohne Flügel		15
9 a)	Tiere mit zwei Flügeln		10
9 b)	Tiere mit vier Flügeln		11
10 a)	Fühler lang, vielgliedrig	Mücken	s. S. 108
10 b)	Fühler kurz	Fliegen	s. S. 89
11 a)	Flügel ausgefranst, Größe unter 2 mm	Thripse	
11 b)	Flügel ständig sichtbar		12
11 c)	Nicht alle Flügel sichtbar		13
11 d)	Flügel als Stummelreste	Lausfliegen	
12 a)	Flügel mit Schuppen bzw. Haaren bedeckt	Motten Schmetterlinge	
12 b)	Flügel durchsichtig, mit netzartigem Muster, grünlich, Augen goldglänzend	Köcherfliegen Florfliegen Kamelhalsfliegen Fransenflügler/Thripse	

Frage	Merkmale	Bestimmtes Tier	Weiter mit
12 c)	Flügel durchsichtig, ohne Schuppen, vorderes Paar manchmal größer als die hinteren	Wespen Bienen, Hummeln Staubläuse geflügelte Ameisen	s. S. 155 s. S. 155 s. S. 155
13 a)	Vorderflügel hart (sklerotisiert), überdecken die hinteren im Ruhezustand	Käfer	
13 b)	Vorder- und Hinterflügel erscheinen nur als „Rucksack"	Ohrwürmer = Dermaptera Kurzflügler (Käfer)	Nur im Freien
13 c)	Vorderflügel derbhäutig		14
14 a)	Vorderflügel zur Hälfte sklerotisiert, hinten durchsichtig, Rüssel eingeklappt dem Unterleib anliegend	Wanzen	s. S. 136
14 b)	Vorderflügel pergament-lederartig	Schaben	s. S. 144
14 c)	Fühler sehr lang	Grillen	s. S. 162
15 a)	Beine meist stummelförmig bzw. kurz		18
15 b)	Beine deutlich sichtbar		16
16 a)	Tiere dorsoventral abgeflacht		17
16 b)	Tiere lateral abgeflacht, kräftige Sprungbeine	Flöhe	s. S. 129
16 c)	Tiere mit Sprunggabel am Hinterende	Collembolen	
16 d)	Tiere mit kräftigen Kiefern	Ameisen Termiten	s. S. 150
16 e)	Tierkörper ungegliedert, nur wenige Millimeter groß, Mundwerkzeuge deutlich vorn abstehend	Larven der Zecken	s. S. 41
17 a)	mit Klammerbeinen	Saugläuse	s. S. 120
17 b)	Kopf breiter als Brust	Haarlinge Federlinge	
17 c)	Tiere nur mit Lupe zu erkennen, in Büchern, Antennen lang	Bücherläuse, Staubläuse, Haar-, Federlinge	
17 d)	Mehrere Millimeter lang, Körperform gedrungen, Antennen kurz, Füße mit Klauen (Haltehaken)	Bettwanzen	s. S. 136, 140
17 e)	Tiere mit fadenförmigen Anhängen	Silberfischchen	s. S. 5
17 f)	Tiere mit ventralem Stechapparat, meist auf Pflanzen	Blattläuse	s. S. 27

Frage	Merkmale	Bestimmtes Tier	Weiter mit
18 a)	Tiere lang gestreckt mit langen Borsten	Larven der Pelz-, Speckkäfer	s. S. 27
18 b)	Tiere lang gestreckt mit kurzen Borsten	Flohlarven	s. S. 129
18 c)	Tiere, in der Mitte am breitesten, mit seitlichen Chitinfortsätzen	Larven der Kleinen Stubenfliege und Latrinenfliege	s. S. 89
18 d)	Tiere mit Stummelbeinen im Mittelteil	Schmetterlingslarven (Motten)	s. S. 27
18 e)	Tiere ohne Borsten		19
19 a)	mit Dornfortsatz am Hinterleib	Holzwespenlarven	
19 b)	Tiere sehr klein	Larven im Holz = minierende Käfer	
19 c)	Körper vorn am breitesten	Bockkäferlarven	

Häufige Hautreaktionen nach Stichen/Bissen von Schädlingen

Nach einem Stich ist eine der folgenden Reaktionen eingetreten (s. S. 12–15):

1	Ein mehr oder minder **heftiger Schmerz** tritt während oder kurz nach dem Stich bzw. Biss auf	Hundertfüßer Schwarze Witwe (Spinne) Wespen Bienen/Hummeln Ameisen Bremsen Kriebelmücken Stechfliegen Gnitzen Lausfliegen Kotwanzen	
2	Großflächige, **glänzende Entzündung (Erythem),** Rötung der Haut um die Stichstelle (ein bis mehrere Zentimeter im Durchmesser, Abb. 2.1; im Zentrum kann eine Quaddel liegen)	Herbstmilben	s. S. 76
3	**Hämorrhagischer Fleck,** evtl. zuerst blau, dann braun um die Stichstelle (anfangs oft nur wenige mm im Durchmesser, Abb. 2.4); kann wochenlang sichtbar bleiben und in ein sog. **Knötchen (Granulom)** übergehen	Kriebelmücken Bremsen, Gnitzen Wadenstecher Flöhe	s. S. 108 s. S. 129
4	Juckender **Hautausschlag (Pruritus)** mit pustelartigen Erhebungen (sehr verschiedenartig; Abb. 2.6)	Läuse Saugmilben allergische Reaktionen durch Milbenstich bzw. Insektengifte	s. S. 129

5	**Quaddel (Urtika).** Die Stichstelle schwillt im Bereich von 0,5– 2,5 cm Durchmesser unmittelbar nach dem Stich an (Abb. 2.2), wird dadurch scharf vom umgebenden Gewebe abgegrenzt und ist stets deutlich blasser als die geröteten angrenzenden Hautbereiche (s. o.); meist starker Juckreiz	Bettwanzen	s. S. 12
6	**Papel (Papula).** Hierbei handelt es sich um kräftig rot gefärbte, halbkugelförmige Erhebungen der Haut (> 1 cm) (Abb. 2.3)	Stechmücken	s. S. 12
7	Kleiner hämorrhagischer Fleck als Sofortreaktion nach Bremsenstich (Abb. 2.4)		s. S. 12
8	Große hämorrhagische Fläche Tage nach einem Bremsenstich (Abb. 2.5)		
9	Hautausschlag nach Hühnermilbenbefall (Abb. 2.6)		
10	Hautausschlag nach Herbstmilbenbefall (Abb. 2.7)		
11	Papel 24–36 h nach Mückenstichen (Abb. 2.8)		
12	Nässende Dermatitis bei Krätze durch *Sarcoptes scabiei*-Milben (Abb. 2.9)		
13	Reaktion auf Flohstiche. Sie stehen oft in Reihen (Abb. 2.10)		
14	**Allergische Reaktionen.** Stiche mit Speichelinjektion oder Kontakt mit Haaren oder bestimmten Teilen bzw. Exkreten von Ektoparasiten können zu verschiedenen **Reaktionen** bei Personen und Tieren führen, die spezifisch stark ausfallen und in die Klassen **I, II, III** und **IV** eingeteilt werden, wobei Typen **I–III** als sog. unmittelbare Hypersensitivitätstypen bezeichnet werden. Typ I gilt als IgE-abhängig, Typ II umfasst durch Antikörper bewirkte cytotische Reaktionen, während Typ-**III-Reaktionen** auf zirkulierende Antikörper zurückgehen und Serumstörungen bewirken. Typ-**IV-Reaktionen** werden von T-Lymphocyten und Makrophagen gesteuert und haben keine Beziehungen zu Antikörpern. **Lokale hypersensitive Reaktionen** zeigen sich im Bereich der Nase, Zunge und gelegentlich in der Lunge. **Systemische hypersensitive Reaktionen** treten dann auf, wenn die Allergene ins Blut- bzw. Lymphsystem vordringen und dann verschiedene Organe involvieren. Dabei tritt Anaphylaxie auf, die zum Tod führen kann. Anzeichen einer Anaphylaxe zeigen sich oft beginnend an der Haut mit generalisiertem Pruritus, Urtikaria und/ oder Angioödem. Blutgefäße werden durchlässig (durch Histamine gesteuert). Die Patienten zeigen dann typische "Schockreaktionen" begleitet vom Verschluss der Atemorgane. **Späte hypersensitive Reaktionen** treten in der Spätphase auf, beginnend 2–48 h nach dem auslösenden Kontakt mit einem allergisierenden Material. Es treten starke, lokale Reaktionen auf. Starker Juckreiz kann schon etwa 12 h nach dem auslösenden Kontakt auftreten und von starker Kontraktion der Blutgefäße begleitet sein. Die sog. **verzögerte Hypersensitivitätsreaktion** tritt meist nach 48–72 h nach Exposition zum Antigen auf und hält mehrere Tage an. Sie basiert auf der Reaktion von CD-4-positiven T-Lymphozyten gegen das Antigen, wobei Lymphokine ins Gewebe entlassen werden, die Monocyten anziehen.		

Abb. 2.1 Glänzende Entzündungen nach Saugakten von Herbstmilben

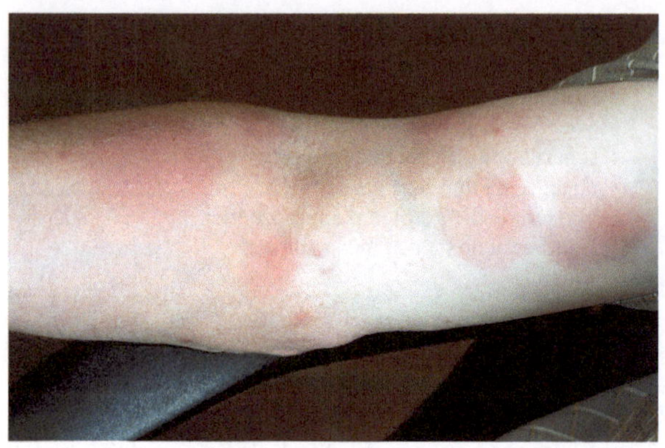

Abb. 2.2 Quaddelbildung nach Bettwanzenstichen

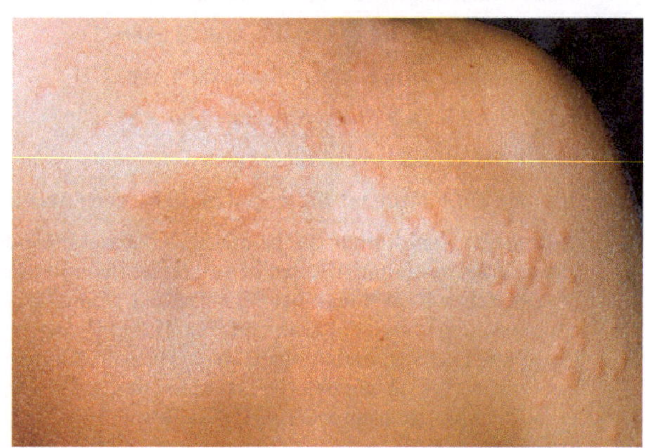

Abb. 2.3 Sofort-Stichreaktion nach Mückenstichen – das Zentrum ist erhaben

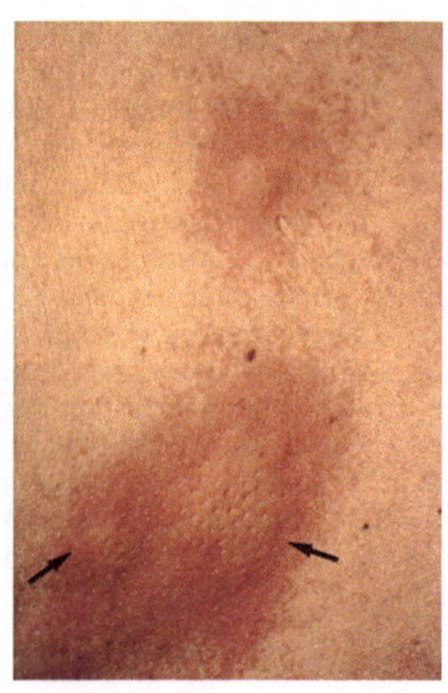

Abb. 2.4 Hämorrhagischer Fleck nach einem Bremsenstich

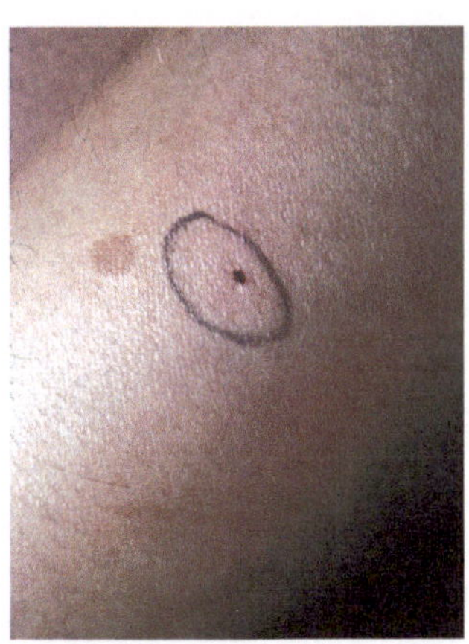

Abb. 2.5 Großer hämorrhagischer Fleck Tage nach einem Bremsenstich

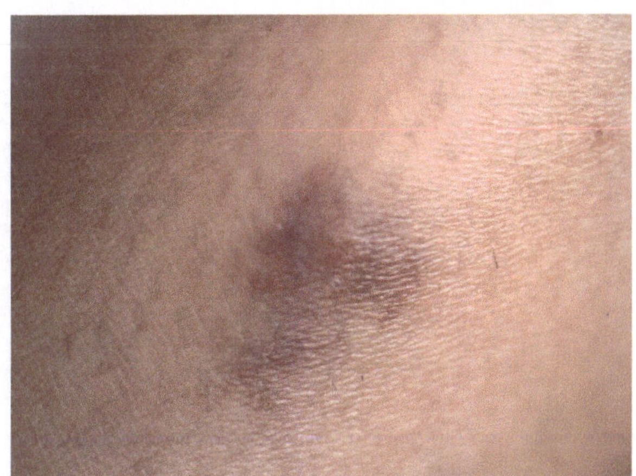

Abb. 2.6 Hautausschlag nach Hühnermilbenbefall

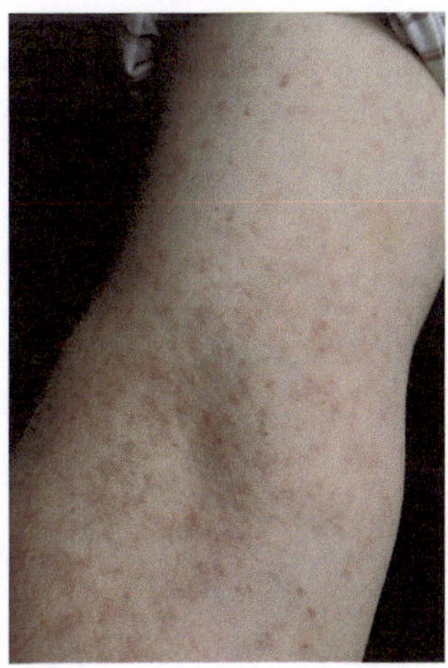

Abb. 2.7 Hautausschlag
nach Herbstmilbenbefall

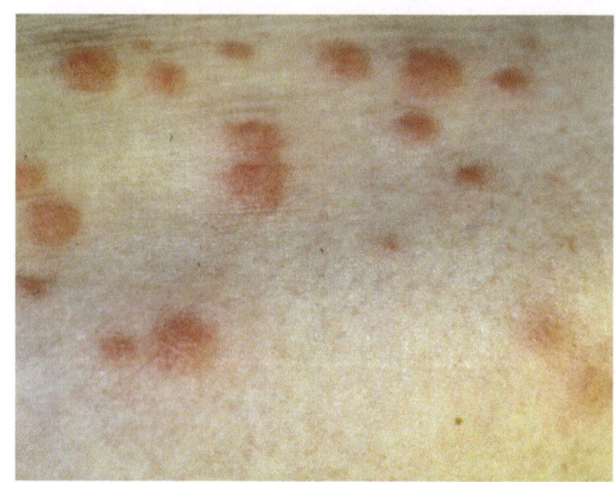

Abb. 2.8 Reduzierte
Papel 24–36 h nach einem
Mückenstich

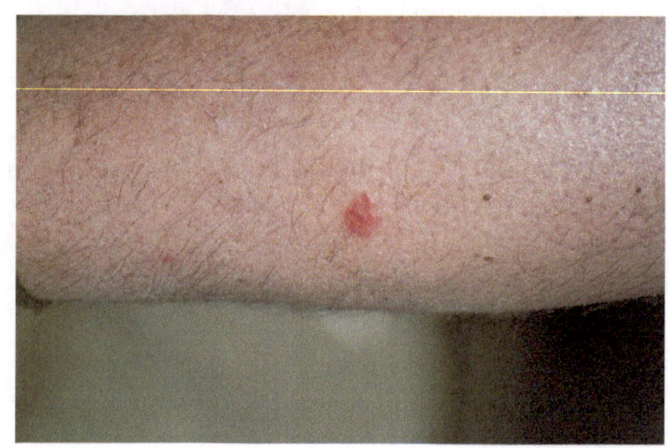

Abb. 2.9 Nässende
Dermatitis bei Krätze
(*Sarcoptes scabies*)

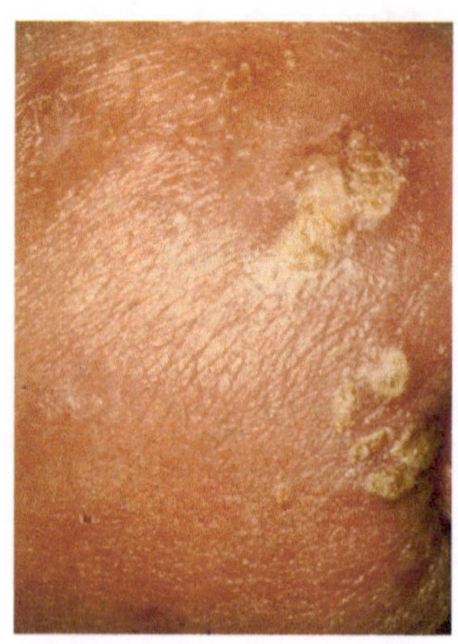

Abb. 2.10   Flohstiche (sie
stehen oft in Reihen)

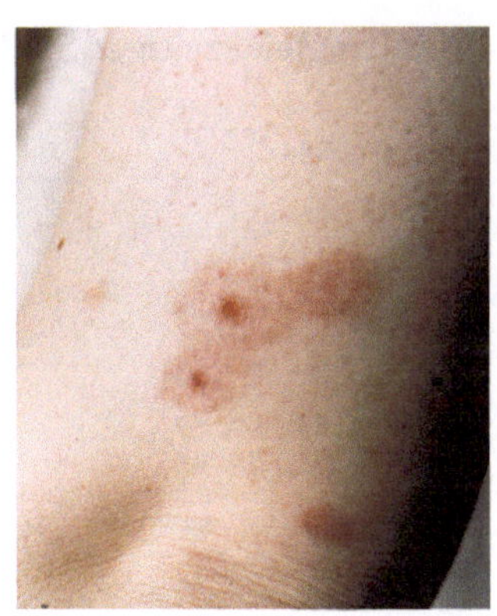

Häufige Lage der Stiche

Lage der Stiche	Blut-/Lymphsauger
Kopf, Nacken	Grasmilben Sandmücken Mücken Raubwanzen saugen (im Schlaf) Kopfläuse Gnitzen Kriebelmücken
Beine, Füße	Hundertfüßer Grasmilben Flöhe Sandflöhe Gnitzen Kriebelmücken Mücken Raubwanzen
Hände, Arme	Milben Mücken Gnitzen Kriebelmücken Flöhe Sandflöhe Sandmücken Hundertfüßer Spinnen
Rumpf	Spinnen Zecken Grasmilben Krätzmilben Raub-, Bettwanzen Kleiderläuse Filzläuse Flöhe
Genitalien	Krätzmilben Grasmilben

Anzahlen gleichzeitiger Stiche

Einzelne Stiche	Wenige	Viele
Hundertfüßer	Ameisen	Ameisen
Spinnen	Mücken	Krätzmilben
Ameisen	Stallfliegen *(Stomoxys)*	Grasmilben
Zecken	Flöhe	Kriebel-
Raubwanzen	Sandmücken	mücken
Skorpione	Raubwanzen	Gnitzen
		Flöhe
		Kleiderläuse
		Bettwanzen
		Mücken

Anordnung der Stiche

Einzeln, verteilt	In Gruppen	Linear angeordnet
Kopf-, Filzläuse	Grasmilben	Grasmilben
Bremsen	Krätzmilben	Bettwanzen
Kriebelmücken	Filzläuse	Flöhe
Mücken	Flöhe	
Ameisen	Ameisen	

Bedeutung von Blutsaugern

Während sog. Ektoparasiten (Fliegen, Bremsen, Mücken, Gnitzen, Kriebelmücken, Zecken, Milben etc.) sich durch Saugen von Blut oder Lymphe an der
Körperoberfläche ihrer Wirte ernähren und dabei nicht wirtsspezifisch den
Menschen oder Tiere attackieren, sind Arten der Endoparasiten, wie z. B. Fadenwürmer, die in Körperorgane wie Darm, Leber, Lunge, Herz, Hirn, Haut etc. vor-
dringen, meist auf einen speziellen Wirtstyp spezialisiert. Bei ihrem Blutsaugakt
übertragen die Ektoparasiten häufig Erreger, die weltweit zu gefährlichen
Erkrankungen bei Mensch und Tieren führen können (Tab. 2.1, 2.2 und 2.3).
Daher gilt es, Tiere und Menschen vor solchen Krankheitserregern zu schützen,
ohne dass Schäden bei ihnen oder in der Umwelt auftreten. Gerade der jüngere
„Skandal" um ein Insektizid (Fipronil), das eine Zulassung zum Schutz von
Hunden und Katzen gegen Ektoparasiten wie Flöhe hat, aber bei Legehennen in
Stallungen gegen Hühnermilben angewendet wurde und so in die Eier gelangte,
zeigt, wie wichtig es ist, die absolut notwendigen Schutzmaßnahmen gegen Ekto-
parasiten sachgerecht vorzunehmen.

Tab. 2.1 Beispiele von Blut- und Lymphesaugern bei Arthropoden und deren in Europa übertragenen Erregern

Arten	Erregertypen	Erkrankungen	Wichtige Wirte
Zecken *Ixodes ricinus* (Holzbock) und andere Zeckenarten	Viren	Frühsommer-Meningoencephalitis	M, H
	Bakterien	Borreliose, Anaplasmose, Ehrlichiose, Rickettsiose	M, H, P
	Einzeller	Babesiose	M, H, P, R
	Fadenwürmer	Filariose	H
Milben *Demodex*-Arten	Haarbalgmilbe	Demodicose	H, K, M, P, R
Sarcoptes-Arten	Krätzmilben	Scabies (Krätze)	H, M, P, R
Psoroptes-Arten	Räudemilben	Scabies (Krätze)	P
Neotrombicula autumnalis	Herbst-, Grasmilben, (Lymphesauger)	Hautefflorenzen	P, H, K, M
Insekten *Phlebotomus*-Arten	Sandmücken (Blutsauger)	Leishmaniose	M, H
Simulium-Arten	Kriebelmücken (Blutsauger)	Blutungen, Toxicose, Ödeme	M, P, R
Aedes-Arten	Wald-, Wiesenmücke (Blutsauger)	Blutungen, Virosen, Bakteriosen	M, H, K, P
Culicoides-Arten	Gnitzen (Blutsauger)	Überträger von Fadenwürmern und Viren	H, P, R, M
Tabanus-Arten	Bremsen (Blutsauger)	mechanische Übertragung von Erregern	H, P, R, M
Gattungen *Calliphora, Musca, Sarcophaga, Fannia* u. a.	Fliegen	mechanische Überträger von Viren, Bakterien, Wurmlarven, -eiern	H, P, R, M
Stomoxys calcitrans	blutsaugende Fliegen	mechanische Überträger	H, P, R, M
Gattungen *Lucilia, Hypoderma, Calliphora, Sarcophaga, Oestrus* etc.	Myiasis = Furunkel-Erreger	Larven dringen in Haut und Organe ein, mechanische Bakterienverbreitung	H, P, R, M
Ctenocephalides und andere Gattungen	Flöhe (Blutsauger) (♀, ♂)	Wurm-, Viren-, Bakterienübertragung	M, H, K, P

H = Hund; **K** = Katze; **M** = Mensch; **P** = Pferd; **R** = Rind

Tab. 2.2 Erregerübertragung bzw. Schadwirkung bei wichtigen Ektoparasiten des Menschen

Ektoparasiten	Schadwirkung
Stubenfliege: *Musca domestica*	mechanischer Vektor von über 100, z. T. auch extrem humanpathogenen Viren, Bakterien und Parasiten
Kadaverfliegen: *Calliphora*- Arten; *Lucilia*-Arten	Wund-Myiasis, Verschleppung von Bakterien und Parasiten in Wunden
Wadenstecher: *Stomoxys calcitrans*	Entzündung von Stichstellen führt zu Hypersensitivität, evtl. Anämie, potenzielle Verschleppung von Viren und Bakterien (z. B. Paratyphus)
Kriebelmücken: *Simulium*-, *Odagmia*-, *Boophtora*-Arten	Massive Stichwunden: subcutane Ödeme, Herz-Kreislaufversagen, Atembeschwerden, Schockreaktion durch Speicheltoxin, Lähmungen des Atemzentrums, Übertragung von Hautfilarien
Bremsen: *Tabanus*-, *Haematopota*-Arten	Schmerzhafte Stiche führen zu starkem Juckreiz; mechanische Übertragung von Anaplasmen, Bakterien und Filarien-Würmer
Lausfliegen: *Lipoptena,- Melophagus*-Arten	starker Juckreiz
Stechmücken: *Aedes*-, *Culex*-, *Anopheles*-Arten	Juckeiz, potenzielle Übertragung von Viren und Würmern, Übertragung der Malaria-Erreger, Dengue-Fieber, Rift-Valley-Fieber, Chikunkunya-Fieber, Filariosen; in Deutschland: Viren der Sommergrippe
Gnitzen: *Culicoides*-Arten	Überträger der Blauzungen-Viren, evtl. mit Todesfolge bei Rindern und Schafen; Erreger der Pferdesterbe; Viren generell
Flöhe *(Pulex irritans, Ctenocephalides felis)*	Überträger der Pesterreger, Viren, Bandwürmer; *Tunga penetrans* dringt in die Haut ein
Zecken *(Ixodes ricinus)*	Überträger der FSME-Viren, Borrelien, Anaplasmen etc., Rickettsiose, Tularämie, Kongo-Fieber, Babesiose
Zecken *(Rhipicephalus sanguineus)*	Erreger der Ehrlichiose, der Anaplasmose, Coxelliose, Q- Fiebers, des Mittelmeerküstenfiebers, Babesiose
Zecken *(Dermacentor reticulatus)*	Überträger der FSME-Viren, Ehrlichiose-/Anaplasmose-Erreger, Coxelliose-Erreger
Zecken *(Hyalomma marginatum)*	Erreger des Krim-Kongo-Fiebers (Viren)
Hausstaubmilben *(Dermatophagoides pternonyssinus)*	allergische Reaktionen
Hühnermilben *(Dermanyssus gallinae)*	Hämorrhagien, starker Juckreiz
Nordische Vogelmilbe *(Bdellonyssus gallinae)*	Papelbildung, starker Juckreiz, Erythem
Herbstmilben *(Neotrombicula autumnalis)*	Papelbildung, starker Juckreiz, Erythem
Krätzmilben *(Sarcoptes scabiei)*	Juckreiz, Epidermisbefall, Entzündungen
Haarbalgmilben *(Demodex folliculorum)*	Erythem, Rosacea, Seborrhö
Pelzmilben (*Cheyletiella*-Arten)	Papeln, Juckreiz

Tab. 2.3 Wann ist in Deutschland mit Befall durch Blutsauger zu rechnen?

Aktivitätsphase von blutsaugenden Simuliiden, Gnitzen, Stechmücken, Bremsen, Lausfliegen, Zecken in Mitteleuropa														
	Abkürzungen	ü = ♀♀ überwintern		E = Ei	L = Larve	P = Puppe	+ = aktiv							
Arten	Brutplatz	Januar	Februar	März	April	Mai	Juni	Juli	August	September	Oktober	November	Dezember
Simulium-, Odagmia-, Boophthora- Kriebelmücken	an Pflanzen in schnell fließenden Gewässern, 3–4 Generationen/ Jahr	−	−	−	+	+	+	+	+	+	+	−	−
Culicoides-Arten, 0,8–3 mm, Gnitzen	Silage, Kot, oft im Stall	+	+	+	+	+	+	+	+	+	+	+	+
Tabanus bovinus, 18–20 mm, Bremsen	Tümpel, Gräben, feuchte Erde	L	L	L	+	+	+	+	+	+	L	L	L
Haematopota pluvialis, 12–15 mm, Bremsen	Tümpel, Gräben, feuchte Erde	L	L	L	+	+	+	+	+	+	+	L	L
Anopheles maculipennis, 5,5 mm, Mücken	Larven in Gewässern	ü	ü	ü	ü,+	+	+	+	+	+	+	ü	ü
Culex *pipiens,* 5–7 mm, Mücken	Larven in Gewässern	ü	ü	ü	ü	+	+	+	+	+	+	+	ü
Aedes cantans, 6–8 mm, Mücken	Larven in Gewässenr	E	E	L	P	+	+	+	+	+	+	E	E
*Culiseta annulata,*6–9 mm, Mücken	Larven in Gewässern	E,L	E,L	L	L	+	+	+	+	E	E	E,L	E,L

(Fortsetzung)

Tab. 2.3 (Fortsetzung)

Aktivitätsphase von blutsaugenden Simuliiden, Gnitzen, Stechmücken, Bremsen, Lausfliegen, Zecken in Mitteleuropa

	Abkürzungen	ü = ♀♀ über-wintern	E = Ei	L = Larve	P = Puppe	+ = aktiv						
Arten	Brutplatz	Januar	Februar	März	April	Mai	Juni	Juli	August	September	Oktober	November	Dezember
Mansonia richiarchii, 6–8 mm, Mücken	Larven in Gewässern	L	L	L	L	L	+	+	+	+	L	L	L
Melophagus ovinus, 4–5 mm, Lausfliegen	Fell der Wirte, Haut	+	+	+	+	+	+	+	+	+	+	+	+
Lipoptena cervi, 3–5 mm, Lausfliegen	Fell der Wirte	+	+	+	+	+	+	+	+	+	+	+	+
Stomoxys calcitrans, 4–6 mm, Stechfliegen	Tierstreu, Dung	ü	ü	ü	+	+	+	+	+	+	+	ü	ü
Ixodes ricinus, 4–5 mm, Zecken	Unterlaub, in Verstecken	ü	ü	+	+	+	+	+	+	+	+	+	ü
Dermacentor reticulatus, 5–7 mm, Zecken	Unterlaub, in Verstecken	ü	ü	+	+	+	+	+	+	+	+	+	+
Neotrombicula sp., Herbstmilbe	Garten, Komposthaufen	–	–	–	–	±	+	+	+	+	+	–	–
Dermanyssus sp., Vogelmilbe	Wohnung, Stall, Spreu	+	+	+	+	+	+	+	+	+	+	+	+

Reaktionen auf Stiche von Blutsaugern

Auftreten	Weitere Symptome	Hinweise
leichte Schwellung	lokaler Schmerz, Jucken, Schwellung	hält etwa 2–3 Tage an, lokal lindern
starke Schwellung	Symptome verstärkt	hält mehrere Tage an
Anaphylaxe	lebensbedrohlicher Schock, Atemnot	sofortige Einlieferung ins Krankenhaus, Notarzteinsatz
toxische Reaktion	Kopfschmerzen, Erbrechen, Diarrhö, Schock durch mehrere Stiche	je nach Grad evtl. Notarzteinsatz
ungewöhnliche Symptome	Vasculitis, Neuritis, Nierenbeschwerden	Arztbesuch notwendig

Vorbeugung und Prophylaxe

Generelle Vorbeugungsmaßnahmen zielen darauf ab, den **Zuflug** bzw. das **Zuwandern** von Schädlingen ins Haus zu verhindern und deren **Vermehrung** möglichst zu erschweren. Dies kann durch folgende Maßnahmen erfolgen:

- Einbau von Fliegengittern vor Fenstern, auch im Keller; Anbringen von Gittern vor Abflussrohren
- Lichtquellen vor geöffneten Fenstern entfernen
- Hohlräume, Risse in den Wänden und andere Verstecke versiegeln
- Lebensmittel in Dosen einschließen
- keine Nahrungsmittel, Tierfutter oder Teile davon (Brösel etc.) herumliegen lassen, Gefäße schließen
- regelmäßiges Staubsaugen, Putzen der Böden der Wohnung
- gute Lüftung zur Vermeidung von Feuchtigkeit in Wohn- und Kellerräumen
- regelmäßige, sichere Müllentsorgung durchführen, Mülltonnen verschlossen halten
- Komposthaufen nicht in unmittelbarer Hausnähe anlegen.
- Abkühlung der Räume im Winter beim Lüften
- regelmäßiges Entflohen etc. von Haustieren: Auftragen von Repellents, Säuberung und Entwesung der Lagerstätten
- generelle Körperhygiene beim Menschen und den Haustieren
- Verwendung auch beim Menschen von sog. Repellents, die auf die Haut aufgetragen werden und für etwa 6 h wirken, sofern man sich im Freien (Garten, Wanderung) aufhält
- zur Mückenbekämpfung Teiche in Hausnähe mit Fischen und Fröschen (Froschlaich) bestücken; Regenwassertonnen verschlossen halten oder alle 6–7 Tage total leeren.

Etwaige Wirkdauer von Repellents (Wirkstoffe: Icaridin, DEET, IR3535) bei verschiedenen Blutsaugern

Artname	Potenzielle Erregerübertragung	Schutz vor Stichen bzw. Befall
Aedes albopictus, **Tigermücke**	Dengue-Fieber-Viren, Filarien	5–6 h
Aedes aegypti, **Gelbfiebermücke**	Gelbfieber-Viren, Filarien	5–6 h
Aedes Arten, **Wiesenmücken**	Viren, Filarien	> 6 h
Culex-Arten, **Hausmücken**	West-Nile-Fieber, Filarien	> 8 h
Anopheles-Arten, **Fiebermücken**	Malaria, Filarien	> 8 h
Simulium sp., **Kriebelmücken**	Onchocercose, Bakteriose	> 8 h
Stomoxys calcitrans, **Wadenstecher**	Virosen, Bakteriosen	> 5 h
Phlebotomus-Arten, **Sandmücken**	Leishmaniosen, Papataci-Fieber (Virus)	> 8 h
Culicoides-Arten, **Gnitzen**	Virosen, Bakteriosen	> 8 h
Tabanus-, Chrysops-Arten, **Bremsen**	Bakteriosen, Virosen, Filarien	> 5 h
Ixodes ricinus, **Holzbock (Zecke)**	Viren (FSME), Borreliose, Rickettsiose, Babesiose, Coxiellose	> 6 h
Dermacentor reticulatus, **Auenwaldzecke**	FSME-Viren, Rickettsiosen, Babesiose	> 6 h
Dermacentor variabilis, **Rotwildzecke**	Rocky-Mountain-Flecktyphus	> 8 h
Ctenocephalides-Arten, **Hunde-, Katzenfloh**	Pest, Bandwürmer, Viren	> 6 h
Dermanyssus sp., **Vogelmilbe**	Viren	> 6 h
Neotrombicula, **Herbstmilbe**	keine Erreger bekannt	> 4–6 h

Dies sind belastbare Daten, die bei Temperaturen von über 23° C erzielt wurden, bei niedrigeren Temperaturen ist der Schutz im Allgemeinen länger andauernd, bei Schwitzen oder Abwischen des Mittels muss früher nachgesprüht werden. Wichtig: Manche Arten stechen zweimal pro Nacht. Daher empfiehlt es sich z. B. in Malariagebieten, unter einem Moskitonetz zu schlafen, weil kein Repellent die ganze Nacht schützt

Maßnahmen/Gerätschaften
- **Insektenfallen.** Hier ist eine Reihe von Geräten auf dem Markt, die entweder mit Duftstoffen, Licht oder Tönen locken, um die Insekten dann durch Hitze bzw. chemisch abzutöten. Der gute alte **Fliegenfänger** (Klebeprinzip) ist ebenfalls erhältlich wie auch die manuelle, aber sehr wirksame „**Fliegenklatsche**".
- **Mäuse-, Rattenfallen.** Diese Geräte locken die Nager mit Futterködern an und töten sie mit einem Schlagbügel. Andere Geräte arbeiten nach dem Reusenprinzip; die Tiere überleben allerdings und müssen dann getötet werden.

- **Chemobekämpfung.** Hierbei werden vergiftete Köder für Ratten und Mäuse ausgelegt bzw. Insektizide versprüht. In beiden Fällen ist je nach Präparat eine Gefährdung der Umwelt und insbesondere von Kindern und Tieren gegeben, sodass stets größte Sorgfalt zu walten hat. Die jeweils aktuell erhältlichen Substanzen und die Anwendungstechniken (Versprühen, Vernebeln, Auftragen etc.) werden regelmäßig vom Bundesgesundsheitsamt bekanntgegeben und sind in der Liste enthalten, die vom Bundesamt für Verbraucherschutz und Lebensmittelsicherheit (BVL http://www.bvl.bund.de; Telefon: 0531/21497–0, Fax: 0531/21497–299, E-Mail: poststelle@bvl.bund.de) bezogen werden kann. Die Empfehlungen in diesem Büchlein basieren u. a. auf dieser Liste, die ständig überarbeitet wird und auch die Handelsnamen angibt.

- **Desinfektion.** Durch Einsatz von flächendeckenden Desinfektionsmitteln wird vielen Schädlingen die Ernährungsgrundlage (z. B. Pilze, Bakterien) entzogen und gleichzeitig die Verschleppung von Keimen (z. B. beim **klinischen Hospitalismus**) erschwert. Die Anzahl der Desinfektionsmittel ist sehr groß. Die aktuell gültige Liste von wirksamen und verträglichen Substanzen kann von der Deutschen Gesellschaft für Hygiene und Mikrobiologie (DGHM) bezogen werden. Ein Anruf bei entsprechenden universitären Instituten genügt in vielen Fällen zur Abklärung der Probleme.

- **Schutz vor Stichen.** Wie die Beispiele in Tab. 2.1 und 2.2 zeigen, sind der Mensch und seine Haustiere von einer großen Anzahl unterschiedlichster Blutsauger bedroht, deren Stiche Schmerzen bereiten und – schlimmer noch – Krankheitserreger übertragen. Daher ist Selbstschutz absolut angeraten wie auch sicherer, nicht krankmachender Schutz bei Haus- und Nutztieren. Schon die „alten" Griechen und Römer benutzten Pflanzenextrakte als „Schutzschilder". Später in den berühmten Pflanzenbüchern der Nonne **Hildegard von Bingen** (1098–1179 n. Chr.) wurde festgehalten, wie lange die auf die Haut aufgebrachten Extrakte vieler Pflanzen den Menschen vor Stichen von Mücken, Fliegen, Zecken und Milben schützen konnten. Experimentell gewonnene Daten allerdings zeigten, dass der tatsächliche Schutz durch reine Pflanzenextrakte (= Repellenz = Abweisen von Blutsaugern) deutlich geringer ausfällt, als gemeinhin in der Publizistik „geglaubt" und entsprechend verbreitet wird. So ist der Schutz durch Pflanzenextrakte meist auf 1–2 h beschränkt, sofern nicht gesundheitsschädlich hohe Dosen der Pflanzenextrakte auf die Haut aufgebracht werden. Werden dagegen insektizid (= abtötend) wirkende Substanzen, die sich beim Menschen wegen unerwünschter Nebenwirkungen von selbst verbieten, bei Tieren eingesetzt, so besteht natürlich die Gefahr einer massiven Gesundheitsgefährdung für die Tiere und auch für den Menschen – Letzteres, sofern er solches Fleisch verzehrt oder mit nackter Haut in Kontakt zu diesen Produkten kommt.

- **Gesetzliche Regelungen.** Die Repellentien stehen zurzeit in der EU auf einem Scheideweg. Es können in Zukunft nur noch solche vertrieben werden, die auf der Basis von „zugelassenen" Wirkstoffen beruhen. Um dies zu erreichen, haben die Hersteller **Wirkstoffdossiers** (u. a. zu Icaridin, IR3535 und DEET) den Behörden eingereicht. Bei Genehmigung dürfen diese dann in der EU für die Fertigung von Endprodukten eingesetzt werden, sofern die Hersteller einen „Letter of Access" den antragstellenden Firmen für bestimmte Endprodukte erteilen. Die Hersteller dürfen den Wirkstoff dann exklusiv für 10 Jahre vertreiben.

- **Repellents mit Icaridin.** Das ursprünglich in der Bayer AG entwickelte, als Bayrepel, Picaridin, Icaridin etc. bezeichnete und heute von der Lanxess-Tochter Saltigo weltweit als Saltidin vertriebene Repellent hat sich als sehr hautverträglich bei Menschen und Tieren erwiesen, dringt es doch deutlich langsamer und in geringerem Maße in die Haut ein als vergleichbare Produkte mit Wirkstoffen wie z. B. DEET. Icaridin zeigte in vielen offiziellen Tests bei hoher Wirksamkeit keinerlei Genotoxizität, Karzinognität, Reproduktionstoxizität und auch keine Neurotoxizität. Das Auftreten derartiger Nebenwirkungen ist aber bei vielen sog. „Naturheilmitteln" nicht überprüft oder deren Existenz ist sogar nachgewiesen. Zudem kann das Aufbringen chemischer Substanzen auf Sonnenbrand oder auf durch Stiche von Blutsaugern entzündete Wunden zu unangenehmen Schmerzen führen. Daher gilt es für Mensch und Tiere, sichere und angenehme Modifikationen von Repellents zu entwickeln. Zudem haben Untersuchungen der Uniausgründung Alpha-Biocare (Neuss) gezeigt, dass diese Mittel auch vor im Wasser in die Haut eindringenden Larven von Saugwürmern (Trematoden) schützen, die in den tropischen Ländern zur lebensbedrohlichen sog. Schistosomiasis führen, in Europa glücklicherweise aber nur zu juckenden Hautpusteln.
- **Wirkung von Icaridin gegen Zecken.** In Experimenten und in Dauerversuchen wurde gezeigt, dass Icaridin in der Lage ist, beim Menschen Zecken von der Kleidung und auch nackter Haut fernzuhalten, weil der anlockende Körperduft abgedeckt wird. Dies gilt auch bei Tieren, von denen Pferde, Katzen, Hunde und selbst Kühe sicher vor Befall geschützt werden können. Die Wirkung hält je nach angewendeter Konzentration bis zu 12 h vor.
- **Wirkung von Icaridin gegen blutsaugende Milben.** Die sogenannte Herbstmilbe *(Neotrombicula autumnalis),* die als Larve mittlerweile in Europa Menschen und Tiere bereits ab Mai bis hin zum Ende Oktober befällt, an der Haut Lymphe saugt und zu unangenehm juckenden Quaddeln führt, wird mit Icaridin ebenfalls erfolgreich vom Körper des Menschen und Tieren ferngehalten. Diese Repellenz gilt auch gilt auch für *Psoroptes*-Arten bei Tieren, ja sogar bei Personen, die engen Kontakt mit Personen mit ausgeprägter Krätze durch *Sarcoptes*-Arten hatten.
- **Wirkung von Icaridin gegen Mücken und blutsaugende Fliegen.** Tests und die Praxiserfahrung aus vieljährigen Anwendungen zeigten, dass Menschen und Tiere (Tab. 2.1 und 2.2) durch icaridinhaltige Produkte sicher mehrere Stunden vor den Stichen oder vor dem Eindringen von Larven aller besonders wichtigen blut- oder lymphesaugender Insekten geschützt wurden. Dies bedeutet gleichzeitig nicht nur die Vermeidung von schmerzhaften Stichwunden (besonders heftig bei Bremsen und Kriebelmücken), sondern auch das Unterbinden der Übertragung von Erregern, die z. T. zu schweren Symptomen führen können. Die Repellenzwirkung von Icaridin und einigen anderen Substanzen (z. B.

IR3535, DEET) verhindert durch Abwehr des Stiches die Übertragung von Erregern, was durch tötende (insektizide) Substanzen nicht ausgeschlossen ist, weil die Wirkung auf Zecken und Mücken etc. erst nach dem Körperkontakt (und damit nach dem Stich) und damit evtl. einhergehender Übertragung von Erregern erfolgt. Somit beugen repellierend wirkende Substanzen eindeutig einer Erregerübertragung vor.

- **Repellents mit *p*-Menthan-3,8-diol (PMD).** PMD, das auch als Menthoglycol bekannt wurde, ist ein weiterer aktiver Repellentwirkstoff neben IR 3535 und DEET. Er beruht auf essenziellen Ölen, die aus den Blättern eines Eukalyptus-baums *(Eucalyptus citriodora)* gewonnen werden. In den USA und weiteren Ländern existieren Produkte wie Öle *(oil of lemon eucalyptus)*. Zudem ist ins-besondere in Europa eine Reihe von Produkten mit diesem Basisstoff verfüg-bar, die repellierend gegen Mücken und Zecken wirken.

- **Verfeinerung der Schutzwirkung von Repellents und Acariziden.** Repellents enthalten vielfach Alkoholanteile, die zwar erfrischend wirken können, aber ggf. zur Austrocknung von Hautbereichen führen. Dagegen hilft die Beimischung von Seide! Die Firma AMSILK GmbH (Planegg bei München) hat rekombinante Seidenfasern hergestellt, die – in Repellents ein-gebracht – die Haut vor Umwelteinflüssen schützen und zudem die Wirkung des repellierenden Wirkstoffs verlängern, weil ein Abdampfen des Wirkstoffs verzögert wird.

Behandlungsmöglichkeiten bei Hypersensitivitätsreaktionen

Die eingetretenen Krankheitssymptome können wie folgt behandelt werden:

- **Antihistamine** blockieren die Abgabe von Histamin seitens der Effektorzellen. Diese Substanzen können lokal aufgebracht oder oral eingenommen werden.
- **Corticosteroide** haben antientzündliche Effekte.
- Wichtig ist, dass bei **Schockreaktion** oder anderen schwerwiegenden Symptomen sofort ein Arzt oder das Krankenhaus aufgesucht wird.

2.2   Gefahren auf Reisen, Erkrankungen, Überträger (Vektoren)

Haus- und **Gesundheitsschädlinge** bedrohen uns aber nicht nur im trauten Heim auf der „Insel der (vermeintlich) Seligen" in Deutschland, sondern eben auch auf Reisen – seien es kurze Geschäftsreisen oder längere Urlaubsaufenthalte. Tab. 2.4 zeigt einige Beispiele auf, was die dort einheimischen Blutsauger – übrigens aufs Engste mit den einheimischen hier in Europa verwandt – alles an Erregern über-tragen können. Solche Überträger lassen sich auch leicht (per Koffer oder in der Kleidung) nach Ferien- oder Dienstreisen hier einschleppen. Aber das vorliegende Werk zeigt, dass es auch in Deutschland genügend Gründe gibt, sich vor Gesund-heitsschädlingen zu schützen.

Tab. 2.4 Wichtige Erkrankungen auf Reisen, deren Erreger durch Blutsauger lokal übertragen werden

Gebiet	Erkrankungen	Überträger	Erreger
Nordeuropa	1. Hirnhautentzündung	Zecken	Viren
	2. Krim-Kongo-Fieber	Zecken	Viren
	3. Borreliose	Zecken	Bakterien
	4. Rickettsiose	Zecken	Rickettsien
	5. Babesiose	Zecken	Protozoen
Südeuropa	1. Borreliose	Zecken	Bakterien
	2. Boutonneuse-Fieber	Zecken	Rickettsien
	3. Leishmaniasis	Sandmücken	Protozoen
	4. Dengue-Fieber	Mücken	Viren
	5. Chikungunya-Fieber		Viren
Nordafrika	1. Borreliose	Zecken	Bakterien
	2. Rückfallfieber	Zecken	Rickettsien
	3. West-Nil-Fieber	Mücken	Viren
	4. Leishmaniasis	Sandmücken	Protozoen
Mittel- und Südafrika	1. Dengue-Fieber	Mücken	Viren
	2. Chikungunya-Fieber	Mücken	Viren
	3. Krim-Kongo-Fieber	Zecken	Viren
	4. Zeckenrückfallfieber	Zecken	Bakterien
	5. Malaria	Mücken	Protozoen
	6. Filariasis	Mücken	Würmer
	7. Pest	Flöhe	Bakterien
	8. Onchocerciasis	Kriebelmücken	Würmer
	9. Afrikanisches Zeckenbiss-fieber	Zecken	Viren
	10. Schlafkrankheit	Tsetse-Fliegen	Protozoen
	11. Gelbfieber	Mücken	Viren
südwestliches Afrika, indisches Ozeanien	1. Dengue-Fieber	Mücken	Viren
	2. Rift-Valley-Fieber	Gnitzen	Viren
	3. Malaria	Mücken	Protozoen
	4. Filariasis	Mücken	Würmer
	5. Pest	Flöhe	Bakterien
	6. Schlafkrankheit	Tsetse-Fliege	Protozoen
Asien	1. Dengue-Fieber	Mücken	Viren
	2. Malaria	Mücken	Protozoen
	3. Japanische Encephalitis	Mücken	Viren
	4. Leishmaniasis	Sandmücken	Protozoen
	5. Chikungunya-Fieber	Mücken	Viren
	6. Filariasis	Mücken	Würmer
Ozeanien	1. Dengue-Fieber	Mücken	Viren
	2. Japanische Encephalitis	Mücken	Viren
	3. Malaria	Mücken	Protozoen
	4. Filariasis	Mücken	Würmer
	5. Chikungunya-Fieber	Mücken	Viren

(Fortsetzung)

Tab. 2.4 (Fortsetzung)

Gebiet	Erkrankungen	Überträger	Erreger
Nordamerika	1. Rocky-Mountain-Fleck- fieber	Zecken	Rickettsien
	2. Borreliose	Zecken	Bakterien
	3. Ehrlichiose	Zecken, Flöhe	Rickettsien
	4. West-Nil-Fieber	Mücken	Viren
	5. Dengue-Fieber	Mücken	Viren
	6. Pest	Flöhe	Bakterien
Mittel- und Südamerika	1. Gelbfieber	Mücken	Viren
	2. West-Nil-Fieber	Mücken	Viren
	3. Dengue-Fieber	Mücken	Viren
	4. Flecktyphus	Läuse	Rickettsien
	5. Malaria	Mücken	Protozoen
	6. Chagas-Krankheit	Raubwanzen	Protozoen
	7. Leishmaniasis	Sandmücken	Protozoen
	8. Filariasis	Mücken	Würmer

2.3 Lästlinge

Hierbei handelt es sich um Arten, die keine deutliche Schadwirkung haben, deren massenhaftes Auftreten aber zu **Belästigungen** in vielerlei Hinsicht (optisch, akustisch, ästhetisch, psychisch) führt. Selbst **nützliche Tiere,** wie z. B. Spinnen, werden häufig bei massivem Auftreten als **lästig** empfunden oder lösen bei manchen Menschen sogar ein gewisses „Schaudern" aus. Von anderen Vertretern dieser Gruppe (z. B. Bienen, Wespen) kann zudem noch eine Bedrohung für die Gesundheit infolge der beim Stich injizierten Gifte ausgehen.

2.4 Nützlinge und Zufallsgäste

Neben den klassischen Parasiten und Schädlingen finden sich häufig – teilweise in großer Individuenzahl – **Nützlinge, Zufluginsekten** und **Zufallsgäste,** die das Haus als Schutzraum vor Feinden und zum Schutz vor der Kälte aufsuchen oder als Jagdgebiet nutzen (Nützlinge, u. a. Spinnen). Einige dieser Arten wurden, um die Diagnose und Abgrenzung der echten Schädlinge zu erleichtern, mit in dieses Buch aufgenommen – wenn auch in stark verkürzter Form und in begrenzter Anzahl im Hinblick auf die weltweit insgesamt beschriebenen 900.000 (!) Insekten- und anderen Arthropodenarten.

2.5 Materialschädlinge

Bestimmte Schädlinge zerstören Materialien, die tierischen (z. B. Pelze, Wolle) bzw. pflanzlichen Ursprungs (Stoffe, Holz etc.) sind, oder sogar anorganische Materialien, indem sie diese fressen oder annagen (z. B. Rattenfraß an Kabeln).

Diese Schädigung kann durch Zuflug von **außen** erfolgen (z. B. Motten) oder von **innen** mit eingebrachten Möbeln (z. B. der Holzkäfer = Holzwürmer). Derartiger Fraß zerstört eventuell wertvollste Materialien und kann (insbesondere in den Tropen bei Termitenbefall) ganze Häuser zum Einsturz bringen oder wertvolle Altertümer vernichten (z. B. Holzwurm – antikes Mobiliar).

2.6 Vorratsschädlinge

Vorratsschädlinge befallen gelagerte Nahrungs- und Futtermittel und können ganze gelagerte Ernten vernichten. Dieses Phänomen ist schon in der Bibel als „Strafe Gottes" für die Ägypter beschrieben und wurde in Europa während in Inquisitionszeiten als Hexenwerk angesehen und mit dem Feuertod Unschuldiger geahndet. Aber auch in modernen Zeiten müssen Nahrungsmittel wegen Schädlingsbefall im großen Ausmaß verworfen werden, insbesondere infolge der immer länger werdenden Transportwege. Aufgrund der häufig sehr geringen Körpergröße der Schädlinge, ihrem versteckten Lebensstil oder ihrer Nachtaktivität (z. B. Nager) bleibt ein Befall oft so lange verborgen, bis massivste Schäden auftreten. Aus diesen Gründen haben einige Länder umfangreiche Vorschriften (u. a. zur **Quarantäne** bzw. zum **Tiefkühltransport**) erlassen, um ein Einschleppen derartiger Schädlinge zu verhindern (leider aber hat das häufig nur geringen Erfolg).

Als Vorratsschädlinge werden Tiere zusammengefasst, die als Larven und/oder Adulte Nahrungsmittel des Menschen bzw. Futter von Tieren bei der Lagerung, beim Transport befallen. Durch Fraß und Verschleppung von bakteriellen Erregern werden derartige Lagergüter nicht nur unmittelbar dezimiert, sondern auch im Gesamtbestand ungenießbar bzw. unansehnlich und damit unverkäuflich. Daher gibt es in zahlreichen Ländern strikte Importverbote und Anordnungen zur Vernichtung von kontaminierten Lebensmitteln. In manchen Fällen sollen **Quarantänebestimmungen** (der Name leitet sich von der 40-tägigen Isolation (Quaranta) von erkrankten Personen im Mittelalter ab) die Ausbreitung von Schädlingen bei transportierten Gütern möglichst einengen. Aus diesen Gründen sind Spediteure, Lager- und Silagefirmen gesetzlich gehalten, regelmäßige **Ungezieferbekämpfungen** mit geeigneten großtechnischen Verfahren (**Begasungen** etc.) durchzuführen. Diese Begasungsverfahren, die von geprüften Desinfektoren durchgeführt werden müssen und von den örtlichen Gesundheitsbehörden (Ordnungsbehörde) überwacht werden, basieren auf Stoffen wie Phosphorwasserstoff, Brommethan, Cyanwasserstoff, Ethylenoxid, sind bei unsachgemäßer Anwendung lebensgefährlich und daher **nicht Thema** dieses Buches. Die hier dargestellten Schädlinge und Bekämpfungsverfahren sind der täglichen Praxis des normalen Haushalts, von Kantinen etc. angelehnt, wo ja auch die unterschiedlichsten Nahrungsmittel z. T. recht lange gelagert werden und so einen Anreiz für die Zuwanderung und Vermehrung von Schädlingen bieten. Einige dieser Schädlinge – z. B. Milben (Kap. 5), Schaben (Abschn. 6.6), Mäuse und Ratten Kap. 7) –) haben auch zusätzlich direkte negative Auswirkungen auf die Gesundheit der Menschen bzw. der Haustiere.

Die hier auftretenden Schädlinge sind außergewöhnlich artenreich, sodass im Rahmen dieses Buches nur einige wenige **wichtige Formen** vorgestellt werden (Tab. 2.5).

Tab. 2.5 Wichtige Vorratsschädlinge und ihre Merkmale

Nahrungs- und Genussmittel	Schädlinge	Erkennen des Schädlingsbefalls
ganze Getreidekörner	Korn-, Mais-, Reis-, Khapra-, Brotkäfer	Löcher in Körnern
	Plattkäfer, Getreidenager, Kugel-, Moder-, Getreide-, Kapuziner-, Diebskäfer	Körner sind angefressen, Keimanlage z. T. bevorzugt
	Getreidemotte (Schmetterling)	Löcher in Körnern
	Queckeneule (Schmetterling)	Körner sind angenagt
	Dörrobst-, Mehl-, Körnermotten (Schmetterlinge)	Körner sind angenagt und zusammengesponnen
	Milben (Staub-, Modermilben)	Kornoberfläche ganz flach angefressen
	Nager	Körner durchgebissen
Getreideprodukte (Mehl, Grieß, Müsli etc.)	Mehl-, Reismehl-, Schimmelkäfer etc.	Larvenhäute im verklumpten Material, dumpfer Geruch
	Motten	Gespinste und klumpiges Substrat, dumpfer Geruch
	Silberfischchen	Larvenhäute und verklumptes Material, dumpfer Geruch
	Schaben	Kotspuren, Eipakete, dumpfer Geruch
	Staubläuse	Bewegungen im Substrat
	Milben	feine Gänge, bepuderte Oberflächen, dumpfer Geruch
trockene Backwaren	Brotkäfer	Löcher und Bohrgänge
	Reismehlkäfer	äußerliche Fraßstellen
feuchte Backwaren	Stuben-, Taufliegen	Kotpünktchen, feine Leckspuren
	Wespen, Ameisen	kleine Stücke sind unregelmäßig herausgebissen
Hülsenfrüchte (Erbsen, Bohnen etc.)	Erbsen-, Linsen-, Bohnenkäfer	kreisrunde Löcher in Früchten
	Reismehlkäfer	Schoten und Früchte sind angefressen
	Motten	Schoten und Früchte sind großflächig angefressen und z. T. zusammengesponnen

(Fortsetzung)

Tab. 2.5 (Fortsetzung)

Nahrungs- und Genussmittel	Schädlinge	Erkennen des Schädlingsbefalls
frisches Obst, Gemüse, Kartoffeln	Schnecken	unregelmäßiger Fraß, Schleimspuren
	Asseln	oberflächiges Anfressen
	Schaben, Tausendfüßer, Ohrwürmer	unregelmäßiger, aber umfangreicher Fraß, Kotspuren
	Ameisen	Stücke sind unregelmäßig herausgebissen
	Wespen	deutliche, rundliche Abbiss-Spuren
	Taufliege	Kartoffeln sind innen matschig und mit Larven gefüllt
	Collembolen: Blind- bzw. Kugelspringer	extrem kleine Fraßspuren mit Fäulnisansatz
	Motten	innere Gänge, Gespinste
getrocknete Früchte	Milben	weißer Überzug, innen krümelig
	Backobst-, Saftkäfer	innen völlig krümelig zerfressen
	Leistenkopf-, Platt-, Schimmel-, Diebs-, Nage-, Reismehlkäfer etc.	unregelmäßige äußere Fraßstellen, Kotspuren
	Motten	außen unregelmäßige Fraßspuren und Gespinste, innen völlig zerfressen
Nüsse, Mandeln, Marzipan, Schokolade	Käfer (siehe Körner)	äußerlich unregelmäßig angefressen, innen völlig zerfressen
	Motten	Gänge, aber mit Gespinsten
Hefen	Hefe-, Tabak-, Schimmel-, Diebs-, Reismehlkäfer	Fraßgänge im Inneren, krümeliges Fraßmehl
	Ameisen	Abbiss kleiner Stücke
saure Lebensmittel (Essig, Gurken, Bohnen), Sauerkraut, Mixed Pickles)	Tau-, Essigfliegen	Madenbefall (deutlich sichtbar)
	Essigälchen (Fadenwürmer)	zappelnde weiße Striche im Substrat
Kaffee-, Kakaobohnen	viele Käferarten	runde Bohrlöcher
	Motten	äußerliche Fraßstellen, innen krümelig, Gespinste

(Fortsetzung)

Tab. 2.5   (Fortsetzung)

Nahrungs- und Genussmittel	Schädlinge	Erkennen des Schädlingsbefalls
Tabak, Tabakprodukte (Zigarren, Zigaretten)	Tabak-, Bohrkäfer	runde Bohrlöcher
	Plattkäfer	unregelmäßige Fraßstellen
	Moder-, Staubmilbe, Schimmelkäfer	sehr feine Bohrgänge, Fraßmehl, staubartig
Fleischprodukte	Fliegen (Stuben-, Graue Fleischfliegen)	Kotspuren, Leckspuren
	Schmeiß-, Blaue Fleischfliegen	Kotspuren, evtl. Eier und Maden
	Schinken-, Speck-, Pelz-, Glanz-, Teppich-, Kabinett-, Museumskäfer	Fraß auch in die Tiefe gehend, Larven
	Ameisen, Schaben, Ohrwürmer, Wespen	unregelmäßige, oberflächliche Fraßstellen
	Milben	weiße Bezüge bzw. Punkte
	Nager	tiefe Fraßspuren, Zahnabdrücke
Milchprodukte (Käse, Quark etc.)	Käsemilben	feine, oberflächliche Fraßgänge
	Käfer	siehe Fleischwaren
	Käsefliege	Larven im Käse, Eier an der Oberfläche
	andere Fliegen	siehe Fleischwaren
	Ameisen, Schaben, Wespen	siehe Fleischwaren
	Nager	tiefe Fraßspuren, Zahnabdrücke

Die Giftigkeit von Spinnen wird im Allgemeinen überschätzt; die meisten Arten stellen für den Menschen überhaupt keine Gefahr dar, zumal ihre Klauen oft nicht in die menschliche Haut eindringen können. Die Spinnen in Deutschland sind daher in Abschn. 2.3 und 2.4 als **Lästlinge** bzw. **Nützlinge** dargestellt. Ausnahmen machen einige wenige tropische Formen (z. B. die australischen Trichternetzspinnen). Im europäischen Raum haben im Hause lediglich die sog. Schwarzen Witwen (*Latrodectus*-Arten) und die Dornfinger (Gattung *Cheiracanthium*) Bedeutung. Die letztere Art ist grünlich, findet sich u. a. im Heu. Die oft „gefährlich" aussehenden, sehr großen Vogelspinnen (häufig gewerblich importiert und hier gehalten bzw. gezüchtet) sind weder sehr giftig noch aggressiv (allerdings können ihre feinen Härchen zu Allergien führen).

3.1 Verschiedene Spinnenarten

3.1.1 *Latrodectus*-Arten (Schwarze Witwen)

Fundort. In allen südeuropäischen Ländern (vielfach auch weltweit) meist im Freien, zuweilen aber auch versteckt im Haus, z. B. unter Toilettendeckeln, in Gerümpelkammern, werden auch in Koffern aus dem Ausland eingeschleppt. *Latrodectus tredecimguttatus* gilt als die Europäische oder Mediterrane Schwarze Witwe (anderer Name: *L. lugubris*).

Auftreten. Im Haus ganzjährig.

Biologie und Merkmale. Die inklusive der Beine etwa 4 cm großen, meist nicht aggressiven Weibchen sind durch einen ausgesprochen kugeligen, meist tiefschwarzen Hinterkörper ausgezeichnet, der oft eine rückenseitige Fleckung zeigt (Abb. 3.1). Die Männchen sind kleiner und werden oft nach der Begattung vom

H. Mehlhorn und B. Mehlhorn, *Zecken, Milben, Fliegen, Schaben …*, https://doi.org/10.1007/978-3-662-61542-3_3

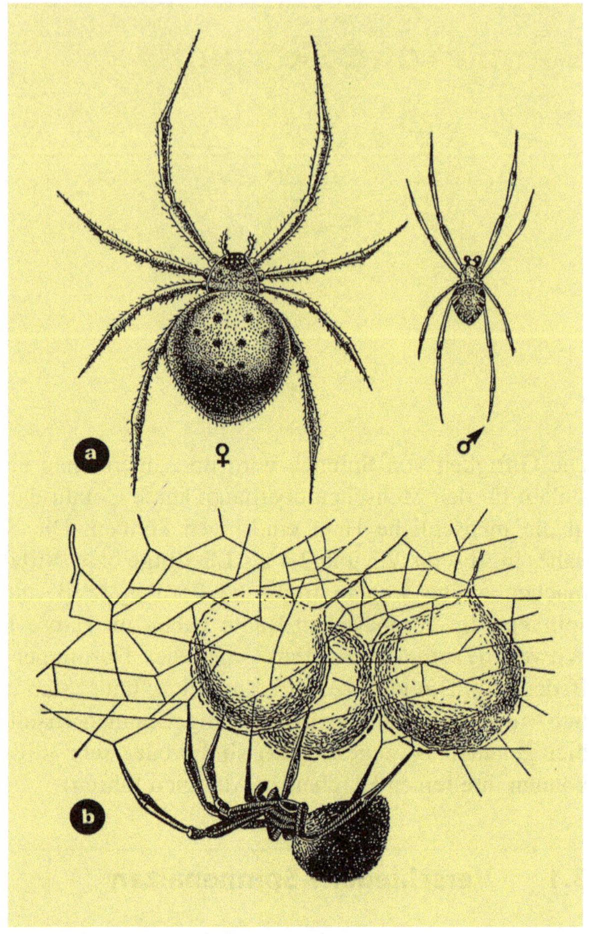

Abb. 3.1 (**a**) Schema eines Weibchens und Männchens von *Latrodectus mactans* in der Aufsicht. (**b**) Weibchen bei der Bewachung von Gelegen

Weibchen gefressen (Name!), sodass deutlich weniger Männchen anzutreffen sind. Dieses Verhalten, das es im Übrigen bei vielen Spinnen gibt, hat zu vielen, noch heute rankenden Legenden geführt und ist letztlich auch Kern der Plakette „männermordendes Weib". Die Weibchen legen nach der Begattung (meist im Sommer) zahlreiche Eier in einem Gespinst ab, aus dem kleine Spinnen schlüpfen, die über verschiedene Häutungen ohne Metamorphose (Gestaltwechsel) in einigen Monaten heranwachsen. Sie ernähren sich wie die Adulten im Wesentlichen von Insekten, die sie mithilfe ihres Giftes (wird von den Klauen der Mundwerkzeuge (Cheliceren) am Vorderende injiziert) lähmen und dann aussaugen.

Materialschäden. Keine.

Erkrankungen des Menschen. Reaktionen auf das Gift (Latrotoxine); die Symptome treten 30 min bis 3 h nach dem „Biss" auf (Schmerzen im Stichbereich in 40 % der Fälle sofort!). Abhängig von der injizierten Giftmenge (Neurotoxin) kommt es zu Krämpfen, Lymphknotenschwellung, allgemeinen Leibschmerzen, erhöhtem Blutdruck, stark erhöhtem Puls, Schweißausbrüchen, Atemnot und Druckgefühlen im Kopf (Angst). Muskelkontraktionen führen im Gesicht zu einer Grimasse (Facies latrodectismica). Erbrechen, Kopfschmerzen und erhöhter Puls sind Ausdruck der Drucksteigerung im Kopf. Nach 2–3 Tagen verschwinden die Symptome wieder. Allerdings kommt es bei geschwächten Personen bzw. Kindern auch relativ häufig zu Todesfällen durch Herz-, Nierenversagen und/oder Emphyseme, sofern eine Behandlung unterbleibt. Auch bei Behandlung kann eine lange währende Schwächeperiode folgen. Bei großen Giftmengen kann es an der Stichstelle zu Hautnekrosen kommen, die separat behandelt werden müssen.

Therapie des Menschen. Sofortige Kühlung der Stichstelle mit Eis; Gabe von Calcium, Spasmolytika gefolgt vom Antiserum durch den Arzt. Tetanus-Impfungen sind nach Bissen von Spinnen generell zu empfehlen. Die Prognose ist im Fall von Bissen der Schwarzen Witwe im Allgemeinen gut; Personen unter 16 bzw. über 60 Jahren sollten jedoch ins Krankenhaus eingewiesen werden.

Verabreicht werden z. B.:

- Benzodiazepine zur Muskelrelaxation
- Calciumgluconat gegen Muskelschmerzen
- Antivenin *Latrodectus mactans* der Fa. Merck, Sharp & Dohme
- Spider antivenom (SAIMR) in Südafrika
- Red-backed spider antivenom (CSL) in Australien.

Bekämpfung. Regelmäßiges Fegen der Unterseite von Toilettendeckeln und Kehren in Winkeln des Hauses, die Verstecke bieten könnten.

3.1.2 Weitere einheimische Spinnen von Bedeutung

- **Mauerspinne** *(Dictyna civica)*
- **Fensterspinne**, Kellerspinnen *(Amaurobius*-Arten): Sie sind nachtaktiv und werden 9–16 mm lang.
- **Hausspinne** *(Tegenaria domestica)*, **Zitterspinne** *(Pholcus phalangoides)*. Diese Art findet sich in Winkeln an der Zimmerdecke und ist durch einen stabförmigen Körper sowie bis zu 4 cm lange Beine gekennzeichnet.
- **Kreuzspinne** *(Araneus diadema)*. Die Kreuzspinne findet sich zwar meist in Gärten, baut aber häufig ihre Radnetze vor nachts beleuchteten Fenstern und ist durch ihre kreuzartige Rückenzeichnung charakterisiert.
- **Fettspinne** *(Steatoda bipunctata)*. Diese braune, mit zwei dorsalen Punkten gekennzeichnete Spinne findet sich insbesondere im Keller. Ihre Eigelege sind hellrot.

- **Weberknecht** *(Opilio parietinus).* Diese Spinnen sind nachtaktiv, haben extrem lange, dünne, bis 7 cm lange Beine. Sie jagen Insekten, fressen aber auch Krümel und kleinen Pilzbewuchs.

3.1.3 Dornfinger-Arten (Gattung *Cheiracanthium*)

Fundort. In Europa gibt es 25 Arten (weltweit etwa 195). Sie finden sich z. B. in gemähtem Heu.

Auftreten. Weltweit, Europa; Sommermonate, faktisch nie im Haus.

Biologie und Merkmale. Die größeren Arten (u. a. der Ammendornfinger *(C. punctorium)* erreicht eine Körperlänge von bis zu 15 mm). Vorder- und Hinterkörper sind länglich oval, wobei der Vorderkörper bräunlich erscheint, der Hinterkörper grünlich bräunlich. Die Beine sind sehr lang, wobei das erste Beinpaar bei *Cheiracanthium* länger als das zweite ist (bei der Gattung *Clubonia* ist das zweite Paar länger). Als besonderes Merkmal kann gelten, dass die Cheliceren (Stechapparate/Mundwerkzeuge, mit denen Gift in Beute bzw. Feinde injiziert wird) besonders groß und bei den Männchen auch noch verlängert sind (Abb. 3.2). Diese Spinnen jagen (ohne Netz) nachts bzw. in der Dämmerung. Das Weibchen legt die Eier in sog. Brutgespinsten geschützt unter Steinen, Holz etc. ab und bewacht das Gelege. Den Namen Dornfinger erhielten diese Spinnen wegen je eines Sporns an den beiden Pedipalpen (Taster) des Männchens. Diese Pedipalpen spielen eine Rolle bei der Begattung.

Materialschäden. Keine.

Erkrankungen des Menschen. Eine ganze Reihe von *Cheiracanthium*-Arten können offenbar recht schmerzhaft zubeißen und auch beträchtliche Folgen mit ihrem Gift bewirken. Der Schmerz beginnt an der Bissstelle binnen Minuten, wird als brennend

Abb. 3.2 Vorderende eines Dornfinger-Männchens mit den typischen, kräftigen Cheliceren

empfunden und kann sich dann in Minuten bis Stunden über die gesamte betroffene Gliedmaße ausdehnen. Selten finden sich auch schwerere Symptome wie Erbrechen, Fieber, Kreislaufkollaps. Nach etwa 24 Stunden klingen die Beschwerden ab.

Behandlung des Menschen. Die Behandlung erfolgt symptomatisch durch kühlende, abschwellend wirkende Salben bzw. Sprays.

Bekämpfung. Da diese Spinnen freilebend sind, besteht hier keine Möglichkeit. Gras oder Heu sollte nur mit der Gabel geladen bzw. ans Vieh verteilt werden.

3.1.4 Braune Einsiedler- bzw. Violinenspinne *(Loxosceles reclusa)*

Fundort. Trockene Ställe, Toiletten, Keller, Abstellräume. Dort bildet sie ihre Fangnetze aus.

Auftreten. Hauptverbreitungsgebiete sind die Staaten des südlichen Nordamerika; sie wurde aber offenbar von dort nach England, Mittel- und Nordeuropa eingeschleppt.

Biologie und Merkmale. Die Individuen dieser Art können bis 2 cm groß werden und sind bräunlich, wobei oft eine dorsale Linie violinenartig erscheint. Der Körper ist mit zahlreichen feinen Härchen bedeckt. Charakteristisch ist, dass die Art nur 6 Augen besitzt, die zu 3 Paaren angeordnet sind (in sog. Dyaden): 1 zentrales Paar, 2 laterale Paare. Die jungen Spinnen entwickeln sich binnen eines Monats in einem seidenen Säckchen, das das Weibchen ablegt (3- bis 4-mal mit je 50 Eiern). Die Zeit bis zum Schlupf dauert etwa 1 Monat, die Geschlechtsreife wird erst nach etwa 10 Monaten erreicht; die Lebenszeit beträgt insgesamt etwa 2 Jahre, wobei auch längere Hungerperioden überdauert werden. Die Fangnetze dieser Spinnen erscheinen unregelmäßig. Da diese Spinnen – besonders jagende Männchen – aber auch in Schuhe, Stiefel, Kleidung, Betten etc. einwandern, besteht auch gelegentlicher Kontakt zu Menschen oder Haustieren.

Materialschäden. Keine.

Erkrankungen des Menschen. Obwohl der Biss (wegen der sehr kleinen Cheliceren) sehr selten Schmerz verursacht, kann das verabreichte Gift doch sehr schwere Folgen haben, wie z. B. die Buchautoren in Kooperation mit der Hautklinik der Universität Düsseldorf (Prof. Dr. Homey; Pippirs et al. 2009) bei einer deutschen Touristin feststellen konnten, die in einem Hotelbett in London „gebissen" worden war und das Tierchen mitbrachte. Das Krankheitsbild (**Loxocelismus**) wuchs sich nämlich zu einer generalisierten exanthematösen Pustelbildung (AGEP), Fieber, Lymphknotenschwellungen und genereller Schwäche aus und erforderte daher eine Einweisung in die Klinik (für 4 Tage). Häufig treten auch flächige **Nekrosen** an der Bissstelle auf.

Behandlung des Menschen. Die Behandlung in diesem Fall erfolgte durch die örtliche Verabreichung eines Antiseptikums (Octenidine 0,1 %), Clindamycin (3 × 600 mg täglich), Antijucktherapie (Cetirizine, 3 × 10 mg täglich).

Bekämpfung/Vorbeugung. In entsprechenden Gebieten Schuhe, Socken, Kleidung vor Gebrauch ausschütteln, Betten inspizieren.

3.1.5 Australische Trichternetzspinnen (*Atrax robustus, Hadronyche*-Arten)

Fundort. Feuchte, relativ kühle Stellen unter Steinen, verrottetem Holz, auch in Lagerräumen mit weichen Sandböden und Außenzugang (z. B. typische Queenslandhäuser auf Stelzen).

Auftreten. Entlang der Ostküste Australiens.

Biologie und Merkmale. Die adulten Individuen werden relativ groß (1–5 cm). Sie sind meist extrem dunkel gefärbt (z. B. schwarz glänzend mit rotem Punkt die *Sydney funnel-web spider*). Ihre Cheliceren sind parallel angeordnet und deren Spitzen (Klauen mit den Giftdrüsen) zeigen nach unten und nicht waagerecht gegeneinander, wie es bei den Hausspinnen der Fall ist.

Materialschäden. Keine.

Erkrankungen des Menschen. Diese Tiere gehören zu den giftigsten Spinnen, wobei die wandernden Männchen (auf der Suche nach Weibchen) wegen der injizierten Giftmenge (sie jagen in dieser Zeit nicht) besonders gefährlich sind. Sie werden von Wasser bei der Wanderung angezogen und liegen daher oft in Swimmingpools, wo sie dann bei Berührung zubeißen. Nach dem Biss und der Injektion des **Atratoxins** werden die Betroffenen schwer krank, daher wurden in den letzten 100 Jahren in Australien jährlich mehrere Todesfälle dokumentiert. Der Biss selbst ist sehr schmerzhaft und die Giftwirkung kann binnen Minuten einsetzen. Erste Symptome sind Schwitzen, Speichelfluss, Pulsjagen, die von Erbrechen, Schwindel, Atemnot, Bewusstlosigkeit, Muskelkrämpfen etc. gefolgt werden. Zerebrale Blutungen in Verbindung mit Hirndruckerhöhung können zum Tod führen.

Behandlung des Menschen. Das sofortige Anlegen einer Druckkompresse erschwert (wie bei Schlangenbissen) die Weiterleitung des Giftes. Sofortige klinische Behandlungen sind notwendig. Gegen das Gift der Sydney-Spinne *Atrax robustus* gibt es seit 1981 ein Gegengift, das oft bereits binnen 3 Tagen die Entlassung der Betroffenen aus dem Krankenhaus ermöglicht.

Bekämpfung/Vorbeugung. Geräte, Kisten, Kartons etc. in lange nicht betretenen Lagerräumen nur mit Handschuhen anfassen. Schuhe und Stiefel vor dem Anziehen ausschütteln, in Pools gefallene unbekannte Spinnen nicht berühren.

3.2 Skorpione

Skorpione sind leicht an ihrem schmalen Hinterkörper zu erkennen, an dessen Ende sich eine Giftblase und ein Giftstachel befinden (Abb. 3.3). Dieses Hinterende wird über das Vorderende geführt, wenn dort ein Insekt mithilfe des Giftes getötet werden soll. Das Beutetier wird mit dem großen Scherenpaar (sog. Pedipalpen) festgehalten. Der Mensch wird von diesen dämmerungsaktiven Tieren nur zufällig gestochen, z. B. wenn ein Skorpion sich in der Nacht in den Schuhen versteckt hat. Die europäischen Skorpione sind für den Menschen nur wenig gefährlich, allerdings können Allergiker von ihrem Gift auch lebensgefährlich bedroht werden.

Aber: In tropischen Ländern ist Vorsicht geboten! Nie ohne Handschuhe in nicht einsehbare Höhlungen, Verstecke etc. hineinfassen.

Abb. 3.3 Makroaufnahme des Skorpions *Androctotonus australis*. Typisch ist der Stachel der am Hinterende gelegenen Giftblase. Die Beute wird mit den vorn gelegenen Klauen gehalten und dann das Gift mit dem Dorn im Schwanzteil injiziert, wobei der Hinterteil mit der „Injektionsnadel" über den Körper sehr schnell nach vorn gezogen wird

Zecken

4

Es sauget eine Zecke da und hier
und ist dennoch nicht ein Säugetier.

Zecken (engl. *ticks*) bilden zusammen mit den Milben eine eigene Gruppe der Arthropoden. Alle drei ihrer Entwicklungsstadien (Larve, Nymphe, Adultus) saugen obligat Blut, sie wandern meist nicht selbstständig in menschliche Behausungen ein, sondern werden vom Menschen selbst oder seinen Haustieren eingeschleppt. Im Haus können sowohl sog. **Leder-** als auch **Schildzecken** (Tab. 4.1 und 4.2) auftreten, die sich in ihrer Saug- und Vermehrungsweise unterscheiden. Nur Schildzecken weisen in beiden Geschlechtern ein dorsales Schild auf. Zudem sind bei den Adulten die Mundwerkzeuge bei dorsaler Betrachtung am vorderen Rand ihres ungegliederten Körpers sichtbar (Abb. 4.2, 4.3, 4.4, 4.5, 4.6 und 4.7). Im Wesentlichen handelt es sich um Vertreter dreier Gattungen, die für den Menschen und sein Heim in Europa Bedeutung erlangt haben. Während *Argas*-Arten (Tauben- bzw. Lederzecken) und *Rhipicephalus sanguineus* (Braune Hundezecke) ihre Eier im Haus ohne Probleme ablegen und sich auch vollständig zu Adulten entwickeln können, geschieht dies bei *Ixodes ricinus* (Holzbock) nur äußerst selten (s. u.) (Tab. 4.2).

4.1 Bedeutende Zeckenarten

4.1.1 Taubenzecken (*Argas*-Arten)

Fundort. Sie leben tagsüber verborgen in Ritzen (meist von Dachböden, Taubenschlägen, Hühnerställen); Larven finden sich im Gefieder von Tauben; diese Arten sind weltweit verbreitet.

Tab. 4.1 Merkmale der Gattung *Argas* (Taubenzecke)

Merkmal	*Argas reflexus*
Rückenschild (Scutum)	Fehlt
Anzahl der Beine	Larve: 6 Adultus: 8
Saugapparat	Nymphen u. Adulte: von dorsal sichtbar Larven: ragen nach vorn
Atemöffnung (Stigma)	Larven: fehlt Nymphen u. Adulte: klein, vor Hüfte des 4. Bein- paares
Augen	Fehlen
Haller'sches Organ	alle Stadien: vorhanden
Gestaltsunterschiede ♀/♂	faktisch keine
Entwicklung	Ei, 1 Larve, 4 Nymphen, ♀/♂
Eiablage	mehrmals: 60–80 Eier pro Gelege
Dauer des Saugakts	Nymphen u. Adulte: öfter über 20–30 min
Gewichtszunahme/Saugakt	♀ $= 12$–$15 \times$ KGW
saugende Stadien	Alle
Hungerperioden	Nymphen u. Adulte: 5–7 Jahre
Dauer der Generationsfolge	6–12 Monate

Auftreten. Ganzjährig.

Biologie und Merkmale. *Argas*-Arten (*A. reflexus*, *A. polonicus* sind durch
ihren eiförmigen, dorsoventral abgeflachten Körper gekennzeichnet, erscheinen
grau-braun und werden im weiblichen Geschlecht bis 1,1 cm lang (Männchen
8 mm); ihre Mundwerkzeuge sind (außer bei den Larven) nur von ventral sichtbar (Abb. 4.1, Tab. 4.1). Im Entwicklungszyklus treten 3 Stadien auf: Larven (1),
Nymphen (2–4) und Adulte (♀,♂). Letztere saugen etwa einmal im Monat nachts
Blut an ihren Wirten (auch Mensch!), verlassen diese aber bereits nach einer
halben Stunde wieder. Adulte Zecken können bis zu 0,3 ml Blut bei einem Saugakt aufnehmen, sodass ein Massenbefall bei kleinen Haustieren (Hühnern, Tauben,
Kaninchen etc.) zu einem bedeutenden Blutverlust führen kann. Larven bleiben
dagegen bis zu 10 Tage auf ihrem Wirt. Nymphen und die beiden Adultstadien
saugen mehrfach Blut (im Gegensatz zu Schildzecken); die Entwicklungs-
geschwindigkeit der Lederzecken ist temperaturabhängig und kann sich vom
Schlüpfen der Larven aus den Eiern über 3 Monate bis zu 3 Jahren erstrecken.
Bemerkenswert ist, dass Lederzecken sehr lange hungern können. So ist bekannt,
dass sie in unbewohnten Taubenschlägen länger als 3 Jahre überlebt haben
(zumindest einige!).

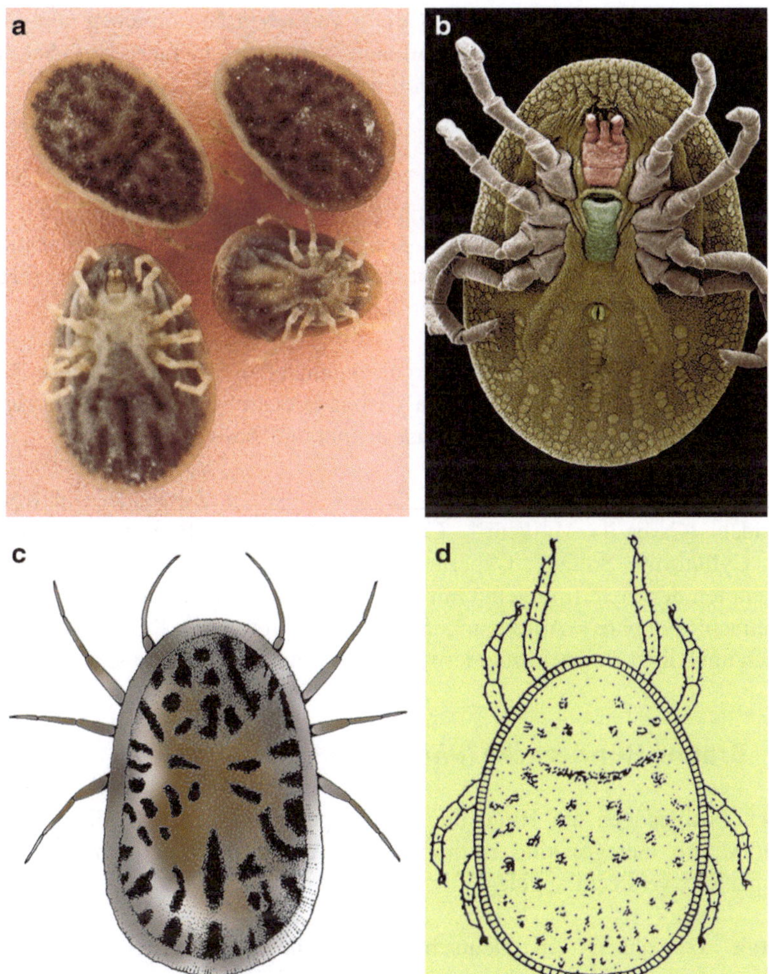

Abb. 4.1 Adulte Taubenzecken *(Argas reflexus)* im Licht- (**a**) und im Rasterelektronenmikroskop (**b**) sowie schematisch dargestellt (**c, d**). Die Mundwerkzeuge liegen unterständig, die Genitalöffnungen (vorn zwischen den Coxen = Hüften der Vorderbeine) und die Anusöffnungen befinden sich in einer medianen Linie

Materialschäden. Keine.

Erkrankungen. Bei Geflügel allgemein und bei Tauben insbesondere treten starke Mattigkeit, Blutarmut, Flugunfähigkeit, evtl. Tod durch generelle Schwächung auf. Zudem können *Borrelia anserina* und *Aegyptianella pullorum* auf das Geflügel übertragen werden. Beim Menschen wird der Stich erst bemerkt, wenn nach Stunden der Juckreiz mit Quaddelbildung beginnt. Die Stichstelle zeigt dann häufig münzgroße Hämorrhagien (blutunterlaufene Stichstellen wie bei

Bremsen); bei Allergikern besteht die Gefahr von lebensbedrohlichen allergischen Reaktionen, zudem bei allen Betroffenen stets die Gefahr von Sekundärinfektionen, die symptomatisch behandelt werden müssen.

Bekämpfung.

Hygienische Maßnahmen. Regelmäßige Stallreinigung, Versiegelung von Ritzen etc., die als Verstecke dienen können. Entfernung von Vogelnestern in Fensternähe, Anbringen von Vorrichtungen, die Tauben von Fensterbrettern abweisen (Dachdeckerbedarf).

Biologische Bekämpfung. Besprühen von potenziellen Verstecken (diese Zecken sind nachtaktiv!) mit Mite-Stop® (Fa. Alpha-Biocare GmbH, Neuss), das die jeweiligen Stadien dieser Blutsauger austrocknet und dadurch abtötet.

Chemobekämpfung. Desinfektion des Bodens bzw. der Sandbäder mit Kontaktinsektiziden (Carbaril = Vet-kem®; Carbamat = CBM 8®; Propoxur = Blattanex®; Bolfo®; Cyfluthrin = Solfac®; Cypermethrin = INS 15) bzw. Besprühen, Bepudern oder Betupfen der Tiere (morgens) mit Propoxur = Bolfo®, Bromocyclen = Alugan® oder Tetrachlorvinphos = Antorgan®, Spray mit Pyrethrum = KO®. **Wichtig:** Vor Gebrauch unbedingt Beipackzettel lesen und Anwendungshinweise strikt beachten!

4.1.2 Braune Hundezecke *(Rhipicephalus sanguineus)*

Fundort. Festgesogen am Hund und frei in dessen Lagerstätte; die Eier (etwa 2000–4000 pro Gelege) sind rotbraun und werden im Haus hinter Wandverkleidungen etc. versteckt abgelegt.

Auftreten. Ganzjährig. In Deutschland ist diese Zeckenart meist nur in Behausungen entwicklungsfähig; sie hat aber eine weltweite Verbreitung in warmen Gebieten erreicht. Die Einschleppung erfolgt meist im Sommer und wird häufig im Koffer aus dem Urlaub mitgebracht.

Biologie und Merkmale. Die Schildzecke *R. sanguineus* (Abb. 4.2) wird als vollgesogenes Weibchen bis 1,2 cm lang (Männchen 3 mm). Diese Art ist dreiwirtig, d. h. alle 3 Entwicklungsstadien verlassen nach dem mehrere Tage dauernden Saugakt den jeweiligen Wirt (Hund, Katze, selten auch Mensch), um sich am Boden (z. B. im Körbchen des Hundes) zu häuten. In Behausungen kann die Entwicklung in 65 Tagen abgeschlossen sein (Massenbefall von Wohnungen ist möglich!). Bei niedrigen Temperaturen und/oder im Falle von Wirten kann sich die Entwicklung über 2 Jahre erstrecken (Abb. 4.3). Da die trächtigen Weibchen gut beweglich sind, ist eine Ausbreitung auf Nachbarwohnungen möglich wie auch eine Einschleppung im Koffer bei Urlaubsreisen! Die Wirtsfindung dieser Art erfolgt durch die Ortung von Bewegungen potenzieller Wirte mithilfe ihrer beiden am vorderen Körperrand befindlichen Linsenaugen.

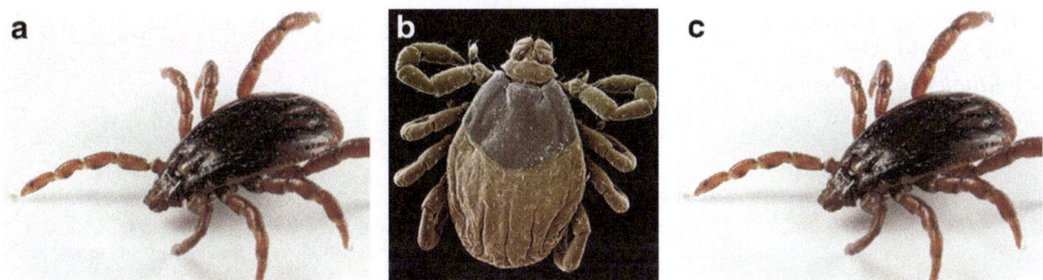

Abb. 4.2 *Rhipicephalus sanguineus*: (**a**) Makroaufnahme eines ungesogenen Männchens. (**b**) REM-Aufnahme eines ungesogenen Weibchens (**c**) REM-Aufnahme eines Weibchens

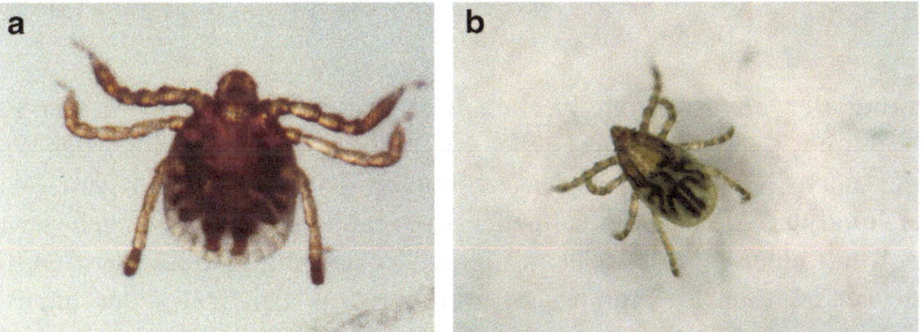

Abb. 4.3 (**a**) Lichtmikroskopische Aufnahme einer *Rhipicephalus*-Larve. (**b**) Lichtmikroskopische Aufnahme einer *Rhipicephalus*-Nymphe

Materialschäden. Keine.

Erkrankungen. Bei Hunden können Intoxikationserscheinungen (seltener mit Lähmungen) sowie lokale Hautschwellungen und Sekundärinfektionen auftreten. Bei Übertragung des Einzellers *Babesia canis* (Piroplasmen) kommt es zu einer bedrohlichen Babesiose. Bei unsachgemäßer Entfernung aus der Haut entsteht ein lokales Granulom von 0,5–2 cm Durchmesser (Letzteres auch beim **Menschen!** Abb. 4.4). Bei Befall mit zahlreichen Exemplaren der kleinen Larvenstadien entstehen bei **allen Wirten** ein unangenehmer Juckreiz und ein flächiger Hautausschlag. Auf den Menschen übertragen *Rhipicephalus*-Arten die Erreger des exanthemischen **Zecken-** bzw. **Beulenfiebers** *(Rickettsia conori)* wie auch die bakteriellen Erreger der **Tularämie** *(Francisella tularensis),* die 1912 im Bezirk Tule (Kalifornien) entdeckt wurden. Diese Erkrankung wird auch unter den unterschiedlichsten Namen geführt: *deer-fly fever, Ohara's disease, market men's fever, rabbit or lemming fever.*

Bekämpfung.

Prophylaxe. Hunde und Katzen sollten bei Freilauf mit lange wirksamen Repellents (z. B. Advantix®, Exspot®, Frontline®, Prac-tic®, Anticks® etc.) geschützt werden. Den Menschen schützen die bei *Ixodes ricinus* genannten Repellentien (z. B. Viticks).

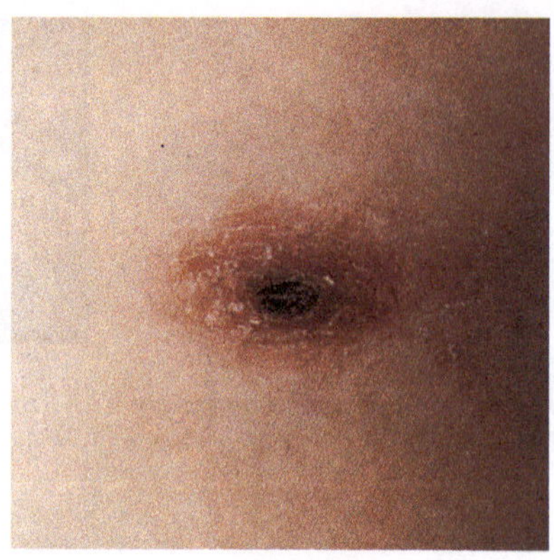

Abb. 4.4 Sog. *Tâche-bleue-*Granulom beim Menschen nach *Rhipicephalus*-Saugakt

Entfernung der angesogenen Zecken. Galt früher die Betäubung der Zecken (für 10–30 min) durch Alkohol, Öl etc. vor dem Entfernen als Mittel der Wahl, so muss jetzt nach Bekanntwerden der Verbreitung der Borreliose in ganz Deutschland bei Hund und Mensch der schnellen Entfernung der Vorzug gegeben werden. Dabei soll mit einer Pinzette oder mit einer Zeckenzange die Zecke so am in der Haut steckenden Saugapparat erfasst werden, dass der voll- oder angesogene Körper nicht gequetscht wird und daher kein Darm- bzw. Speichelinhalt (potenziell erregerhaltig!) in die Ansaugstelle gelangt. Nach sanftem Hin- und Herbewegen (Drehen ist Gerücht!) lässt sich die Zecke abziehen. Bleibt ein Teil des Saugrüssels in der Haut, als schwarzer Punkt sichtbar, eitert dieser meist schnell heraus.

Entfernung zahlreicher kleiner Stadien. Äußerliche Behandlung des Hundes mit Kontaktinsektiziden oder orale Gabe von Cythioat=Cyflee®. Waschen des Hundes mit Wash-Away Hund® (Fa. Alpha-Biocare GmbH).

Entwesung. Hundezeckenverseuchte Räume müssen unbedingt mit akarizidhaltigen Kaltnebeln (Dichlorvos u. a.: Zidil®; Permethrin und Pyrethrum=u. a. Ko®-Sprühmittel) behandelt werden, da es sonst zu einem Massenbefall der Wohnung kommen kann. Methodisches: Insbesondere die Entlüftungszeiten sind nach Angaben des Herstellers unbedingt beachten (vgl. Hoffmann 1986; Giftigkeitshinweise: z. B. Zeitschrift *Ökotest*) und Tab. 4.4 (Toxizitätstabelle). Leicht zugängliche Verstecke können mit dem Bioextrakt MiteStop® ausgesprüht werden, der Zeckenstadien austrocknet.

4.1.3 Holzbock *(Ixodes ricinus)*

Fundort. Im Freien auf Pflanzen, danach evtl. auf der Haut des Menschen oder im Fell von Haustieren. Diese Zecken entwickeln sich in Wohnungen aber faktisch nie weiter. Dies liegt daran, dass sie eine gewisse Luftfeuchte benötigen und daher schnell austrocknen, zumal sie – weil augenlos – oft nicht rasch genug einen Wirt finden (Abb. 4.5, 4.6, 4.7 und 4.8, Tab. 4.2).

Tab. 4.2 Merkmale von *Ixodes ricinus*

Merkmal	*Ixodes ricinus*
Rückenschild (Scutum)	vorhanden
Beinzahl	Larve: 6 Adultus: 8
Saugapparat	alle Stadien: ragt nach vorn
Atemöffnung (Stigma)	Larven: fehlt Nymphen u. Adulte: groß, hinter 4. Beinpaar
Augen	fehlen
Haller'sches Organ	alle Stadien: vorhanden
Gestaltsunterschiede ♀/♂	♂: Schild bedeckt gesamten Rücken, schwarz gefärbt ♀: Schild klein: rötlich braun
Entwicklung	1 Larve, 1 Nymphe, ♀/♂
Eiablage	1 × 500–5000 Eier
Dauer des Saugakts	2 × pro Stadium: 2–10 Tage
Gewichtszunahme/Saugakt	♀ = 200 × KGW
saugende Stadien	alle außer ♂
Hungerperioden	alle Stadien: mindestens 1 Jahr
Dauer der Generationsfolge	2–3 Jahre

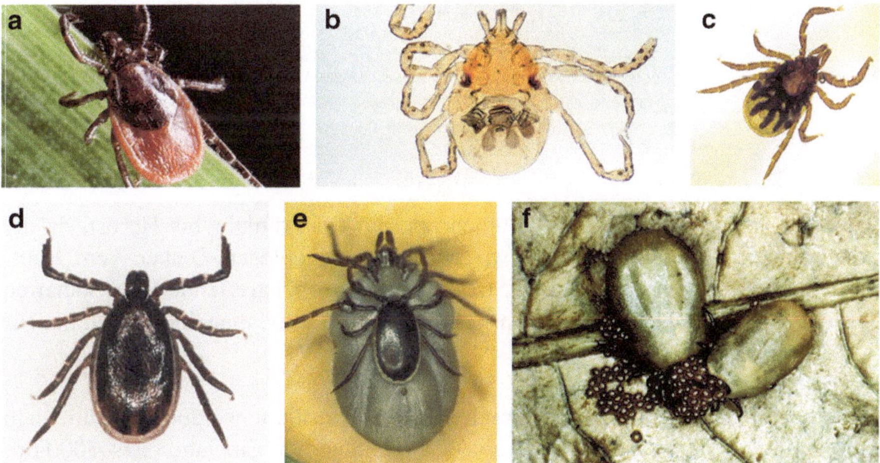

Abb. 4.5 *Ixodes ricinus*. (**a**) Adultes Weibchen in Lauerstellung. (**b**) Larvenstadium (mit 3 Beinpaaren). (**c**) Nymphenstadium (mit 4 Beinpaaren). (**d**) Männchen. (**e**) Männchen und vollgesogenes Weibchen in Paarung. (**f**) Zwei Weibchen bei der Eiablage auf dem Boden

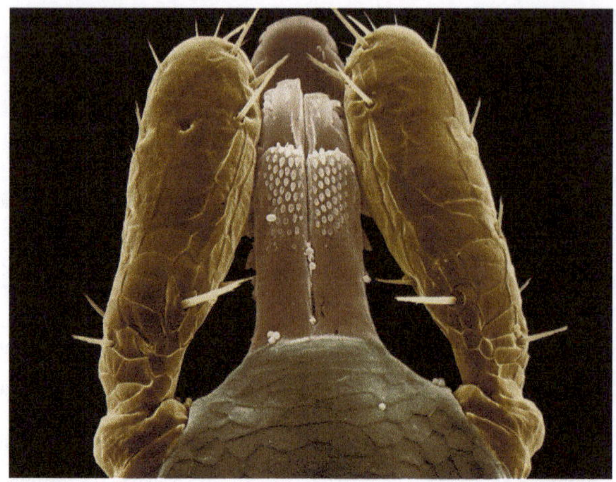

Abb. 4.6 REM-Aufnahme des Vorderendes einer Zecke, das in die Haut eingestochen wird

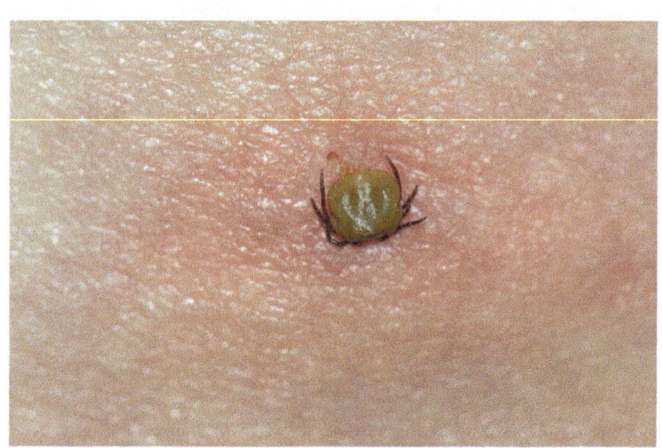

Abb. 4.7 Angesogenes Zeckenweibchen in der Haut (mit Entzündungsreaktion)

Auftreten. In Deutschland und Mitteleuropa nur im Frühjahr bis Herbst, da die Vermehrung im Freien stattfindet, wo sich diese augenlosen Zecken vom Hautgeruch angezogen von Gräsern und Sträuchern auf vorbeistreifende Wirte anheften (Abb. 4.5a). Die Zecken werden zwar schon bei 7° C aktiv, manchmal auch nur für Stunden bei höheren Temperaturen.

Biologie und Merkmale. Der Mensch und die Haustiere werden ausschließlich im Freien befallen, wo auch die etwa 4 Wochen dauernde Eiablage (500–5000 pro Weibchen) erfolgt (es findet aber keine nennenswerte Vermehrung in Gebäuden statt). Die Entwicklung ist extrem temperaturabhängig sowie abhängig von der Verfügbarkeit von Wirten für die jeweiligen Stufen (Larve, Nymphe, Adultus) und kann 178–2700 Tage dauern (in Deutschland 2–3 Jahre). Die Männchen werden bis 4 mm groß (Abb. 4.5d), die gesogenen Weibchen erreichen 1,5 cm; sie zeigen dann eine grau-grüne bis rotbraune Färbung, je nach Saugzustand. Männchen erscheinen

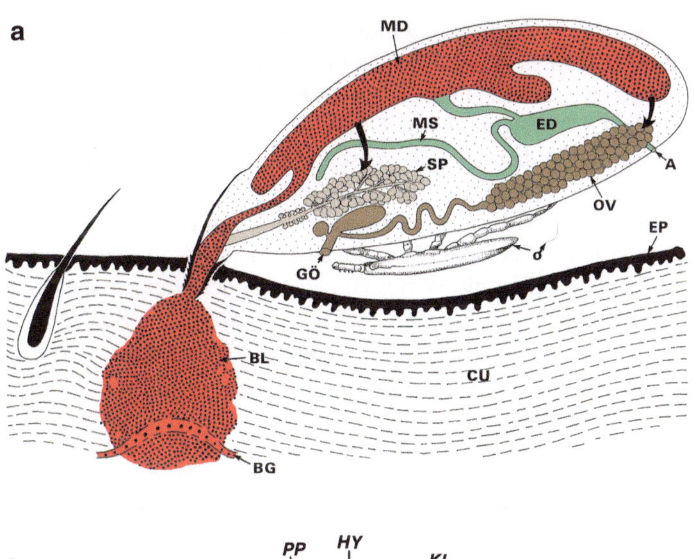

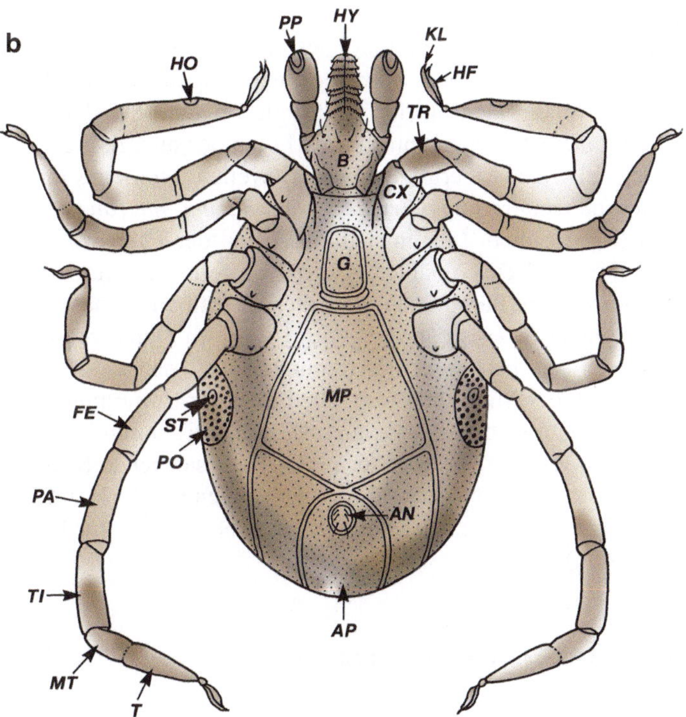

Abb. 4.8 (**a**) Schematische Darstellung eines Weibchens einer Schildzecke während der Blutmahlzeit und in Kopulation. A=Anus; BG=Blutgefäß; BL=Blutlakune; CU=Cutis; ED=Enddarm; EP=Epidermis; GÖ=Genitalöffnung; MD=Mitteldarm; MS=Malpighi-Schläuche; OV=Ovarium mit Oocyten; SP=Speicheldrüse. (**b**) Schematische Darstellung der Ansicht der Unterseite einer Schildzecke. AN=Anus=After; AP=Afterplatte; B=Basis des Vorderendes=Capitulum; CX=Coxa=Hüftglied des Beines; G=Genitalplatte; FE=Femur=Oberschenkel; HF=Haftpapille am Fuß; HO=Haller'sches Organ; HY=Hypostom; KL=Klaue; MP=Medianplatte; MT=Metatarsus; PA=Patella=„Kniescheibe"; PO=Porenplatte; PP=Pedipalpen=Taster; ST=Stigma=Atemöffnung; T=Tarsus=Fuß; TI=Tibia=„Schienenbein"; TR=Trochanter=Schenkelring

schwarz, vollgesogene Weibchen wirken grünlich-grau (Abb. 4.5e, f). Alle drei Stadien im Entwicklungszyklus dieser Zecken saugen jeweils nur einmal, um sich weiterentwickeln zu können. Die Larven (Abb. 4.5b) tun dies für 8–10 Tage, die Nymphen (Abb. 4.5c) saugen für 6–7 Tage und die adulten Weibchen meist nur für 5–6 Tage. Sie fallen dann erst als erbsengroße Gebilde und durch starken Juckreiz auf, während die Männchen, wenn überhaupt, nur kurz saugen und sich vorwiegend der „Begattung" der festgesogenen Weibchen (Abb. 4.5e, f) widmen. Die Männchen schwellen daher faktisch nicht an (Abb. 4.5d, e). Nach jedem Saugakt verlassen die Zeckenstadien die Wirte, zu denen in der Natur insbesondere Mäuse (Larven saugen vornehmlich hier), Vögel und alle Arten von Säugetieren gehören. Daneben werden auch noch Reptilien befallen. Mäuse, Igel, Füchse und Vögel schleppen die Zecken auch in Gärten ein (!).

Materialschäden. Keine.

Erkrankungen des Menschen:

Hautreaktionen. Während des mehrtägigen Saugens bleibt der Stich schmerzfrei (Abb. 4.6 und 4.8a, b). Daher wird die Zecke oft nicht bemerkt. Nach Entfernung der Zecke bildet sich an der Stichstelle oft eine Quaddel (mit starkem Juckreiz und zentralem Nekrosezentrum) als Folge der allergischen Reaktion auf den Zeckenspeichel. Nach Übertragung von Borrelien kann eine für Wochen bis Monate wandernde Hautrötung (*Erythema chronicum migrans*; Abb. 4.7) entstehen. Dieses sog. Erythem (nur in maximal 60 % der Fälle vorhanden) breitet sich zunächst zentrifugal gleichmäßig um die Stichstelle aus. Der zentrale Bereich nimmt dann eine blassere Färbung an, der rote, oft tastbare Randsaum bleibt aber meist deutlich sichtbar. Dieses dann oft bis zu 8 cm im Durchmesser erreichende Erythem umwandert die betroffenen Extremitäten bzw. den Leib und zieht dabei auch (z. T. weit) von der Stichstelle weg. Bleibt bei der Entfernung der Zecke das Vorderende in der Haut stecken, so reagiert diese häufig durch Vorwölbung eines kleinen Granuloms. Wichtig ist, dass der in der Haut steckende Saugrüssel so mit der Pinzette angefasst wird, dass der Körper der saugenden Zecke nicht gequetscht wird, weil sonst Erreger in die Stichstelle gequetscht werden (zur Entfernung von Zecken Abschn. 4.4.).

4.1.4   Taiga-Zecke *(Ixodes persulcatus)*

Diese *Ixodes*-Art hat ein Verbreitungsgebiet, das sich von der östlichen Grenze Russlands mittlerweile bis in östliche Gebiete Deutschlands erstreckt. Sie ist gefürchtet, weil sie wie *I. ricinus* auch die Erreger der sog. Frühsommer-Meningoencephalitis überträgt. Nach einer Periode von 2–28 Tagen beginnt die erste Phase, die für 1–8 Tage andauert und durch hohes Fieber (oft mehr als 39 °C) gekennzeichnet ist. Danach erfolgt eine fieberfreie Phase von etwa 1–20 Tagen, der eine zweite Fieberphase oft mit Temperaturen von 40 °C folgt. Insbesondere Kinder und geschwächte

Personen können dann durch eine Meningoencephalitis zu Tode kommen. Glücklicherweise treten aber nur etwa 10 % der befallenen erwachsenen Personen in diese Phase ein. Einzelne infizierte Personen können zusätzlich noch an einer Nervenentzündung (Radiculitis) erkranken. Diese Zecken übertragen zusätzlich auch noch die Erreger der Borreliose.

4.1.5 *Hyalomma*-Arten

Name: griech. *hyalos* = durchsichtig, *omma* = Auge. *Hyalomma*-Arten wie *H. anatolicum*, *H. rufipes* und *H. marginatum* besitzen im Gegensatz zu *Ixodes*-Arten Augen, was die Wirtsfindung erleichtert. Sie erreichen ungesogen als Adulte Längen von 4–6 mm und befallen während ihres Entwicklungszyklus 2–3 Wirte. Der Mensch wird dabei nur selten befallen. Rinder allerdings können durch die Übertragung des Erreger des sog. Mittelmeerfiebers *(Theileria annulata)* schwer geschädigt werden. Auch können sie die Erreger des Krim-Kongo-Fiebers übertragen. Die Art *H. marginatum* wurde bereits in Deutschland nachgewiesen.

4.2 Erkrankungen des Menschen durch von Zecken übertragene Erreger

4.2.1 Frühsommer-Meningoencephalitis (FSME)

Hierbei handelt es sich um eine Erkrankung als Folge der Infektion (auch im Sommer und Herbst) mit sog. Arboviren (engl. *arthropod-borne viruses),* die in Nagetieren ihr Reservoir haben und von dort beim nächsten Saugakt auf den Menschen (oder seine milchliefernden Haustiere) übertragen werden können. (**Achtung:** Die Übertragung kann auch durch nichterhitzte Kuh- bzw. Ziegenmilch erfolgen!). Mit infizierten Nagern haben sich die Erreger von Osten (ehemalige UdSSR) in den Westen und Süden Europas ausgebreitet und sind heute fokal gehäuft in Ostschweden, Polen, Österreich (Kärnten!), im Thüringer Wald, in den Ostseeküstengebieten, in Mecklenburg, aber auch im Bayerischen Wald und in weiteren Waldgebieten der alten Bundesländer (von Süden her etwa bis zur Mainlinie) verbreitet (Abb. 4.9). Die **Ausbreitung** in diesen Gebieten wird dadurch begünstigt, dass die Zecken, von denen heute je nach Gebiet zwar nur 0,5–5 % infiziert sind, die Erreger auch auf ihre Nachkommen (via Eier) übertragen und somit eine Infektion einer Zecke in ihrer zahlreichen Nachkommenschaft bestehen bleibt (Risikoerhöhung). Von Osten her dringt zudem die russische Form der FSME (= RFSME) nach Westen vor und hat bereits den Harz erreicht. Diese Erreger werden ebenfalls von den *Ixodes*-Arten übertragen (u. a. von *Ixodes persulcatus),* die eine besonders starke Resistenz gegen die Kälte entwickelt haben und daher auch sehr hohe Minusgrade z. B. im sibirischen Winter überleben können. Bei Ausbrüchen beider Erkrankungen besteht in Deutschland **Meldepflicht!**

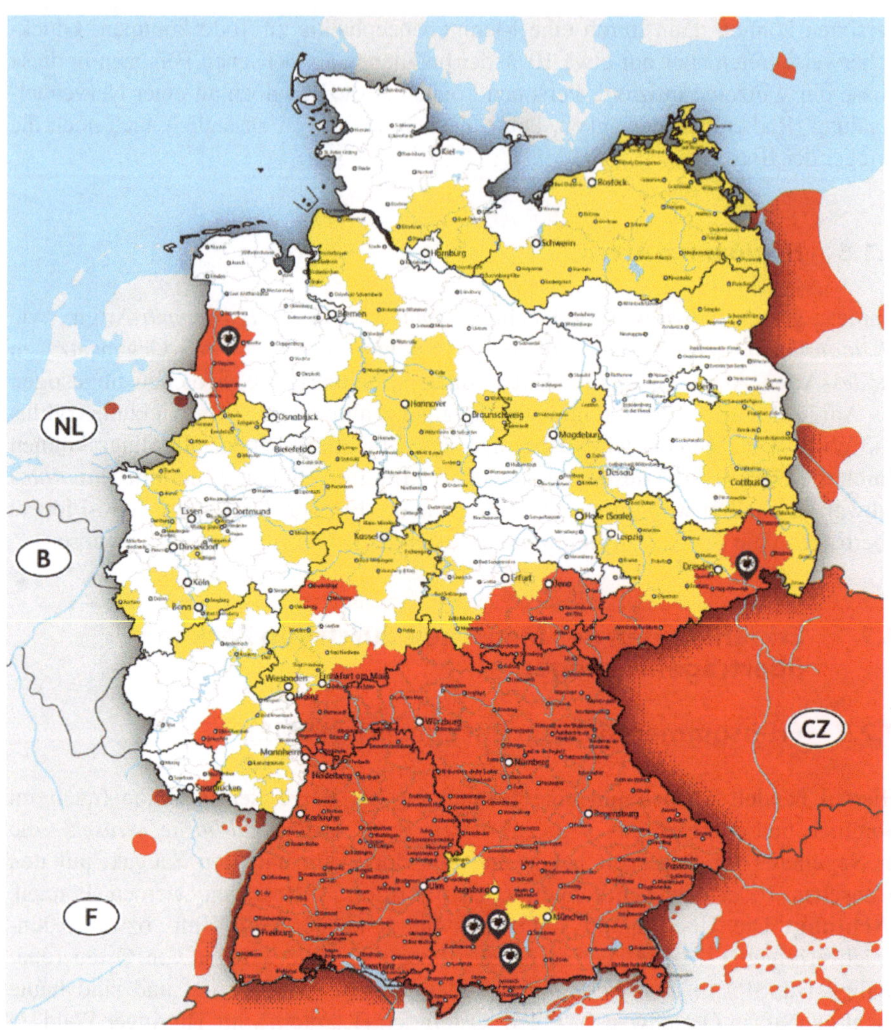

Abb. 4.9 Verbreitung der FSME-Erreger in Deutschland und endemische Krankheitsausbrüche nach RKI und Angaben von Firmen, die Impfstoffe herstellen (rot = endemische Fälle; gelb = fokale Fälle). (Bildquelle: www.zecken.de; Pfizer). Für die Nachbarländer Niederlande, Belgien, Frankreich lagen keine ausreichenden Daten vor, aber Zecken sind auch dort infiziert

Symptome der Erkrankung

Nach einer symptomlosen Inkubationszeit von 2–28 (!) Tagen kommt es bei der FSME zur **ersten Erkrankungsphase** (für 1–8 Tage) mit erhöhter Temperatur (oft 38 °C), aber weitgehend unspezifischen Symptomen (Müdigkeit, Kopf- und Gliederschmerzen, Halsentzündungen, Übelkeit, Appetitlosigkeit, Konjunktivitis). Danach folgt ein symptom- und fieberfreies Intervall von 1–20 Tagen, bevor die zweite Erkrankungsphase eintritt.

Diese Phase wird durch das Eindringen der Erreger ins Gehirn ausgelöst und ist häufig durch z. T. schwerste Krankheitssymptome wie Lichtempfindlichkeit, Sehunschärfe, Nackensteife, Übelkeit, Erbrechen, Fieber über 40 °C, Lähmungen, Herzrhythmusstörungen, lebensbedrohliche Zustände gekennzeichnet. Oftmals sind wegen der meningitischen, meningo-encephalitischen bzw. meningo-encephalomyelitischen Symptomatik Krankenhausaufenthalte von 3–40 Wochen notwendig. Geschwächte und ältere Personen sind häufig vom Tode bedroht. Diese sollten sich daher mit Repellents schützen.

Glücklicherweise kommt es „nur" bei einem Drittel der infizierten Personen (ohne Schutz, s. u.) zur zweiten Krankheitsphase. Bei 50–77 % dieser Gruppe ist der Verlauf der Erkrankung auch typisch zweiphasisch, beim Rest (23–50 %) wird die erste Phase nicht bemerkt und die Erkrankung beginnt **scheinbar** gleich mit der zweiten Phase (!).

Abwehrmaßnahmen gegen FSME
Eine einmal ausgebrochene FSME-Erkrankung kann zwar serologisch aufgrund spezifischer Antikörper relativ leicht diagnostiziert werden, **medikamentös jedoch nicht mehr bekämpft** werden. Daher zielen alle Maßnahmen auf die Verhinderung der Infektion.

Vorbeugende aktive Impfungen
Hierbei werden sog. Totimpfstoffe vor Einreise in die gefährdeten Gebiete verabreicht (= **langsamer Schutz**).

FSME-Immun® (Pfizer Pharma GmbH, Berlin)
Langsamer Schutz:
I.   0,5 ml intramuskulär;
II.   1–3 Monate danach 0,5 ml i.m.
III. nach 9–12 Monaten 0,5 ml i.m.
IV. Auffrischung 3 Jahre nach der letzten Impfung

Schneller Schutz:

I.   Tag 1
II.   Tag 14
III. 5–12 Monate nach 2.
IV. Auffrischung 3 Jahre nach der letzten Impfung

Frühester Schutz: 3 Wochen nach Erstimpfung.

A 2: Encepur® Erwachsene (GSK Vaccines GmbH, Marburg)
Langsamer Schutz: Impfverlauf und Auffrischung wie oben.
Schneller Schutz: kann bei Impfung wie folgt erzielt werden:

I.   0,5 ml i.m. am Tag 0
II.   0,5 ml am Tag 7
III. 0,5 ml am Tag 21
IV.   Auffrischung nach 12–18 Monaten empfohlen

Frühester Schutz: 21 Tage nach Erstimpfung, ggf. Antikörperkontrolle erforderlich. Diese Impfung sollte bei schnell notwendiger Einreise in Endemiegebiete wahrgenommen werden.

Die Impfstoffe eignen sich in entsprechender Dosierung auch für Kleinkinder. Eine Infektionsgefahr durch den Impfstoff besteht nicht. Da der Impfstoff unter Verwendung von Hühnerzellen hergestellt wird, ist auf eine Eiweißunverträglichkeit zu achten. Die Kosten der aktiven Impfstoffe werden heute von den Krankenkassen in Deutschland erstattet (nach Verschreibung durch den Arzt, der auch die Impfung vornimmt).

4.2.2 Russische Frühsommer-Meningoencephalitis

Diese Variante der Meningoencephalitis geht auf eine östliche Variante des FSME-Virus zurück und findet sich bei Zecken insbesondere in östlichen Bereichen Russlands. Diese Erreger werden von der **Taiga-Zecke** *(Ixodes persulcatus)* übertragen. Diese Zecke sieht ähnlich aus wie *Ixodes ricinus*. Sie ist aber deutlich kräftiger sowie widerstandsfähiger gegen Kälte. Von großer Bedeutung für die Verbreitung dieser Erreger ist die Tatsache, dass die Zeckenweibchen in der Lage sind, die beim Blutsaugen einmal aufgenommenen Bakterien auf ihre Eier zu übertragen und somit die nächste Zeckengeneration infizieren. Derartig infizierte Larven saugen mit Vorzug an Nagern und infizieren diese, wodurch das Wirtsspektrum in einem Gebiet schnell erweitert wird und so die Erreger eine sehr schnelle Verbreitung finden, wenn sie einmal in ein Gebiet eingeschleppt wurden. Da größere Säugetiere (u. a. Kühe, Ziegen) ebenfalls infiziert werden, können derartige Erreger auch beim Genuss von roher Milch auf den Menschen übertragen werden. In den letzten Jahren hat sich gezeigt, dass diese Viren mit dem Vordringen der Überträgerzecken *(I. persulcatus)* vereinzelt bereits bis in ostdeutsche Regionen gelangt sind und mit einer weiteren Ausbreitung zu rechnen ist (Abb. 4.10).

4.2.3 Borreliose *(Lyme disease)* – die verkannte Volkskrankheit

Name

Der Name der Krankheit (Borreliose) sowie der Gattungsname des Erregers wurde zu Ehren des französischen Mikrobiologen André Borrel gewählt. Die Artnamen von *Borrelia burgdorferi, B. garinii, B. afzelii* und *B. spielmanii* gehen zurück auf Willy **Burgdorfer** (den Schweizer Entdecker der Erreger in der Zecke im Jahre 1983), auf Arvid **Afzelius** (den dänischen Hautarzt, der 1909 das Leitsymptom

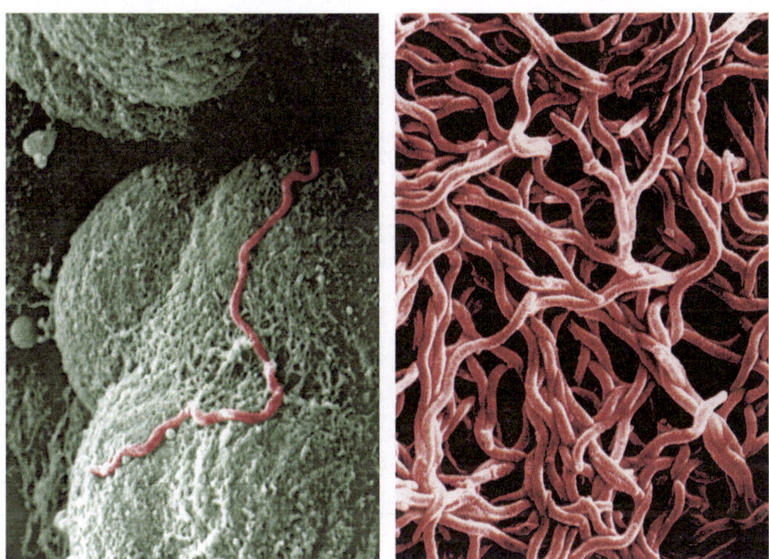

Abb. 4.10 Rasterelektronenmikroskopische Aufnahme von artifiziell rot gefärbten *Borrelia*-Bakterien im Zeckendarm (links) und in der Leibeshöhle. Sie wandern aus dem Darm in die Speicheldrüse, sobald sich die Zecke angesogen hat. Daher kommt es im Gegensatz zu den FSME-Viren, die sich in der Speicheldrüse entwickeln, erst Stunden nach dem Ansaugen zur Übertragung

der Borreliose, die Wanderröte (**Erythema migrans**) zuerst beschrieb), auf C. **Garin** (einen französischen Mikrobiologen) sowie auf Andy **Spielman** (einen verstorbenen Parasitologen der Harvard University in Boston, USA). Diese sog. *Lyme disease* bzw. die **Zeckenborreliose** erhielt ihren Namen nach dem kleinen Ort **Lyme** in Connecticut (USA), wo das Krankheitsbild zuerst entdeckt wurde (Hautrötungen = Erythema migrans, Abb. 4.11) und auf Zeckenstiche zurückgeführt wurde. Dieser kleine Ort liegt Luftlinie nur rund 15 km (auf der Vogelfluglinie) von der Insel Plum Island entfernt, auf der vom US-Militär seit 1946 mit europäischen Borrelien als „Kriegswaffe" experimentiert wurde. Dies führte zu Gerüchten und zur Legendenbildung, dass mit Borrelien infizierte Zecken über Vögel nach Connecticut und von dort in weite Gebiete der USA gelangt sein könnten. Dies scheint dadurch unterstützt zu werden, dass in den USA im Wesentlichen *Borrelia burgdorferi* auftritt und nicht die europäischen *Borrelia*-Arten.

Erreger

Borrelia-Arten sind Bakterien, die mit der Gruppe der Lues- bzw. Syphilis-Erreger *(Treponema pallidum,* syn. *Spirochaeta pallida)* nahe verwandt sind, sodass es bei serologischen Untersuchungen zu Kreuzreaktionen kommen kann. Borrelien, die zur *Lyme disease* führen, erscheinen als spiralige Bakterien von 10–30 µm Länge und einem Durchmesser von 0,2–0,3 µm (Abb. 4.10 und 4.12). Sie besitzen 7–11 im Elektronenmikroskop sichtbare sog.

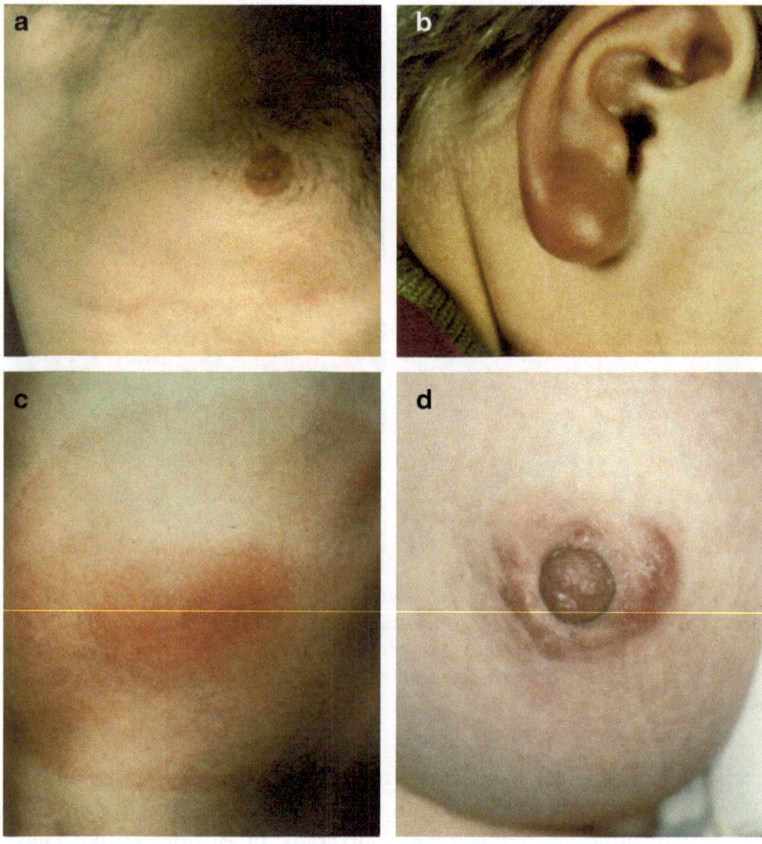

Abb. 4.11 Borreliose-Symptome. (**a**) Ausbilden des Erythems. (**b**) Rosacea migrans: Initial-
stadium. (**c, d**) Lymphocytome am Ohr bzw. an der Brust

Endoflagellen = Geißeln vom Bakterientyp (ohne den typischen inneren Aufbau
von $9 \times 2 + 2$ Mikrotubuli). Die Bakterien können lebend im Dunkelfeld an ihren
Bewegungen bzw. nach Fixierung durch Färbung als Folge der gramnegativen
Reaktion ihrer Hülle erkannt werden. Sie zeigen im Querschnitt von innen nach
außen folgende Elemente: **Cytoplasma** (mit Erbmaterial und Ribosomen), axial
verlaufende **Endoflagellen,** beginnend je in einer Tasche an den Zellenden, ein
periplasmatischer Raum, eine flexible, **trilaminäre Membran,** eine 10–12 µm
dicke Schicht, die aus amorphen, glykoproteinhaltigen **Mucoiden** (verfestigter
Schleim) besteht. Die Endoflagellen erlauben die schraubenförmigen Fort-
bewegungen in Flüssigkeiten (z. B. im Blut des Menschen oder in der Leibeshöhle der Zecken). Aus dieser Gruppe der Erreger der Zeckenborreliose sind
mindestens 12 Arten beschrieben: in den **USA:** *B. burgdorferi* (*sensu stricto* = in
engerem Sinn); in **Europa:** u. a. noch dazu aus dem *B. burgdorferi*-Komplex
(*sensu lato* = im weiteren Sinn): *B. spielmanii, B. afzelii* und *B. garinii* als

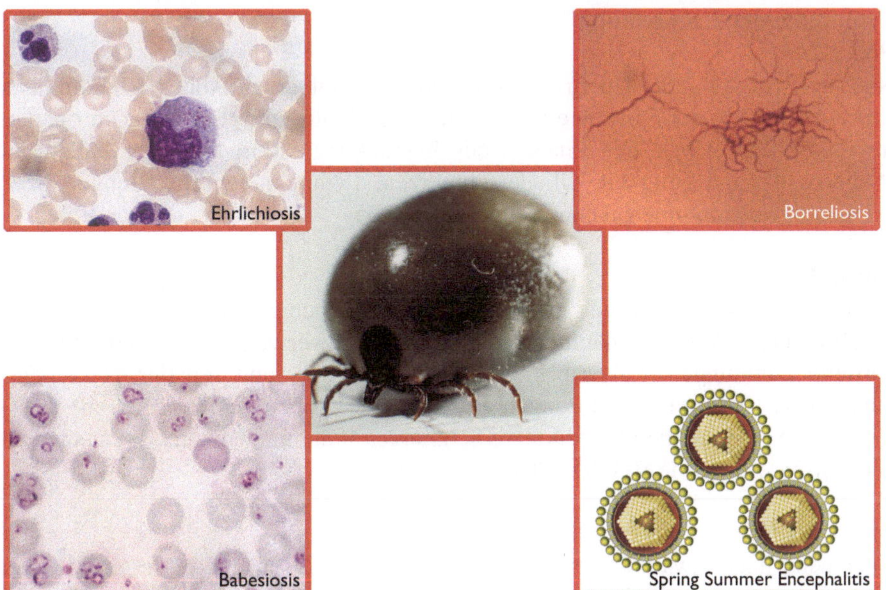

Abb. 4.12 Mikroskopische und schematische Darstellungen der Erreger der Ehrlichiose, Borreliose, Babesiose und der FSME-Virose

definitiv pathogene Arten sowie *B. lusitaniae*, *B. valaisiana* als möglicherweise pathogene Arten. In Asien finden sich *B. garinii*, *B. afzelii*, *B. burgdorferi sensu stricto* wie auch *B. japonica*.

Wichtig: Die Borrelien sitzen und vermehren sich im Darm der Zecke! Sie wandern erst Stunden nach deren Ansaugen an die Haut des Menschen in ihn ein! Dies bedeutet, dass noch 8–10 h nach dem Ansaugen bei sorgfältiger Entfernung (Anfassen der Zecke mit spitzer Pinzette am in der Haut steckenden Rüssel) eine Infektion vermieden werden kann. **Quetschen der Zecke** ist aber bei ihrem Entfernen aus der Haut unbedingt zu vermeiden. FSME-Viren werden aber **sofort (!!!)** nach dem Stich übertragen. Sie vermehren sich nämlich in den Zellen der Speicheldrüsen.

Auftreten

Die besonders häufigen und zudem humanpathogenen Arten vom *B. burgdorferi-sensu stricto*-Komplex finden sich in den USA und in Europa, dazu (s. o.) weitere Arten in Europa. In Europa erwiesen sich in manchen Gebieten (u. a. bei unseren Untersuchungen in zentralen Stadtparks von Großstädten) bis zu 40 % der gefangenen *Ixodes ricinus* und in geringerem Maße auch *Dermacentor reticulatus* als Träger von Borrelien. In den USA waren die dort nachgewiesenen Überträgerzecken ebenfalls in hohem Maße infiziert. Allerdings bedeutet dies (glücklicherweise) nicht, dass es dann bei jedem Stich zu einer patenten Infektion kommt.

Symptome der Erkrankung
Phase 1
Nach dem Stich mit der Übertragung der *Borrelia*-Bakterien (Abb. 4.10) kommt es (nur) in 50–60 % der Fälle zu einer wandernden Hautrötung (Erythema chronicum migrans) (Abb. 4.11). Die Phase 1 der Erkrankung ist in manchen Fällen im Weiteren durch Mattigkeit, Gliederschmerzen, Lymphknotenschwellungen bzw. grippeartige Symptome gekennzeichnet (Tab. 4.3).

Phase 2
Nach etwa 6 Wochen treten dann im Fall von hochgradigen Infektionen und geschwächten Personen häufig vielschichtige, schwerwiegende Symptome wie partielle Lähmungen, Polyarthritis, Herzbeutel-, Hirn- und sonstige Nervenentzündungen, Herzrhythmusstörungen auf (Letztere können zum Tod führen). **Leitsymptome** sind brennende radikuläre Schmerzen, Lähmungen von Gesichtsnerven (Fazialisparese) sowie Beschwerden beim Gehen etc.

Phase 3
Beginnend nach etwa 2 Jahren können dauerhafte Spätschäden einsetzen, die mit syphilisähnlichen, multiple-sklerose-ähnlichen (etc.) Hirnveränderungen einhergehen (Lähmungen, Leistungsausfälle, Seh- und Bewegungsstörungen bis hin zu völliger Bewegungsunfähigkeit). Bei hochgradigem Befall (insbesondere bei besonders jungen, alten und geschwächten Personen) kann es zu Todesfällen kommen.

Tab. 4.3 Wichtige Borreliose-Symptome

Phasen	Organ	Symptom
Phase 1	Kopf	Kopfschmerz, Fieber, Mattigkeit
	Haut	Wanderröte (Erythema chronicum migrans)
	Muskel	Muskelschmerzen
	Lymphknoten	Schwellungen
Phase 2	Kopf/Rückenmark	Hirnhaut-Rückenmarks-Entzündungen
	Gesicht	Faszialis-Lähmung
	Augen	Entzündung verschiedener Bereiche
	Herzmuskel	Entzündungen
	Muskel	Schwäche/Schmerzen, Lähmungen
	Gelenke	Arthritis, Schmerzen, Gehbeschwerden
Phase 3	Haut	Schwund des Fettgewebes, Acrodermatitis
	Nerven	Störung des vegetativen Systems, Gehbeschwerden
	Kopf	Gehirnentzündung, psychische Symptome, mentale Defekte, Sehbehinderung
	Gelenke	Chronische Arthritis, Lähmungen
	Gliedmaßen	Lähmungen, bis völlige Bewegungslosigkeit

Diagnose

Bluttests (IFT, ELISA) schaffen erst 4–6 Wochen nach dem Zeckenstich Klarheit und sollten bei unspezifischen Symptomen und Zeckenbefall zurate gezogen werden. Andererseits können hohe Antikörpertiter jahrelang (ohne vorherige klinische Symptome) bestehen bleiben. Bei einer lange bestehenden Borreliose kann eine Diagnose nur durch Untersuchung verschiedener Parameter der Spinalflüssigkeit abgesichert werden.

Behandlung Bei richtiger und schneller Diagnose kann (ausschließlich von Ärzten) mit Antibiotika (z. B. Doxycyclin, Penicillin G, Cephalosporine etc.) eine erfolgreiche **Chemotherapie** (für 10 Tage nach dem Saugakt der Zecke und für 30 Tage ab 6. Woche nach dem Stich der Zecke) durchgeführt werden (**Achtung:** Kein Doxycyclin, sondern Amoxicillin **bei Kindern** unter 12 Jahren anwenden!). Je schneller nach dem Zeckensaugakt die Behandlung erfolgt, desto größer bzw. sicherer ist der Erfolg. Ein Versagen der Therapie ist besonders in den fortgeschrittenen Phasen der Erkrankung nicht selten. Ab einem Zeitraum von 4–6 Wochen nach der Infektion muss die Antibiotikatherapie für mindestens 30 Tage erfolgen (und evtl. nach einer Pause wiederholt werden). Die therapeutische Behandlung der Spätphasen (z. B. mit Rifampicin) bringt in vielen Fällen Linderung (bzw. unterbindet eine Verschlechterung). Eine Heilung eines massiv zerstörten Nervensystems ist nicht mehr möglich, sodass **Vorbeugung** besonders **wichtig** ist. In dieser späten Phase der Erkrankung ist die Therapie mit Antibiotika sinnlos, weil die Erreger der ersten Infektion nicht mehr vorhanden sind.

Impfung

Eine vorbeugende Impfung des Menschen ist zurzeit (2020) noch nicht möglich, wohl aber für Hunde verfügbar.

4.2.4 Afrikanisches Zeckenfieber

In vielen Ländern und insbesondere in den Subtropen und Tropen können Rickettsien und Viren von Zecken übertragen werden, wie z. B. die Erreger des Rocky-Mountain-Fleckfiebers (Zeckenbissfieber, Shamri et al. 2019). Daher ist es wichtig, sich in warmen Ländern nicht nur vor Stichen von Mücken, sondern auch von denen der Zecken zu schützen (z. B. durch Viticks®).

4.3 Schutz vor Zeckenbefall

Beim Arbeiten im Freien bzw. beim Wandern

Auftragen von Repellentien (z. B. Autan®, Viticks® auf Basis von Icaridin, DEET bzw. IR3535) auf die Haut, Kleidung und Schuhe (vorn, seitlich und hinten bis mindestens in Kniehöhe). Der sichere Schutz hält aber nur bis zu 6–7 h vor.

Absuchen des Körpers auf eventuell vorhandene Zecken nach einer Tätigkeit im Freien und sofortige Entfernung mithilfe einer spitzen Pinzette, wobei die Zecke **unbedingt (!)** ausschließlich am in der Haut steckenden Saugrüssel erfasst werden muss, weil ansonsten beim Quetschen der Zecke Erreger in die Stichwunde hineingequetscht würden.

In Gärten

Da Zecken oft von Mäusen, aber auch Vögeln, Igeln etc. in Gärten eingeschleppt werden, empfiehlt es sich, kniehohen, kleinmaschigen Draht am Gartenzaun anzubringen und diesen im Boden zu versenken.

Im Haus

Im Gegensatz zu *Rhipicephalus sanguineus* (Abschn. 3.2.3) vermehrt sich *Ixodes ricinus* im Allgemeinen nicht in Wohnungen (d. h. die abgelegten Eier trocknen aus), sodass keine Gefahr durch Einschleppung seitens der Haustiere wie Hund und Katze gegeben ist.

Bei Haustieren

Hunde und Katzen können zwar nicht an FSME erkranken, aber sie leiden an der in Europa sehr verbreiteten Borreliose ebenso heftig wie der Mensch. Sie sollten daher durch länger wirkende insektizidhaltige Repellentien geschützt werden (z. B. Anticks®, Exspot®, Advantix®, Frontline®, Prac-tic® bei Hunden bzw. Frontline®, Promeris®, Anticks® bei Katzen). Bei Katzen empfiehlt es sich, das Produkt auf die Hand zu sprühen und damit das Fell zu bestreichen, da Katzen auf das Sprühgeräusch oft heftig mit Fluchtreaktionen reagieren. **Vorsicht** ist insbesondere geboten, wenn Kleinkinder im Haushalt sind und mit den Haustieren spielen. Regelmäßiges Kämmen und Absuchen des Felles nach dem Spaziergang hilft, den Befall von Menschen zu vermeiden. Auch kann das Fell des Hundes für den Spaziergang mit Viticks® bzw. Anticks® Hund eingesprüht werden (im Kopfbereich mit der Hand verreiben, weil das Produkt etwas Alkohol enthält). Dies ist insbesondere wichtig, da auch andere Zecken (z. B. andere *Ixodes*-Arten, *Haemaphysalis*-Arten, *Dermacentor reticulatus*) Viren und andere Erreger übertragen können. Somit ist in den entsprechenden Gebieten (s. o.) Vorsicht bei Zeckeneinschleppung geboten (eigenen Befall und den der Tiere ausschließen!).

Achtung: *Ixodes ricinus* kann in Europa auch zudem noch Rickettsien, Babesien und Anaplasmen übertragen.

4.4   Zeckenentfernung

Galt früher das Betäuben der angesogenen Zecken (durch Äther, Vaseline etc.) als Mittel der Wahl, so hat sich dies im Lichte der Tatsache geändert, dass bis zu 40 % der Zecken in Mitteleuropa mit Borrelien infiziert sind und Zecken beim Erschlaffen alle Erreger in die Stichwunde entlassen. Es wird jetzt empfohlen, die

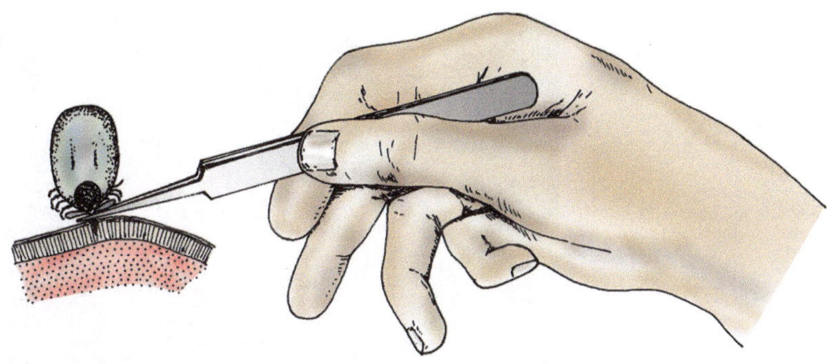

Abb. 4.13 Schematische Darstellung der Entfernung einer Zecke. Wichtig ist, den vollgesogenen Körper nicht zu quetschen, sondern mit einer spitzen Pinzette ausschließlich das Saugrohr zu erfassen

Zecke mit einer vorn dornartig **zugespitzten Pinzette** bzw. mit einer ebenso ausgestatteten **Zeckenzange** von unten an ihrem in der Haut steckenden Saugrohr zu packen (ohne aber den Zeckenkörper zu quetschen!) und sie durch sachtes Hin- und Herrütteln herauszuziehen (Abb. 4.13). Die Stichstelle sollte danach desinfiziert werden. Verbleiben Stücke der chitinhaltigen Mundwerkzeuge in der Haut, so hilft das Auftragen einer entzündungshemmenden Salbe, bis die Stücke von alleine aus der Haut herausfallen. Die Notwendigkeit des Herausdrehens von Zecken (in welche Richtung auch immer) ist und bleibt ein gern beschriebenes Gerücht. Da die Widerhaken der Mundwerkzeuge gerade verlaufen und nicht schraubenartig angeordnet sind, würden im Weiteren die Zecken bei derartigen Aktionen gequetscht werden, was sicher zur Übertragung von potenziell enthaltenen Erregern führen würde.

4.5 Weitere wichtige Zecken in Deutschland (und Importe)

Dermacentor reticulatus **(Auenwaldzecke)**
Fundort. Im Freien auf dem Boden und auf Tieren; in der Wohnung auf Menschen und Tieren.

Auftreten. Im Freien von März bis spät in den November in feuchten Wald- und Wiesengebieten. In Deutschland finden sich relativ große, inselartige Gebiete, die offenbar durch Einschleppung dieser Zeckenart aus Süd- und Westeuropa entstanden sind. Auch erstreckt sich das Verbreitungsgebiet bis nach Zentralasien.

Biologie und Merkmale. Diese Art ist mit 4,2–4,8 mm Länge etwas größer als *Ixodes ricinus* und ist dreiwirtig, d. h. ihre Larven, Nymphen und Adulte befallen jeweils einen anderen Wirt, den sie mithilfe ihrer Augen an seinen Bewegungen erkennen und dann zu ihm hinlaufen. Die im vollgesogenen Zustand oft weiß erscheinenden Weibchen dieser Art (Abb. 4.14 und 4.15) legen 3000–4500 Eier,

Abb. 4.14 Ungesogenes
Weibchen von *Dermacentor
reticulatus* in Lauerstellung

Abb. 4.15   Lichtmikroskopische Aufnahme einer vollgesogenen Nymphe von *D. reticulatus*

aus denen in der Regel bereits binnen eines Jahres die Adulten entstehen (*Ixodes:*
2–3 Jahre). *D. reticulatus* ist wegen ihrer schönen, dorsalen (auf der Rückenseite
sichtbaren) Marmorierung leicht erkenntlich.

Materialschäden. Keine.

Erkrankungen des Menschen. Die Stadien dieser Zeckenart können Rickettsien
und Bakterien (*Franciscella* syn. *Pasteurella tularensis*-Stadien) auf den
Menschen übertragen. Für **Hunde** ist höchste Gefahr bei Auslandsaufenthalten
durch die Übertragung von *Babesia canis*-Stadien gegeben, die rote Blutkörperchen befallen und zerstören. Von diesen Erregern sind bereits mehrere Tausend
Fälle der Übertragung in Deutschland beschrieben.

Schutz vor Zeckenbefall. Siehe *Ixodes ricinus.*

Dermacentor marginatus **(Schafszecke)**
(ungesogen ♀ = 5 mm), Vektor der Erreger von von *Coxiella burnetii* und Erregern der FSME und Tularämie.

Ixodes hexagonus **(Igelzecke, Hundezecke)**
(♀ = 4 mm), Vektor von Borrelien.

Ixodes canisuga **(Fuchszecke, Hundezecke)**
(♀ = 4 mm), Vektor von Borrelien.

Ixodes trianguliceps **(Mauszecke)**
(♀ = 4 mm), Vektor von Borrelien.

Haemaphysalis concinna **(bei Rehen, Hirschen)**
(♀ 3 mm), Vektor von Erregern der FSME und der Tularämie.

Haemaphysalis inermis **(Frankreich, Rehe)**
(♀ 2,5–3,5 mm), Vektor von FSME, Tularämie.

Hyalomma marginatum
Diese zweiwirtige Zecke (♀ = 5–6,5 mm) ist in Südeuropa, der Türkei, in den Ländern der ehemaligen Sowjetunion, in vielen Ländern Vorderasiens sowie in ganz Afrika einheimisch. Einzelne Exemplare wurden aber auch bereits mehrfach in Deutschland angetroffen. Diese Zeckenart ist besonders bedeutend, da sie neben den Erregern von Babesiosen und Theileriosen auch die viralen Erreger des sog. Krim-Kongo-Fiebers übertragen kann (~200 Tote wurden z. B. bereits in der Türkei in den letzten 3 Jahren gemeldet), ebenso wurden viele Fälle in Afrika und Russland beschrieben, wobei steigende Zahlen durch häufigere Diagnosen zu verzeichnen sind.

Argas reflexus **(Tauben-, Vogelzecke)**
Diese Art gehört wie *Ornithodorus-* und *Otobius*-Arten zu den Lederzecken (Argasidae), die sich von den Schildzecken (Ixodidae) insofern unterscheiden, dass sie kein Rückenschild besitzen und auch sonst relativ „weichhäutig" sind (Abb. 4.16). Die Entwicklung läuft vom Ei meist über 4–5 Larvenstadien zu den adulten ♀ und ♂. Im Gegensatz zu den Schildzecken saugen sie in jedem Stadium stets mehrfach (nachts) für maximal 30 min an schlafenden Wirten. Bei Massenauftreten können sie für Mensch und Tier sehr lästig werden, übertragen aber Erreger – wenn überhaupt – nur bei Kontamination ihres Saugapparats. Sie erreichen Längen von 5–7,5 mm (♂) bzw. bis zu 9 mm (♀) (Tab. 4.4).

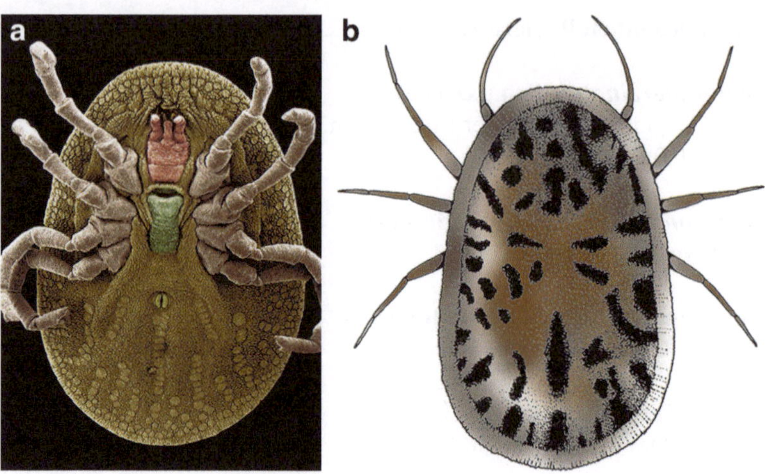

Abb. 4.16 Schematische Darstellung eines adulten Stadiums von *Argas reflexus*

Tab. 4.4 Wirkstoffe und Produkte gegen Schildzecken auf dem europäischen Markt (Auswahl)

Wirkstoff/Stoffgruppe	Produkt	Zielorganismus
Flumethrin (P)	Halsbänder	Hunde
Deltamethrin (C)	Sultix®	Hunde
	Scalibor®	
Permethrin (P)	Spot-on	Hunde
Pyriprol (V)	Exspot®	Hunde
Imidacloprid (V)	Practic®	Hunde
Metaflumizon (V)	Advantix®	Hunde und Katzen
Amitraz (F)	ProMerisDuo®	Hunde und Katzen
Fibronil (V)	Frontline®	Hunde und Katzen
Permethrin (P) u. Pyriproxifen (MI)	Spray	Hunde
	Duowin®	
Amitraz (V)	Spray u. Bad	Rinder, Schafe, Ziegen
Cyhalothrin (P)	Pour-on	Rinder, Schafe
Flumethrin (P)	Pour-on	Rinder
Permethrin (P)	Ohrmarke	Rinder
Phoxim (O)	Spray u. Bad	Schafe

C = Carbamat, F = Foramidin, MI = Häutungshemmer, O = Organophosphat, P = Pyrethroid, V = verschiedene andere aktive Gruppen

4.6   Die 30 häufigsten Irrtümer bei Zeckenbefall

1. *Falsch: Zecken fallen von den Bäumen und somit schützt das Tragen von Hüten!* **Richtig:** Zecken lauern meist nur auf niedrigen Pflanzen und steigen nur selten bis in 1 m Höhe hinauf.
2. *Falsch: Das Tragen von heller Kleidung hält Zecken von Befall des Menschen ab!*

Richtig: Zecken steigen auf jegliche Kleidung auf, verstecken sich aber bald unter der Kleidung und suchen geeignete Stellen zum Blutsaugen. Zudem sind einige Arten wie *Ixodes*-Arten augenlos.

3. *Falsch: Zieht man die Socken über die Hosen, so schützt das vor Zeckenbefall!*
   Richtig: Zecken steigen trotzdem auf die Hosen über und klettern eben im Gürtelbereich unter die Kleidung.

4. **Falsch:** *Zecken gibt es nur im Sommer!*
   Richtig: Zecken werden schon bei 7–9 °C Außentemperatur aktiv, die selbst im Winter auf sonnenbeschienen, windgeschützten Stellen tagsüber sehr oft erreicht werden.

5. *Falsch: Zeckenbefall bemerkt man auf jeden Fall!*
   Richtig: Die ersten beiden Zeckenstadien – Larven und Nymphen – sind ungesogen sehr klein, Larven erreichen z. B. nur 0,2 mm. Zudem sind Zecken extrem lichtscheu und verstecken sich gerne an Stellen, die der Mensch nur schlecht einsieht. So beginnen sie oft in der Leistengegend, unter den Armen, an den Haaransätzen etc. zu saugen.

6.. *Falsch: Blutsaugende Zecken bemerkt man sowieso stets, weil sie ja bis zu 10 Tage saugen und dann als Adulte kirschkerngroß werden!*
   Richtig: Zecken injizieren beim Saugakt mit dem Speichel Substanzen, die neben ihrer Aktivität, das Blut an der Saugstelle flüssig zu halten, auch betäubende Elemente enthalten, sodass die Stichstelle absolut schmerzfrei bleibt und so dem Betroffenen nicht auffällt.

7. *Falsch: Zecken stechen wie Mücken nur bestimmte Menschen, die ihnen geruchlich angenehm sind!*
   Richtig: Augenlose Zecken werden nicht nur durch Geruch angelockt, sondern auch durch Luftzug und Erschütterung des Bodens. Kommen sie in die Nähe eines Tieres oder Menschen, haken sie sich im Fell oder an die Kleidung fest und suchen eine geeignete Stichstelle. Sie akzeptieren ein breites Spektrum von Wirten, das von Eidechsen über Vögel, Nagetiere, Hunde, Katzen, Igel, Rinder, Rehe, Pferde etc. bis zum Menschen reicht. **Zecken mit Augen** laufen zu ihren Wirten hin!

8. *Falsch: Zeckenstiche sind harmlos!*
   Richtig: Zecken können breites Spektrum an Erregern übertragen. Diese Erreger führen allerdings oft nur zu verdeckten, schleichenden Erkrankungen. Daher bleiben sie vielfach unerkannt **und werden gefährlich!**

9. *Falsch: Ich habe keine Haustiere, also bekomme ich keine Zecken!*
   Richtig: Der Mensch ist bei Zecken genauso beliebt wie über 30 (andere) Tierarten.

10. *Falsch: Ich gehe nicht in den Wald, also bekomme ich keine Zecken!*
    Richtig: Zecken sitzen überall auf allen Gräsern, insbesondere dort, wo Mäuse, Igel etc. verkehren.

11. *Falsch: Mein Garten ist zeckenfrei!*
    Richtig: In jedem Garten werden nachts Zecken von Igeln, Mäusen, Füchsen, Vögeln etc. eingeschleppt. Fallen diese Stadien von den jeweiligen Transportwirten nach dem Saugakt ab, häuten sie sich auf dem Boden des Gartens und lauern nach etwa 4 Wochen auf einem neuen Wirt. Also evtl. auch auf den Gartenbesitzer.

12. *Falsch: Zecken gibt es nur in Süddeutschland!*
    Richtig: Zecken gibt es in ganz Deutschland, ganz Europa wie auch weltweit in geeigneten Gebieten – sogar Sibirien, wo die Sommer extrem kurz sind. Das Gerücht, dass es Zecken nur in Süddeutschland gibt, hat seinen Ursprung in falsch verstandener Werbung, die auf Infektionsgefahren mit dem Erreger der Frühsommer-Meningoencephalitis (FSME) hinweist, die vorerst tatsächlich im Wesentlichen auf Süddeutschland beschränkt ist (aber auch östlich vom Harz auftritt). Zecken treten daher in allen Gebieten Deutschlands von 0–1500 m über dem Meer auf (im Sommer vielleicht sogar noch höher als 1500 m, weil dann das Rotwild oder anderes Wild als Zeckenträger noch höher aufsteigt).

13. *Falsch: Bei Übertragung von Borreliose-Erregern tritt immer ein roter Fleck auf, der sogar noch wandern kann!*
    Richtig: Dieses spezielle als **Rosacea migrans** bzw. **Erythema migrans** (**Abb.** 4.3) von den Hautärzten beschrieben Symptom **fehlt** bei 0–50 % alle Infektionen. Dies bedeutet, dass viele Patienten sich häufig bei einem Zeckenstich ohne nachfolgende Rötung der Stichstelle in falscher Sicherheit wiegen.

14. *Falsch: Meine Oma und auch ich hatten schon immer mal Zecken, das ist nicht gefährlich!*
    Richtig: Bei jedem Stich können Erreger übertragen werden. Diese sind heute viel häufiger vorhanden als früher. Auch sind erneute Infektionen nach bereits durchlaufenen Erkrankungen möglich!

15. *Falsch: Man kann sofort nach Auftreten der Rötung durch eine serologische Blutuntersuchung feststellen, ob eine Infektion mit Borrelien erfolgt ist!*
    Richtig: Das Immunsystem des Menschen (und z. B. auch das des Hundes) reagiert nur sehr langsam bei Borrelienbefall. Eine einigermaßen sichere Antikörperantwort kann erst nach 4 Wochen erwartet werden. Dann muss aber eine Antibiotikabchandlung für mindestens 1 Monat erfolgen und ggf. im Abstand von 4 Wochen wiederholt werden.

16. *Falsch: Werden Schäden durch Borrelien erst Jahre nach Befall der Nerven entdeckt, so kann man sie leicht durch Antibiotikagaben wieder beseitigen!*
    Richtig: Einmal eingetretene Schäden durch Borreliose sind schwerwiegend. Je eher nach einer Infektion behandelt wird, desto besser stehen die Chancen auf Heilung oder wenigstens Linderung der Symptome.

17. *Falsch: Frühsommer-Meningoencephalitis (FSME) kann durch Antibiotika behandelt werden!*
    Richtig: FSME ist eine Viruserkrankung, die nach Ausbruch chemotherapeutisch nicht mehr behandelt werden kann. Zwei gut verträgliche vorbeugende Impfstoffe sind aber in Deutschland verfügbar.

18. *Falsch: Außer Borreliose und FSME gibt es keine zeckenübertragenen Erreger beim Menschen in Deutschland!*
    Richtig: Nach neuesten Untersuchungen weiß man, dass weitere Erreger der Gattungen *Anaplasma = Ehrlichia, Coxiella, Rickettsia, Babesia* etc. in z. T. sehr hohen Prozentzahlen in Deutschlands Zecken auftreten. Die Symptome beim Menschen bleiben häufig unbemerkt, weil die Diagnoseverfahren

unbefriedigend sind und zudem nicht angewendet werden, zumal die Krankheitssymptome sehr unspezifisch sind.

19. *Falsch: Haustiere wie Hunde haben keine Borreliose!*
   Richtig: Hunde und andere Haustiere können ebenso erkranken, „klagen" aber natürlich nicht über die Symptome, die daher unbemerkt bleiben und z. T. dann auf das Alter des Hundes „geschoben" werden.

20. *Falsch: In der Haut festgesogene Zecken entfernt man beim Menschen am besten, indem man Nagellackentferner, Alkohol, Aceton, Klebstoffe oder Lack aufträufelt oder sie gar hinten mit dem Feuerzeug erwärmt!*
   Richtig: Dies ist völlig falsch, weil dann bei derartigen Maßnahmen die Zecken die potenziell in ihnen enthaltenen Erreger in die Wunde erbrechen. Am besten erfasst man die Zecken mit einer möglichst spitzen und langen Pinzette am Vorderende, das als Saugrohr in der Haut steckt, und zieht sie heraus. Jegliches Quetschen des Körpers der Zecke ist zu vermeiden!

21. *Falsch: Die Zecke muss aus der Haut herausgedreht werden!*
   Richtig: Beim Drehen kann die Zecke gequetscht werden. Das in Antwort 20 angewiesene Herausziehen ist sicherer.

22. *Falsch: Chipkarten mit feinen Ritzen eignen sich besonders zum Entfernen der Zecken aus der Haut!*
   Richtig: Dies gilt nur, wenn die bereits weitgehend vollgesogenen, adulten Zecken bzw. Nymphenstadien auf relativ geraden Hautflächen sitzen. Beim Saugen z. B. in den Achseln oder in „haarigen" Bereichen der Haut ist Quetschgefahr und daher eine potenzielle Erregerübertragung gegeben. Die Chipkarten eignen sich schon gar nicht bei Zeckenlarven und kleinen, nur wenig gesogene Nymphen aus obigen Gründen der Quetschung und der Erregerübertragung.

23. *Falsch: Es gibt eine Zeckenimpfung, die vor Zeckenbefall schützt!*
   Richtig: Diese Aussage „Zeckenimpfungen" bezieht sich auf die irreführende Werbebotschaft, dass die FSME-Impfung gegen Zecken schützt. **Richtig** ist vielmehr, dass es **beim Menschen** keine Impfung gegen den Befall durch Zecken und somit gegen den Beginn des Saugakts gibt.

24. *Falsch: Jedes Repellent, das eine gewisse Wirkung gegen Mücken hat, hält auch Zecken ab!*
   Richtig: Nur wenige Mittel halten Zecken wirklich für 4–8 h davon ab, auf den Menschen „aufzusteigen". Hunde kann man durch Auftragen von Insektiziden (z. B. Advantix® der Fa. Bayer (Leverkusen) oder Exspot® der Fa. Intervet/Schering/Plough, München) für ca. 4 Wochen schützen. Letztere eignen sich aber nicht für Katzen! Als Repellents gegen Zecken wirken z. B. die Sprays Viticks® und Anticks® Hund (Alpha-Biocare GmbH, Neuss).

25. *Falsch: Man muss beim Menschen nur die nackte Haut mit Antizeckenrepellent besprühen, um Zecken fernzuhalten!*
   Richtig: Wichtig ist, dass die Bereiche, in denen die Zecken auf den Menschen aufsteigen, also Schuhe, Socken, Hosen, Kniestrümpfe etc. vorn und hinten intensiv bis mindestens in Kniehöhe besprüht werden, denn sonst kommt es an unbesprühten Stellen zum Aufsteigen der Zecken, die sich

dann oben am Körper festsaugen. Bei Kindern empfiehlt es sich daher, die gesamten Hosen zu besprühen, weil sie eben wegen ihrer kleineren Größe in den gesamten Ansitzbereich der Zecken hineingeraten. Somit ist es unbedingt wichtig, Mittel zu verwenden, die nachgewiesenermaßen keine Schmutzflecken auf der Kleidung hinterlassen.

26. *Falsch: Zecken in der Waschwäsche überleben sogar „Kochwäsche".*
    Richtig: Zecken bestehen wie andere Zellen auch aus Eiweißen, die spätestens bei 60 °C zerstört werden. Also: Ein Waschen bei 40 °C reicht oft nicht aus.

27. *Falsch: Hat man bereits Borreliose-Antikörper im Blut, ist man lebenslang gegen neue* Borrelia-*Infektionen geschützt!*
    Richtig: Im Blut vorhandene Antikörper gegen Borrelien schützen nicht vor Reininfektionen, die sogar noch weit stärkere Krankheitssymptome auslösen können.

28. *Falsch: Einmal gegen FSME geimpft schützt lebenslang!*
    Richtig: Der Impfschutz gegen FSME wird spätestens 5 Jahre nach der letzten Auffrischung brüchig, bei manchen Impfstoffen schon nach 3 Jahren.

29. *Falsch: Man kann Borreliose, FSME und andere Infektionen durch „Auspendeln" diagnostizieren.*
    Richtig: Hände weg von **„Quacksalberei".** Gegen die meisten Krankheitserreger müssen ausgetestete Diagnoseverfahren eingesetzt werden, ansonsten verstreicht wertvolle Zeit zur Behandlung.

30. *Falsch: Homöopathische Mittel führen zur signifikanten Besserung bei Borreliose.*
    Richtig: Es gibt keinen vernünftigen Beweis, dass eine faktisch nicht mehr nachweisbare Menge an Wirkstoff in einem Mittel derartige schwerwiegende Infektionskrankheiten auch nur annähernd am Fortschreiten hindern könnte.

Schuppen und Brösel, mit Verlaub,
sind mancher Milben liebster Staub.

Milben (engl. *mites;* Tab. 5.1) sind unmittelbare Verwandte der Zecken, allerdings sind sie deutlich kleiner (meist unter 1 mm), stets behaart, und nur wenige Arten saugen Blut. Je nach ihrer Ernährungsweise unterscheidet man **Staub-, Vorrats-, Saug-** bzw. **Raub-, Nage-** und **Grabmilben** (= minierende Arten, Abb. 5.1). Die Staubmilben bzw. Vorratsmilben fressen Detritus und/oder leicht zugängliche Nahrungsmittel des Menschen. Die **Nagemilben** ernähren sich von Hauschuppen ihrer Wirte, die Saugmilben nehmen Blut und/oder Lymphe ihrer Wirte auf, während die **Grabmilben** Gänge in der Haut ihrer Wirte anlegen. Der Mensch, seine Haustiere und Verstecke im gesamten Haus können von Vertretern aller Gruppen befallen werden. Daneben kommen im Freien insbesondere im Boden eine Unzahl von verschiedenen Milben vor, ohne die ein Abbau der Laubstreu nicht stattfinden würde.

5.1 Hausstaubmilben *(Dermatophagoides pteronyssinus)*

Fundort. Bett, Matratzen und andere textile Unterlagen, Teppichböden.

Auftreten. Ganzjährig, insbesondere in wenig belüfteten (feuchten) Zimmern; Häufigkeit im Mai bis Oktober.

Biologie und Merkmale. Die sog. Hausstaubmilben mit den weißlichen, in Betten auftretenden *Dermatophagoides*-Arten *(D. pteronyssinus, D. farinae)* sowie *Euroglyphus maynei* gehören zu den kleinsten Milben (Abb. 5.1 und 5.2). Die nur 0,1 mm großen Larven haben 6 Beine, die anderen Stadien (Nymphen, Adulte) 8 Beine. Alle Stadien fressen Pilze, die auf Haarschuppen und sonstigem Detritus

© Der/die Herausgeber bzw. der/die Autor(en), exklusiv lizenziert durch Springer-Verlag GmbH, DE, ein Teil von Springer Nature 2020
H. Mehlhorn und B. Mehlhorn, *Zecken, Milben, Fliegen, Schaben ...,*
https://doi.org/10.1007/978-3-662-61542-3_5

Tab. 5.1 Wichtige Milbenarten

Art	Größe (mm)	Wirte	Erkrankung
Glycyphagus domesticus	♀ 0,4–0,75 ♂ 0,3–0,5	**Menschen**[1], viele Tierarten	allergische Trugkrätze (engl. *Grocer's itch*)
Tyrophagus putrescentiae	♀ 0,4 ♂ 0,4	**Menschen**[1], viele Tierarten	allergische Trugkrätze (engl. *Copra itch*)
Acarus siro (= *Tyroglyphus*)	♀ 0,4–0,6 ♂ 0,4	**Menschen**[1], viele Tierarten	allergische Trugkrätze, sog. Bäckerkrätze
Dermatophagoides pteronyssimus	♀ 0,.4 ♂ 0,4	**Menschen**[1], viele Tierarten	Dermatose, allergisches Asthma
Dermanyssus gallinae	♀ 0,7 ♂ 0,6	**Menschen**[1], viele Tierarten	St.-Louis-Encephalitis (V); Hühneranämie
Trombicula akamushi	Larve 0,25–0,5	Larve: auf **Menschen**	Tsutsugamushi-Fieber (R)
Neotrombicula autumnalis	Larve 0,25–0,5	Larve: auf Rindern, Schweinen, **Menschen,** Hunden, Katzen	Dermatose (engl. *Scrub itch*)
Sarcoptes scabiei	♀ 0,3–0,45 ♂ 0,2–0,3	Menschen	Krätze
S. bovis	♀ 0,3–0,5 ♂ 0,2–0,3	Rinder	Räude[2]
S. suis	♀ 0,4–0,5 ♂ 0,25	Schweine	Räude[2]
Notoedres cati	♀ 0,2–0,3 ♂ 0.15–0.18	Katzen	Räude[2]
Otodectes cynotis	♀ 0,4–0,5 ♂ 0,3–0,4	Hunde	Räude[2]
Knemidocoptes mutans	♀ 0,4–0,5 ♂ 0,2–0,25	Geflügel	Kalkbeinräude
Demodex folliculorum	♀ 0,4 ♂ 0,3	Menschen	Akne, Rosacea
Demodex canis	♀ 0,3 ♂ 0,25	Hunde	Ekzem, Pusteln
Psoroptes sp	♀ 0,6–0,8 ♂ 0,5–0,65	Wiederkäuer	Räude[2]
Chorioptes sp	♀ 0,4–0,6 ♂ 0,3–0,45	Wiederkäuer	Räude[2]
Varroa jacobsoni	♀ 1,2–1,7 ♂ 0.8	Bienen	Varroaosis

[1]Diese Staubmilben ernähren sich von Nahrungsresten
[2]Die als Räude bezeichnete Erkrankung dieser Tiere wird auch noch durch weitere Arten hervorgerufen
V = Viren; R = Rickettsien (= intrazelluläre Bakterien)

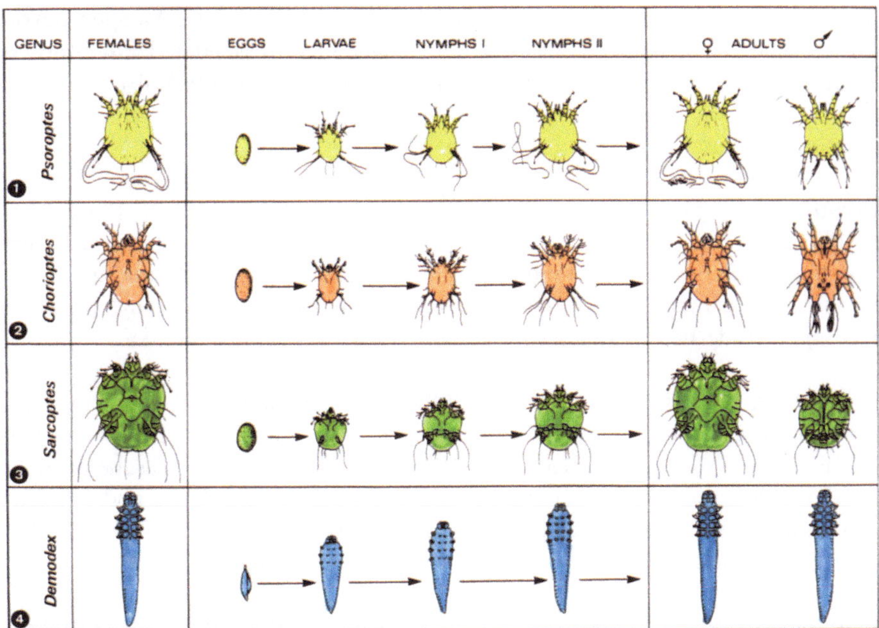

Abb. 5.1 Schematische Darstellung der Entwicklungsstadien wichtiger Milben

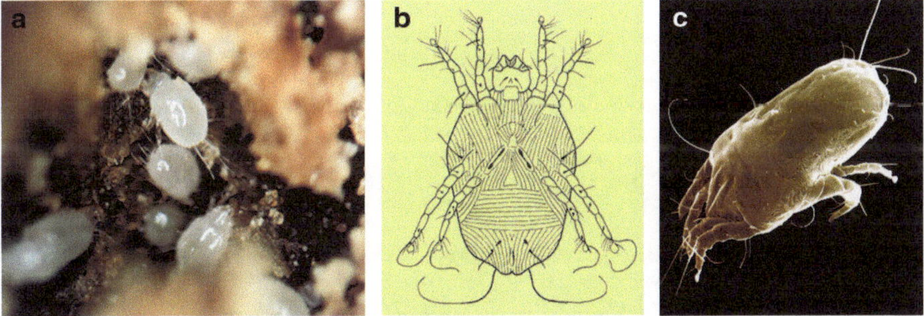

Abb. 5.2 (**a**) Lichtmikroskopische Aufnahme von Staubmilben (*D. pteronyssinus,* adulte Stadien). (**b**) Schema eines Staubmilbenweibchens von ventral. (**c**) REM-Aufnahme einer adulten Hausstaubmilbe

wachsen (daher Lebensraum u. a. Bett). Die bis 0,5 mm großen etwa 4 Monate lebenden Weibchen legen täglich 1–2 relativ große (0,3 mm) Eier, aus denen die 6-beinigen **Larven** schlüpfen. Durch Häutung entstehen **Protonymphen,** die sich durch weitere Häutungen über **Deuto-** bzw. **Tritonymphen** schließlich zu **Adulten** verwandeln. Die Generationsfolge verläuft schnell (ca. 10 Tage), was lokal zu massenhafter Vermehrung führt. Da die Milbenweibchen Kot bis zum

200-Fachen ihres Gewichts produzieren, können schnell enorme Mengen davon auftreten und in Wohnungen lästig werden. Die nichtfressenden **Dauerstadien** können Phasen einer Trockenheit bewegungslos überdauern (Abb. 5.3b).

Materialschäden. Keine.

Erkrankungen. Die Fäzes und die Körperproteine der Milben führen bei sensibilisierten Personen – etwa 25 % der deutschen Bevölkerung sind Allergiker! – zu starken allergischen Symptomen (Rhinitis, Hautreizung) bis hin zu lebensbedrohlichen asthmatischen Erscheinungen. Eine Desensibilisierung ist dann unbedingt erforderlich wie auch die Verabreichung von Antihistaminika.

Bekämpfung. Betten und Matratzen lüften, um die Feuchtigkeit (zum Pilzwachstum nötig) zu entziehen. Häufig staubsaugen (mit Spezialstaubsaugern), um Milben und Allergene zu entfernen. Häufigeres Wechseln der Wäsche entzieht den Nährboden. Aushängen der Bettdecken und Tücher, denn Kälte und Sonneneinstrahlung (UV) töten Milben ab. Allergiker sollten auf Teppiche, Teppichböden etc. in den Zimmern verzichten. Besser ist beheizter Steinfußboden.

Chemobekämpfung. Nachweis der Milben und des Milbenkots z. B. im mikroskopischen Bild bzw. im Acarex®-Test o. Ä. Danach versprüht man das jeweils frisch angesetzte, Neem enthaltende giftfreie Mittel Tre-san® (Fa. Alpha-Biocare GmbH, Neuss, vertrieben von Fa. Betten Kamps) auf entsprechende Bereiche.

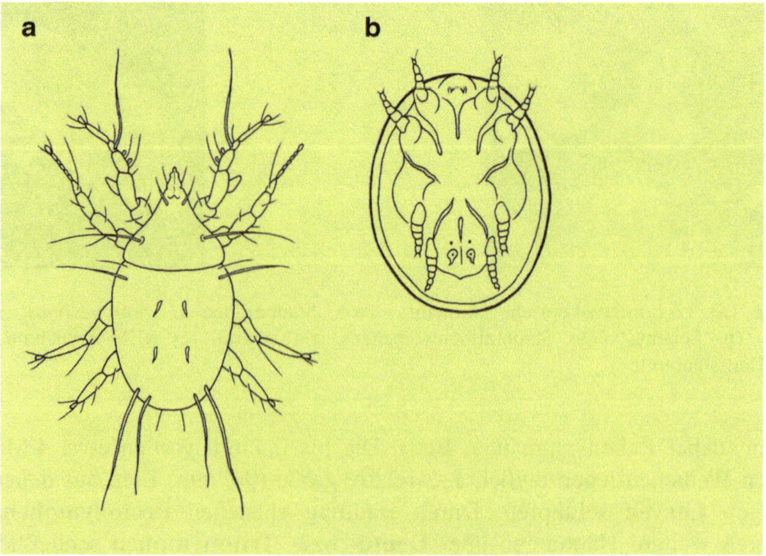

Abb. 5.3 Schematische Darstellung von Staubmilben der Gattung *Glycyphagus*. (**a**) Adultform von dorsal. (**b**) Dauernymphenstadium (Hypopus) von ventral

Nach 1–3 h werden mit dem Staubsauger die Milbenreste aufgesaugt. Wiederholung alle 3 Monate. **Achtung:** Allergiker sollten einen Spezialstabsauger verwenden, denn handelsübliche Staubsauger führen zu einer – wenn auch geringgradigen – Verwirbelung der angesaugten Luft und der darin enthaltenen Partikel. Auch der Waschmittelzusatz Con-ex® (ebenfalls Fa. Alpha-Biocare GmbH, Neuss, vertrieben von Fa. Betten Kamps) enthält milbentötende Komponenten.

5.2 Vorratsmilben

Mehl mit Milben –
führt zum Vergilben!

Fundort. Diese Milben finden sich in bzw. auf faktisch allen Vorräten pflanzlicher Herkunft meist bereits nach relativ kurzer ungeschützter Lagerung.

Auftreten. Ganzjährig werden Milben mit Nahrungsmitteln oder Kleidung in Wohnungen eingeschleppt.

Biologie und Merkmale. Zu dieser Milbengruppe (Abb. 5.3) gehört eine Vielzahl von sehr unterschiedlich gestalteten Arten von etwa 0,3–1 mm Länge (also sind sie meist nur mit der Lupe sichtbar!). Ihnen ist gemeinsam, dass ihr Körper langoval erscheint. Sie sind meist stark behaart sind und ihre Mundwerkzeuge üben schneidend-kauende Funktionen aus. Die Weibchen legen täglich mindestens je ein relativ großes Ei ab, aus dem nach etwa 2–3 Wochen eine sog. **Proto-Larve** (6 Beine) schlüpft, die sich über **Deuto-** und schließlich **Tritonymphe** zum adulten Stadium umwandelt. Die Deutonymphe ist dabei evtl. (bei einigen Arten und schlechten Umweltbedingungen = Trockenheit) als Dauerstadium (**Hypopus**) ausgebildet (Abb. 5.3b). Bei diesem Stadium wird in **Wandernymphen** (sie besitzen keinen Mund, aber anale Saugnäpfe zum Haften auf Insekten = Phoresie) und **Restnymphen** (sie verbleiben in der Haut der Protonymphen) unterschieden. Die gesamte Entwicklung kann bei günstigen Bedingungen in 1–4 Wochen vollzogen werden. Die adulten Milben sind für etwa 6 Wochen aktiv. Wichtige Arten sind: *Glycyphagus domesticus* (Abb. 5.3a; Heu, Stroh), *Acarus siro* (Mehl), *Tyrophagus putrescentiae* (Körner etc.), *T. casei* (Käse), *Carpoglyphus lactis* (Backobst) etc.

Materialschäden. Direkte Zerstörung der Materialien und Verluste, weil kontaminierte Lebensmittel – per Gesetz – verworfen werden müssen. Befallene Produkte sind meist von einem feinen Staubfilm überzogen und riechen süßlich.

Erkrankungen. Kontakt mit derartigen Milben führt bei sensiblen Personen zu Allergien (Scheinkrätzen), die als **Bäckerkrätze,** -ekzem, **Kopraekzem, Milbendermatitis** oder allgemein als **Akarodermatitis** bezeichnet werden und als Berufskrankheiten anerkannt sind. Bei Zweitkontakt erfolgt eine schnelle

Reaktion binnen 1–3 Tagen und führt zu einem feinpapulösen Exanthem. Zusätzlich können Rhinopathien und Asthmasymptome folgen. Die **Therapie** wird mit Dermatocorticoiden durchgeführt. Eine Prophylaxe kann mit Schutzhandschuhen bzw. Mundschutz betrieben werden, um den Kontakt mit den Milben oder deren Exkrementen zu unterbinden.

Bekämpfung.

Prophylaxe. Lebensmittel trocken und abgeschlossen lagern; ältere nicht mit frischen Lebensmitteln mischen; Reste luftdicht verschließen und befallene Materialien verwerfen.

Chemobekämpfung. Milben in Lebensmitteln können nicht bekämpft werden, daher müssen diese verworfen werden. Leere Lagerräume etc. mit dem nicht-giftigen MiteStop® (Fa. Alpha Biocare GmbH) aussprühen oder mit Akariziden ausnebeln (Dichlorvos = u. a. Mafu®) bzw. aussprühen (z. B. Blattanex® Spezialspray). **Anwendungshinweise** unbedingt beachten! Nicht in Gegenwart von **offenen gelagerten Lebensmitteln** anwenden!

5.3   Saug- bzw. Raubmilben

Manch' Milbe sticht häufig hier und dort,
sieht man die Quaddel, ist sie meist schon fort.

5.3.1   Hühnermilbe (Rote Vogelmilbe, *Dermanyssus gallinae*)

Fundort. Im Tauben- und Hühnerstall, tagsüber in Schlupfwinkeln, Nestern. Befall von Wohnungen u. a. über Vogelnester in Fensternähe. Einschleppung in die Wohnung auch möglich über Einstreu für Vogel- und Nagerkäfige.

Auftreten. Ganzjährig, weltweit.

Biologie und Merkmale. Die im ungesogenen Zustand gelblich braun erscheinenden Milben (Abb. 5.4), die ihre Wirte (Vögel, Haustiere und Menschen!) nachts oft in beträchtlicher Anzahl überfallen, saugen für jeweils kurze Zeit in allen Entwicklungsstadien mithilfe ihrer stilettartigen Mundwerkzeuge Blut und erscheinen daher rot bis grau-schwarz (je nach Verdauungsgrad; (Abb. 5.4b und 5.5)). Die ungesogenen Weibchen werden bis 1,1 mm lang (♂ bis 0,7 mm), erreichen gesogen aber 3 mm Länge. Ein Weibchen legt etwa 40 Eier ab; die daraus schlüpfenden, 6-beinigen Larven entwickeln sich binnen 4–10 Tagen (temperaturabhängig) über 2 Nymphenstadien zu Adulten, die eine Lebenserwartung von etwa 2–3 Monaten haben. Fehlen jedoch Wirte, so können auch

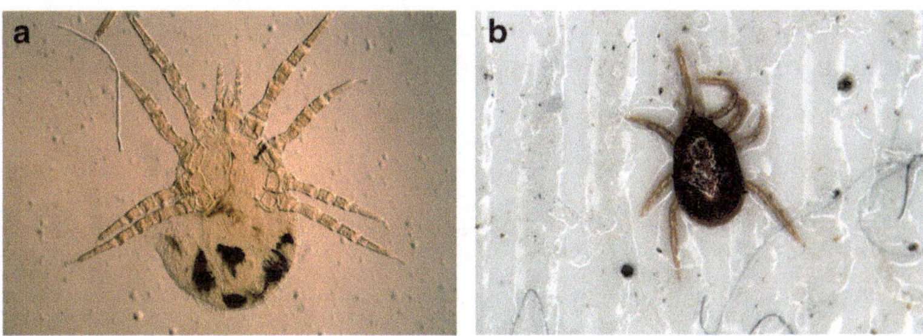

Abb. 5.4   (**a**) Nymphe von *Dermanyssus gallinae*. (**b**) Gesogenes Adultstadium von *D. gallinae*

Abb. 5.5   Schematische
Darstellung einer Vogelmilbe

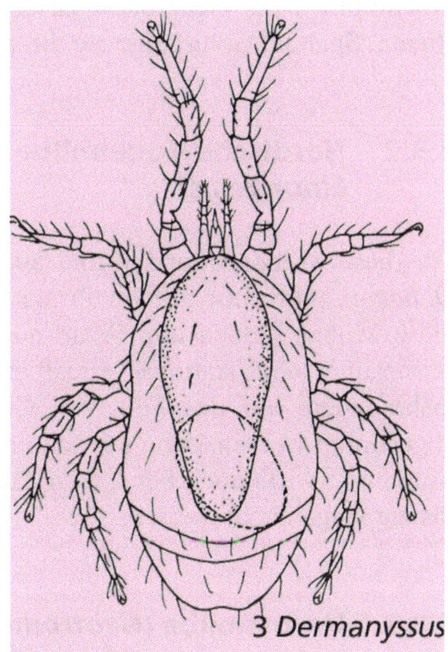

Hungerzeiten von etwa einem halben Jahr überdauert werden. Dies ist von großer Bedeutung für das Andauern des Befalls in leerstehenden Wohnungen, Stallungen und Nestern!

Materialschäden. Keine.

Erkrankungen. Hühner zeigen bei starkem Befall Anämie und generelle Schwäche. Zudem können beim Saugakt auch noch Erreger (Einzeller, Viren, Bakterien) übertragen werden (z. B. die der Geflügelcholera, -pest). **Hühner** und **Menschen** haben nach Stichen unter starkem Juckreiz zu leiden. Um die Stichstelle entsteht eine Papel mit zentraler, punktförmiger **Hämorrhagie** sowie einer Kruste beim Kratzen. Durch Gruppierungstendenz der Stiche entstehen beim Kratzen häufig flächige Exantheme (papulöse Urtikaria, Prurigo acuta).

Therapie. Infektionshygienische, symptomatische Therapie der Hautreaktionen mit antibiotischen, desensibilisierenden Salben.

Bekämpfung.

Prophylaxe. In Wohnungen Zugangsmöglichkeiten von Milben aus Stallungen und Nestern unterbinden; regelmäßige Reinigung der Stallungen, Ausbringen von Kontaktinsektiziden (s. u.), Versiegelung von Ritzen etc.

Chemobekämpfung. Behandlung der Böden und des Vogelgefieders mit dem nicht-giftigen Mittel MiteStop® (Fa. Alpha-Biocare GmbH, Neuss). Behandlung nach jeweils etwa 4–5 Tagen zweimal wiederholen, um die aus den Eiern geschlüpfte neue Generation zu erfassen. Wichtig ist, dass dort alle Verstecke, Ritzen, Spalten, Hohlräume etc. besprüht werden.

5.3.2 Nordische Vogelmilben *(Ornithonyssus, Bdellonyssus, Liponyssus)*

Für diese Milbengattungen und auch weitere Reptilien- und Nagermilben (u. a. *O. bacoti*, Abb. 5.6) gilt im Prinzip das für *Dermanyssus gallinae* Gesagte. Da diese Milben jedoch ihre Wirte nur bei Körperkontakt mit anderen Wirten verlassen und somit stationär parasitieren, muss die **Chemobekämpfung** unbedingt insbesondere auf das Fell, das Gefieder bzw. die Haut der jeweiligen Wirte abgestimmt werden, denn nur so können die Milben erfolgreich eliminiert werden. MiteStop® wirkt auch bei diesen Arten, wobei die befallenen Tiere in die Waschlösung eingetaucht werden.

5.3.3 Herbstmilbe *(Neotrombicula autumnalis)*

> Es stechen verschiedene Milbensorten
> an diversen, sehr privaten Orten.

Fundort. Auf der Haut des Menschen. Jedoch sind diese Milben wegen ihrer sehr geringen Größe nur mikroskopisch erfassbar, wenn man die Haut vorsichtig mit einer Rasierklinge abgekratzt hat. Der Befall des Menschen geht von Wiesen und lockeren Böden bzw. von Pflanzen aus.

Auftreten. Vorwiegend im Sommer, Herbst, insbesondere an warmen Tagen; weltweit.

Biologie und Merkmale. Zu der Gruppe der Herbst- bzw. Erntemilben gehört eine Reihe von Arten, die nur als (6-beinige) Larven (Abb. 5.7a) bei Tieren und Menschen angeblich für 1–2 Tage, zunächst aber unbemerkt, Lymphe und Blut

Abb. 5.6 Lichtmikroskopische Aufnahme einer *Ornithonyssus bacoti* Milbe *Ornithonyssus bacoti*

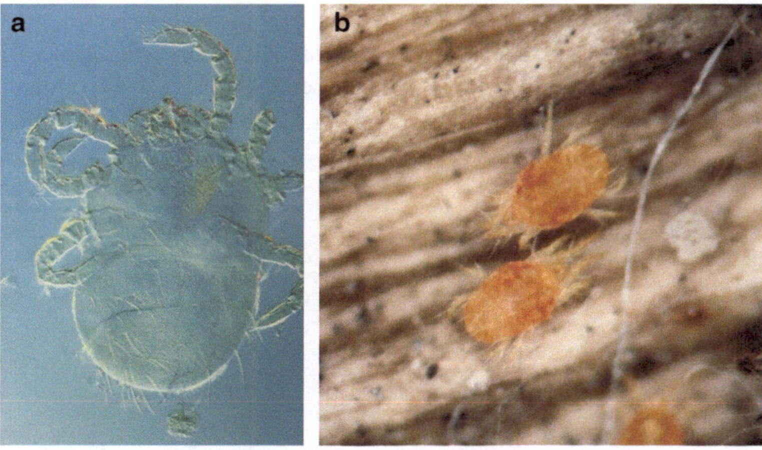

Abb. 5.7 (**a**) Larve der Herbstmilbe *(Neotrombicula autumnalis)* (3 Beinpaare). (**b**) Nicht-parasitische Adulte der Herbstmilbe (4 Beinpaare)

saugen (braun-rote Färbung), während die 8-beinigen Nymphen und Adulten (ca. 0,7 mm) als Räuber bzw. Aas-/Detritusfesser saprophag im bzw. auf dem Boden leben (Abb. 5.7b). Nach der beim Menschen etwa 48-stündigen Saugphase an wechselnden Stellen lassen sich die nur etwa 0,3–0,4 mm langen, 6-beinigen

Larven vom Wirt zu Boden fallen. Daher ist der Nachweis von Larven auf dem menschlichen Körper in der Praxis oft schwierig, weil die Hautsymptome erst am 2. bis 3. Tag nach dem Stich am stärksten sind (und die Milben dann bereits verschwunden sein können). Die Entwicklungsdauer beträgt unter mitteleuropäischen Verhältnissen 3–5 Monate. Sie treten in Deutschland etwa von Mai bis Oktober auf, in Südeuropa sind mehrere Generationen im Jahr möglich. Wegen ihrer geringen Größe können diese Milben nicht mit der 4–5 mm großen roten, aber nicht stechenden **Roten Samtmilbe** *Trombidium holosericeum* verwechselt werden. Daneben tritt ebenfalls noch die 0,6–0,8 mm große bräunliche, manchmal grüne **Grasmilbe** *Bryobia graminum* auf, die auch in Massen auf den Körper krabbeln kann und zu Juckreiz führt (Abb. 5.8).

Materialschäden. Keine.

Erkrankungen. Starker Juckreiz bei zahlreichen Stichen, z. T. mit extremer Papelbildung (Abb. 5.9).

Prophylaxe. Bei Aufenthalt im Freien (Ernteaktivitäten etc.) kann mit Repellentien auf der Haut (z. B. Viticks®, Autan®) der Befall verhindert werden. Das Tragen von insektizid-besprühtem Schuhwerk und die Verlagerung von Komposthaufen in unzugängliche Gartenbereiche schützen vor Befall. Im eigenen Garten gilt es, das Gras kurz zu halten.

Chemobekämpfung. Besprühen der Flächen mit Mite-Stop® (Fa. Alpha-Biocare GmbH, Neuss). Dabei wird der Extrakt mit Leitungswasser 1:40 verdünnt und

Abb. 5.8 Schematische Darstellung der viel größeren, ebenfalls rot erscheinenden, aber nicht stechenden Milbe *Bryobia praetiosa*

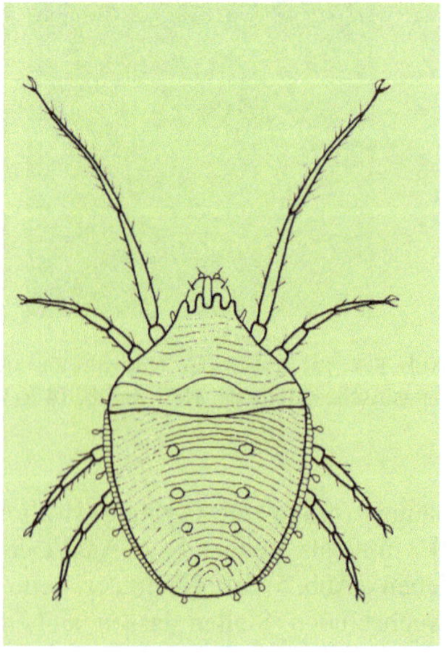

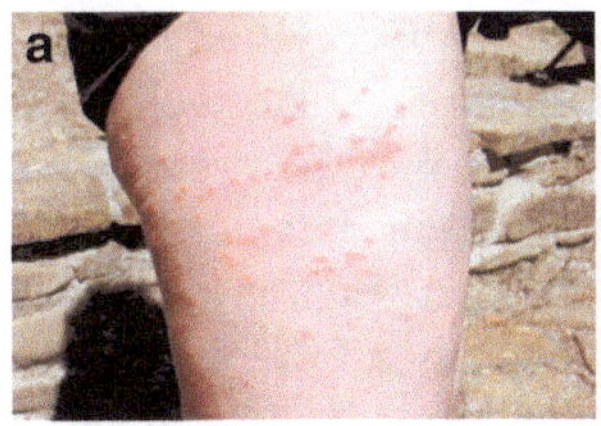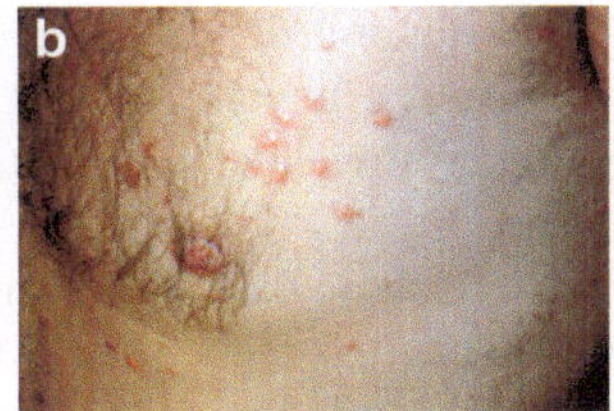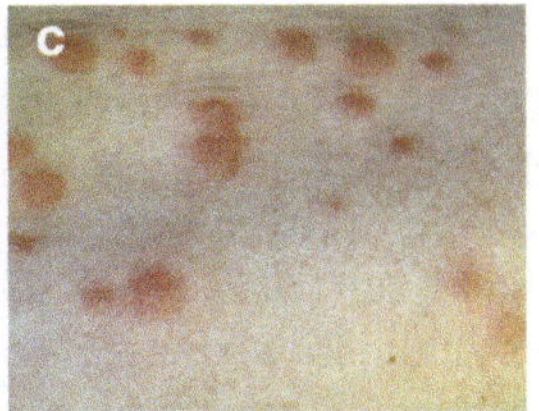

Abb. 5.9 **(a)**–**(c)** Typische Hauterscheinungen nach Herbstmilbenbefall, je nach Körperreaktion

dann abends ausgebracht. Nach 2 h werden die besprühten Flächen mit Leitungswasser nachgewässert. Das Ganze muss 3- bis 4-mal alle 5–7 Tage wiederholt werden, weil die Milbenlarven nicht gleichzeitig aus dem Boden kommen.

5.3.4 Kugelbauchmilben (*Pyemotes*-Arten)

Ähnliche Symptome wie *N. autumnalis* ergeben sich durch Stiche der Kugelbauchmilben, die ihre gesamte Entwicklung im Muttertier durchlaufen (Geburt von Adulten) und im Normalfall bei Getreideschädlingen wie Kornkäfern, Mottenarten bzw. Strohwespen parasitieren und nur zufällig den Menschen befallen. Bei ihm werden dann die als **Kornkrätze** bzw. **Kornfieber** beschriebenen Symptome ausgelöst. Wegen der Schadwirkung ihrer normalen Wirte müssen Nahrungsmittellager „entwest" werden.

5.4 Nage- bzw. Grabmilben

Sie bohrt Gänge nur in der Oberhaut,
weil sie sich nicht tiefer traut.

5.4.1 Krätz- bzw. Räudemilben

Art. *Sarcoptes scabiei* und verwandte Formen bei Tieren.

Fundort. In Gängen in der menschlichen Haut und zeitweilig auf der Haut. Sie können durch vorsichtiges Schaben mit einer Rasierklinge entfernt und mikroskopisch diagnostiziert werden.

Auftreten. Ganzjährig, weltweit.

Biologie und Merkmale. Die sehr kleinen, mit Stummelbeinen versehenen Grabmilben (etwa 0,2–0,5 mm) leben in etwa 1 cm langen Gängen der Epidermis (äußerste Hautschicht) und sind nur mit der Lupe sichtbar (Abb. 5.10 und 5.11). Die Übertragung erfolgt durch Körperkontakt, wobei bereits begattete weibliche Spätnymphen, die auf der Haut herumwandern, auf den neuen Wirt übertreten. Die adulten Weibchen dringen dann in die Epidermis ein und legen dort durch Fraß Gänge an (Abb. 5.12). Diese enthalten dann die weiteren Entwicklungsstadien, bis schließlich wieder die weiblichen Nymphen und Männchen auf die Hautoberfläche zur Paarung auswandern. Die Entwicklung dauert bei Männchen 9–10 Tage,

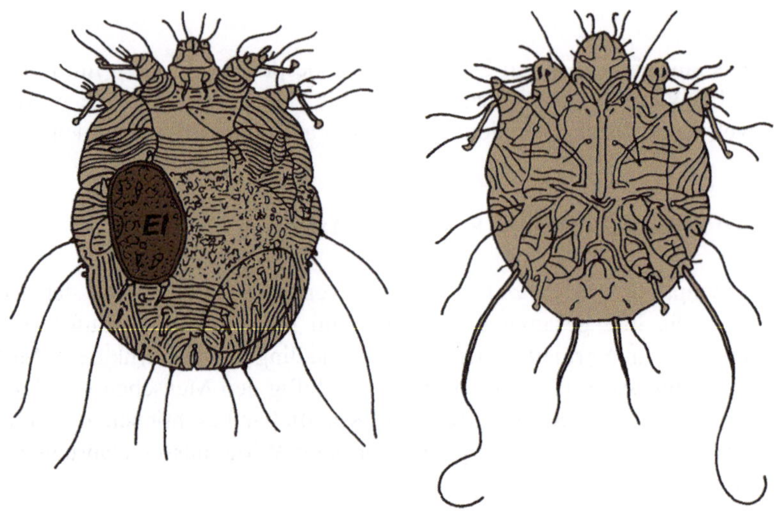

Abb. 5.10   Schematische Darstellung einer weiblichen Krätzmilbe von dorsal und ventral

Abb. 5.11   REM-Aufnahme einer Krätzmilbe von ventral

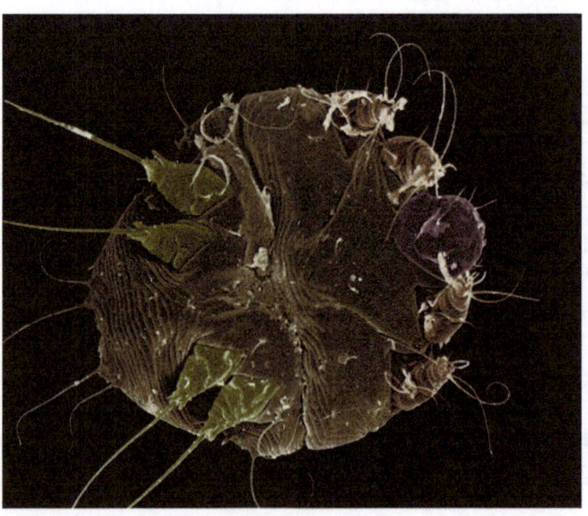

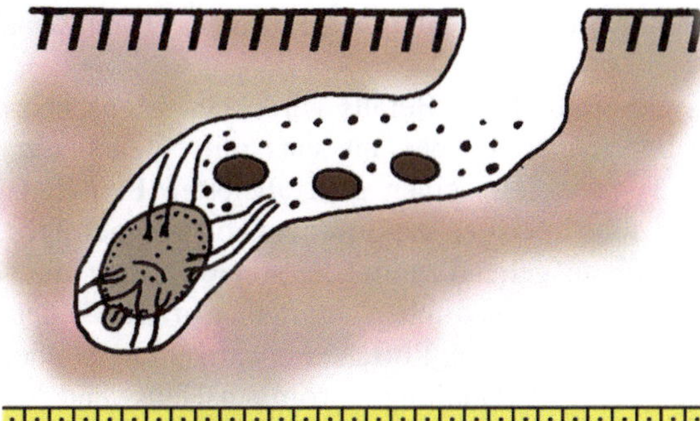

Abb. 5.12 Krätzmilben in der Haut (Epidermis); gelb = Stratum germinativum = Bildungsschicht der Außenhaut

bei Weibchen 12–15 Tage. Letztere leben etwa 2 Monate und legen täglich 2–4 Eier, sodass relativ schnell ein starker Befall entstehen kann (Abb. 5.13).

Übertragung. Die Milben treten bei Körperkontakt von Mensch zu Mensch über. **Achtung:** Auch Milben von Tieren können den Menschen befallen.

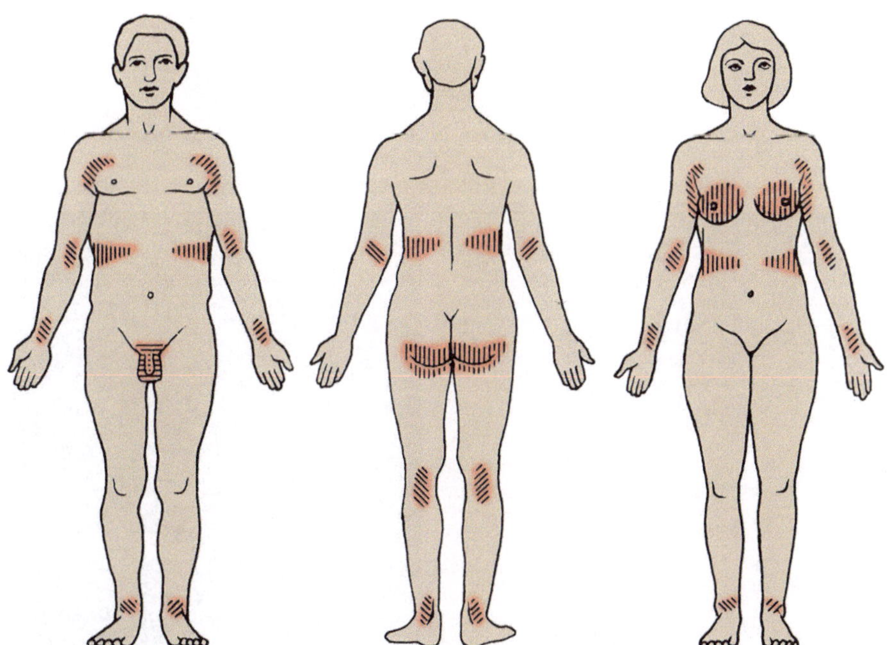

Abb. 5.13 Häufig von Krätzmilben befallene Stellen beim Menschen

Materialschäden. Keine. Bei Tieren mit Räude kommt es oft zur Zerstörung des Fells!

Erkrankung. Das Gesamtbild des Befalls wird beim Menschen als **Krätze,** bei Tieren als **Räude** bezeichnet. Es beginnt stets mit entzündeten Bohrgängen in der Haut, geht relativ schnell in einen generalisierten **Pruritus** (Juckreiz) über und wird von einem feinpapulösen **Sekundärexanthem** gefolgt (Abb. 5.14a, b). Allerdings gibt es davon ausgehend zahlreiche Sonderformen, die von Mumcuoglu und Rufli (1983) detailliert beschrieben wurden. Ein Befall des Menschen mit Räude-Erregern der Haustiere erfolgt offenbar zwar selten, ist aber dennoch möglich, sodass unbedingt eine Behandlung betroffener Haus- und Nutztiere erfolgen muss (es handelt sich dort um Varietäten der humanen *Sarcoptes*-Art).

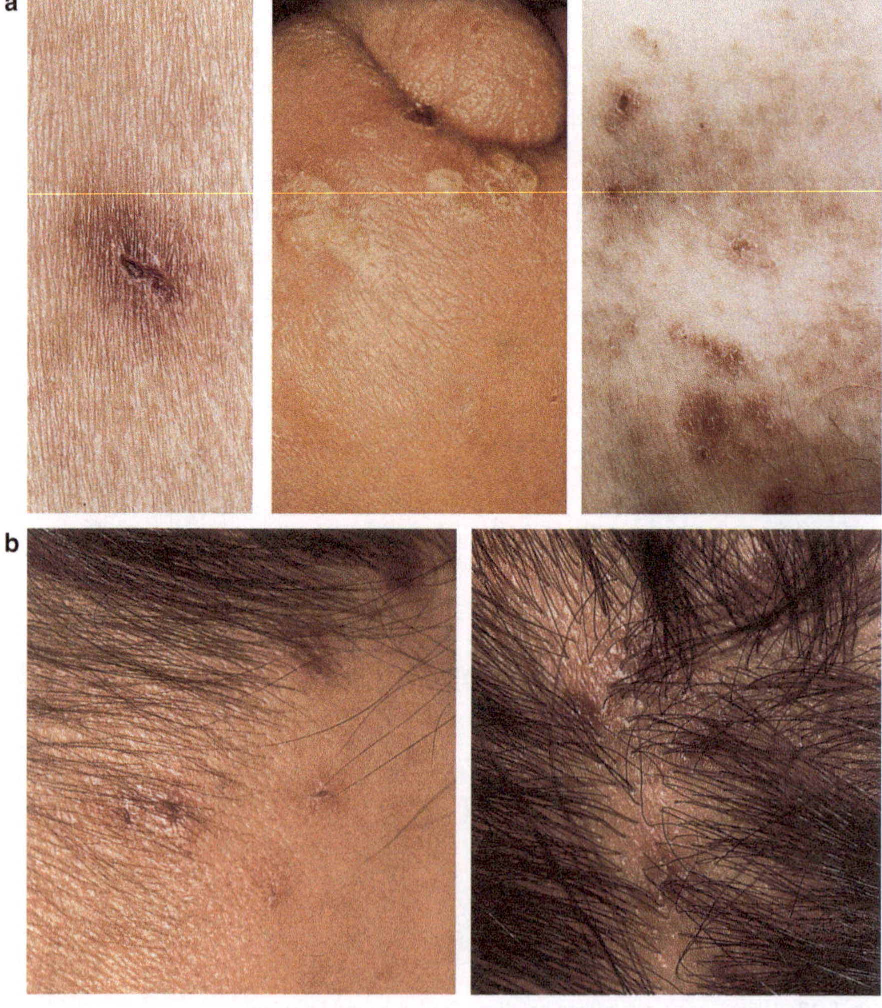

Abb. 5.14 Erscheinungsformen der Krätze auf der Haut des Körpers (**a**) und des Kopfes (**b**)

Bekämpfung. Die Ausbreitung der Krätzmilben kann durch hygienische Maßnahmen (Wechsel des Bettbezugs, intensives Händewaschen bei Kontakt mit Befallenen etc.) sowie durch intensive Chemotherapie mit Ivermectin (Scabioral® in Deutschland, Stromectol® in Frankreich) bei befallenen Personen limitiert bzw. verhindert werden. Auch das Robert-Koch-Institut (Berlin) empfiehlt die Ivermectin-Behandlung. Auf jeden Fall müssen alle Kontaktpersonen mitbehandelt werden. Bei den Räude-Erregern des Hundes und der Katze wirken Produkte mit den Wirkstoffen Moxidectin, Ivermectin, Doramectin bzw. Selamectin.

5.4.2 Haarbalgmilben *(Demodex folliculorum)* und Talgdrüsenmilben *(D. brevis)*

Glänzen Bart und Haar von Talg,
dann sind Milben im Haaresbalg.
Doch diese Mitesser im Gesicht
erhöhen die Heiratschancen nicht.

Fundort. In der Haut des Menschen, weltweit.

Auftreten. Ganzjährig; die Durchseuchung steigt mit zunehmendem Alter.

Materialschäden. Keine.

Biologie und Merkmale. Beim Menschen treten in den Haarbälgen *D. folliculorum* (0,3–1,4 mm lang) und in den Talgdrüsen *D. brevis* (0,25 mm) auf. Beide Geschlechter dieser Arten sind etwa gleich groß. Wie ihre Entwicklungsstadien sind die Adulten durch Stummelbeine und einen langen, geringelten Hinterkörper gekennzeichnet (Abb. 5.15). Die Kopulation findet an der Hautoberfläche des Menschen statt. Die Männchen sterben 2–5 Tage danach, und die befruchteten Weibchen dringen in die Öffnungen der Haarbälge bzw. Talgdrüsen ein, wo die gesamte weitere Entwicklung stattfindet. In den spindelförmigen Eiern (etwa 100×30 µm groß) reift in 2 Tagen eine Larve heran, die in etwa 10 Tagen über zwei Häutungen zur Proto- bzw. Deutonymphe das geschlechtsreife Stadium erreicht. Letzteres lebt nur sehr kurz (etwa 5 Tage), sodass es zu einer sehr schnellen Generationsfolge kommt. Die Larven und die Protonymphen weisen nur 3, die anderen Stadien 4 stummelförmige Beinpaare auf. Alle Stadien von *D. folliculorum* zerstören durch Fraß die Matrix der Haare und später auch den Follikel, was zum Ausfall des Haares führt. *D. brevis* ernährt sich von Zellinhalten des Talgdrüsenepithels, was bei gleichzeitigen Bakterieninfektionen das Erscheinungsbild der sog. **Mitesser** bewirkt. Die Übertragung von Mensch zu Mensch (alleiniger Wirt!) erfolgt offenbar durch Körperkontakt – u. a. auch schon bei den ersten Mutter-Säugling-Kontakten und führt zu Erkrankungen. Obwohl die Durchseuchung (Befallsrate) mit höherem Alter beim Menschen bis zu 100 % steigt und 10.000 Milben pro Mensch mittlerer Altersstufen sicher Durchschnitt

Abb. 5.15 REM-Aufnahme zahlreicher aus der Haut isolierter Haarbalgmilben. Die Stummelbeine sind blau gefärbt

sind, gelten unmittelbare klinische Symptome eher als selten. Ihre Beteiligung beim Auftreten sog. Mitesser ist erwiesen (Talgdrüsenmilben), ebenso wie sie am vermehrten Ausfall einzelner Haare **(lokale Alopezie)** Schuld tragen. Generell scheint die gesunde Haut wenig oder kaum anfällig zu sein. Bei Störungen im menschlichen Abwehrsystem finden sich Milben in größerer Menge in Hautbereichen, die dann durch glänzende Rötungen **(Erythem),** blassrote, gruppierte Papeln **(Rosacea),** Schuppungen, „Grinde" (Eiterausschläge nach bakterieller Sekundärinfektion) oder extreme Absonderungen der Talgdrüsen **(Seborrhö)** charakterisiert sind. Inwieweit dabei die Milben alleinige Auslöser der Symptome sind, ist noch nicht geklärt. Der **Nachweis** der Milben erfolgt durch Auspressen von Talg (besonders in der Gesichtsmitte), durch schnelles Auszupfen von Haaren mit ihrem Balg bzw. durch Abschaben von schuppigen Hautbereichen. Dieses Material wird in einen Tropfen Milchsäure, Kalilauge bzw. Glycerin eingelegt und im Mikroskop untersucht.

Bekämpfung. Vgl. Maßnahmen gegen Räude *(Sarcoptes scabiei).*

5.4.3 Pelzmilben (*Cheyletiella*-Arten)

Knabbert der Hund an Milben im Fell,
fehlt ihm die Zeit für sein Gebell!

Auftreten. Ganzjährig, weltweit.

Abb. 5.16 Schematische
Darstellung der Pelzmilbe
(*Cheyletiella* sp.)

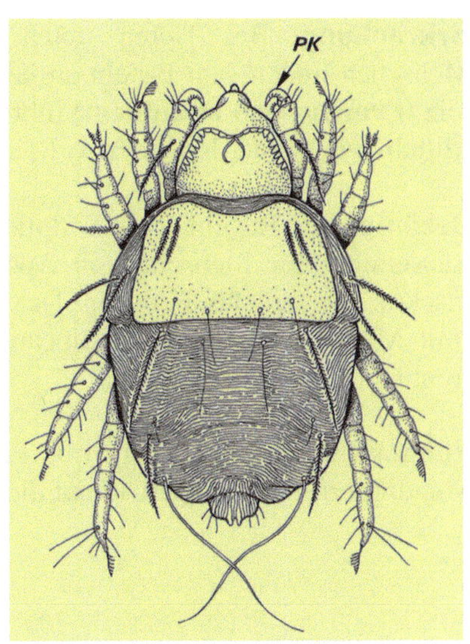

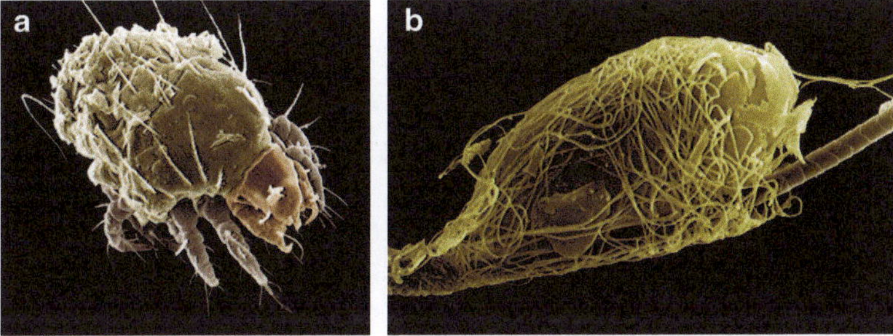

Abb. 5.17 REM-Aufnahmen einer adulten Pelzmilbe (**a**) sowie eines Eies (**b**), das an einem Haar klebt

Biologie und Merkmale. Die Larven, Nymphen und Adulten der etwa 0,6 mm großen Milben (*C. yasguri* und *C. blakei* beim Hund, *C. parasitivorax* beim Kaninchen) ernähren sich von Hautschuppen und sind durch starke Klauen an den Pedipalpen charakterisiert (Abb. 5.16). Sie alle verbringen ihr gesamtes Leben auf dem Wirt. Die Eier werden mit fadenartigen Gebilden an Tierhaare geklebt (Abb. 5.17). Bei intensivem Kontakt mit Hund und Katze treten die Milben auch auf den Menschen über.

Materialschäden. Bei Pelztieren kommt es infolge der Hautsymptome zu Haarverlusten, was die Pelze einer Verwertung entzieht.

Erkrankung. Bei Tieren treten räudeartige Hautveränderungen auf. Beim Menschen finden sich Papeln an den Stichstellen, was zu einem intensiven Juckreiz (**Pruritus** und **Exanthem**) führen kann. Die Therapie erfolgt mit den gleichen Mitteln wie bei der Krätze bzw. Räude der Tiere.

Bekämpfung. Regelmäßige Fellpflege bei den Haustieren, z. B. mit Licener® (ein Läusemittel für Menschen, in Apotheken erhältlich), Aufbringen von Kontaktinsektiziden auf das Fell von Tieren, Säuberung der Schlafplätze der Haustiere (mit MiteStop®; Fa. Alpha-Biocare GmbH) und Vermeidung des Kontakts mit fremden, streunenden Tieren.

Fundort. Diese Milben leben im Fell von Haustieren (Hund, Katze, Kaninchen). Von dort erfolgt der Übertritt auf die Haut des Menschen.

Insekten

6

Es fliegt das Fliegel,
vom Topf zum Tiegel
und verwünscht dies Ziel,
als es in denselbigen fiel.

Der Name Insekten hat seinen Ursprung im lateinischen Wort *insectus* = „eingeschnitten", „eingekerbt" und beschreibt den Körperbau dieser wohl größten Tiergruppe auf der Erde. Insekten zeichnen sich nämlich dadurch aus, dass ihr **Kopf (Caput)** durch einen tiefen Einschnitt von der **Brust (Thorax)** getrennt wird und diese wiederum durch eine mehr oder minder große, artspezifische Einkerbung vom **Hinterkörper (Abdomen).** Am **Kopf** befinden sich die ventral gelegenen, artspezifischen Mundwerkzeuge. Je nach Art der Nahrungsaufnahme wurden sägende, leckende oder saugende Strukturen entwickelt, die perfekt an die gegebenen Verhältnisse der Körperstrukturen ihrer Beutetiere und an die angestrebte Nahrung angepasst sind. Dies ist auf der einen Seite ein großer Vorteil, wenn entsprechende Beutetiere in ausreichender Anzahl vorhanden sind, verursacht aber unter Umständen Probleme, wenn diese (etwa aus Witterungsbedingungen) fehlen.

Insekten vollziehen ihren Entwicklungsgang als **Metamorphose.** Diese kann entweder vollständig sein (**holometabol**) –unter Einschluss von mindestens einem Larvenstadium, gefolgt von einem Puppenstadium, aus dem die adulten Männchen bzw. Weibchen schlüpfen. Oder die Entwicklung verläuft gleitend (**hemimetabol**) – über verschiedene, dem Adultus ähnelnde Larvenstadien.

Bestimmungsschlüssel
Sowohl Larven als auch Adulte können als **Hygiene-** wie auch **Gesundheitsschädlinge** wirken. Im Wesentlichen lassen sich sieben Gruppen im folgenden Schlüssel unterscheiden:

© Der/die Herausgeber bzw. der/die Autor(en), exklusiv lizenziert durch
Springer-Verlag GmbH, DE, ein Teil von Springer Nature 2020
H. Mehlhorn und B. Mehlhorn, *Zecken, Milben, Fliegen, Schaben …,*
https://doi.org/10.1007/978-3-662-61542-3_6

Frage	Merkmale des Insekts	Bestimmtes Tier	Weiter mit
1 a)	Mit Beinen		3
1 b)	Ohne Beine		2
2 a)	Körper lang gestreckt, beborstet, Tiere leben auf dem Boden	Larven der Flöhe	Abschn. 6.4
2 b)	Körper lang gestreckt, Tiere leben im Wasser, atmen an der Oberfläche	Larven der Mücken	Abschn. 6.2
2 c)	Körper gedrungen, fleischig, mit zwei Mundhaken	Larven der Fliegen	Abschn. 6.1
2 d)	Tönnchenförmige Gestalt, unbeweglich	Puppen der Fliegen Ameisen	Abschn. 6.1 Abschn. 6.7
2 e)	Körper kommaförmig gekrümmt, leben im Wasser, atmen an der Wasseroberfläche	Puppen der Mücken	Abschn. 6.2
3 a)	Ohne Flügel		4
3 b)	Mit Flügeln		8
4 a)	Körper seitlich abgeplattet, mit Sprungbeinen	Flöhe	Abschn. 6.4
4 b)	Körper dorsoventral abgeplattet		5
4 c)	Körperteile im Querschnitt rund	Ameisen	Abschn. 6.7
5 a)	Tiere erscheinen lederartig, mit langen Antennen	Larven der Schaben	Abschn. 6.6
5 b)	Tiere ohne lange Antennen		6
6 a)	Tiere mit 6 Klammerbeinen	Läuse	Abschn. 6.3
6 b)	Tiere mit normalen Klauen an den Beinen, bauchseitig einklappbarer Saugrüssel		7
7 a)	Hinterleib gedrungen	Bettwanzen	Abschn. 6.5.1
7 b)	Körper und Hinterleib schlanker	Larven der Raubwanzen	Abschn. 6.5.3
8 a)	Flügel dünnhäutig		10
8 b)	Flügel derbhäutig		9
8 c	Flügel mit Schuppen	Motten, Schmetterlinge	s. S.
9 a)	Vorderflügel in einen derben und einen häutigen Teil untergliedert	Raubwanzen	Abschn. 6.5.3
9 b)	Flügel insgesamt gelbbraun oder schwärzlich	Schaben	Abschn. 6.6

Frage	Merkmale des Insekts	Bestimmtes Tier	Weiter mit
10 a)	4 Flügel	geflügelte Tiere der Ameisen oder Motten	Abschn. 6.7
10 b)	2 Flügel		11
11 a)	Antenne mit mehr als 10 Gliedern, wirkt daher fadenförmig	Mücken, Gnitzen	Abschn. 6.2
11 b)	Antenne mit mehr als 10 Gliedern, wirkt kräftig	Kriebelmücken	Abschn. 6.2.3
11 c)	Antenne 3-gliedrig	Fliegen, Bremsen	Abschn. 6.1, Abschn. 6.1.4

6.1 Fliegen

Dem Herrn Inspektor tut's so gut,
wenn er nach Tisch ein wenig ruht.
Da kommt die Fliege mit Gebrumm
und surrt ihm vor dem Ohr herum.
Und, aufgeschreckt aus halbem Schlummer,
schaut er verdrießlich auf den Brummer.

Wilhelm Busch.

Fliegen und Mücken gehören zur Insektenordnung Diptera (Zweiflügler), bei denen die Vorderflügel häufig völlig durchsichtig erscheinen, während die hinteren zu kurzen Schwingkölbchen reduziert sind (Abb. 6.1d). Bei den Fliegen, deren kurze Antennen lediglich aus drei Gliedern bestehen, haben die Vertreter von vier Familien Bedeutung für den Menschen als **Gesundheits-** bzw. **Hygieneschädlinge** erlangt: **Muscidae** (Stubenfliegen), **Calliphoridae** (Schmeißfliegen), **Sarcophagidae** (Fleischfliegen) und **Hippoboscidae** (Lausfliegen) (Tab. 6.1). Während bei den Muscidae nur einige Arten Blut saugen (s. u.), ist dies das Normalverhalten der Lausfliegen, die zudem verpuppungsreife Larven absetzen. Gesundheitsschäden treten auch bei Befall mit *Fannia*-Arten (Latrinenfliegen) auf.

6.1.1 Familie Muscidae

A. Große Stubenfliege *(Musca domestica)*
Fundort. In Mist, Fäkalien, Gülle, Komposthaufen; Adulte lieben Wunden und Schweiß; Zuflug in Wohnungen von außen; ♀ legt Eier auf Lebensmitteln ab.

Auftreten. Ganzjährig, verstärkt im Sommer, weltweit.

Biologie und Merkmale. Diese Fliegen (Abb. 6.1, 6.2, 6.3 und 6.4) erscheinen auf den ersten Blick grau. Bei näherem Hinsehen fällt auf, dass der Rücken des Thorax 4 schwarze Längsstreifen aufweist und dass es einen Geschlechtsdimorphismus

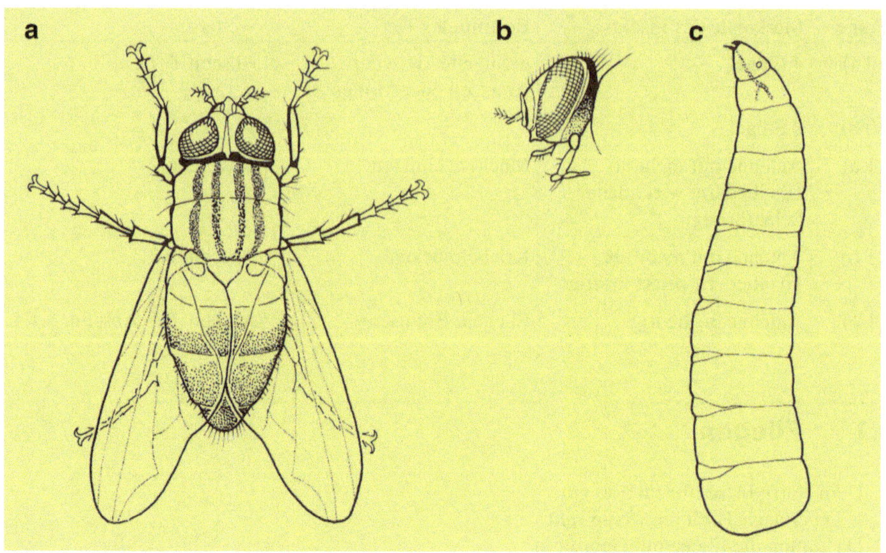

Abb. 6.1 Schematische Darstellungen der Stubenfliege *(Musca domestica):* (**a**) Adulte von dorsal, (**b**) Kopf von der Seite, (**c**) Larve

gibt, wobei die Hinterleibsbasis des Weibchens gelb erscheint und der Abstand der beiden Facettenaugen auf der Stirn beim Weibchen doppelt so groß ist wie beim Männchen. Die Beine beider Geschlechter erscheinen schwarz-braun. Die 6–7 mm großen adulten Fliegen, deren Flügelränder sich in Ruhestellung überschneiden (Abb. 6.1a), sitzen meist mit dem Kopf nach unten an der Wand, besitzen einen nach unten gerichteten Leckrüssel und können selbst auf Fensterscheiben gut aufwärts laufen. Sie fressen sich zersetzende organische Substanzen und befallen daher auch häufig abgestellte Speisereste etc. Die Weibchen legen 4–8 Tage nach der einzigen Kopulation etwa 1000 der etwa $1 \times 0{,}26$ mm großen Eier auf die Fäzes von Tieren und Menschen bzw. auf faulendes Material, aber auch auf Wunden von Mensch und Tier. Etwa 120 Eier werden gleichzeitig in den Ovarien entwickelt und binnen eines Tages abgelegt. Etwa 4–8 solcher Gelege werden von einer Fliege in ihrer etwa 70-tägigen Lebenszeit abgelegt. In 1 kg Pferde- bzw. Schweinekot können sich bis zu 15.000 Larven entwickeln Aus den gelblich weißen Eiern schlüpfen die typischen weißen, beinlosen, bis zu 12 mm langen, madenartigen, mit Mundhaken versehenen Larven dieser Gruppen (Abb. 6.1c).

Die dritte Larve verpuppt sich nach vorangegangenen Häutungen binnen 4–10 Tagen zur typischen braunen Tönnchenpuppe (Abb. 6.10 und 6.13). Nach etwa 10 Tagen schlüpfen die Adulten. Zur gesamten Entwicklung werden temperaturabhängig 8–50 Tage benötigt. Wegen der schnellen Generationsfolge im Sommer kommt es oft zu Massenauftreten und zu entsprechenden Belästigungen.

Tab. 6.1 Merkmale wichtiger Fliegenarten in Europa

Art	Ei	Larven	Puppe	Adulte
Musca domestica (Große Stubenfliege)	Weiß, elliptisch, 1 × 0,25 mm, nicht embryoniert bei Ablage, Larvenschlupf bei 20 °C nach 24 h	Weißlich, zylindrisch, vorn zugespitzt, 13 Segmente, Larven 2 u. 3 haben außer den hinteren auch vordere „Spirakel", Zeit bis zur Verpuppung bei 20 °C 8–10 Tage, leben auf Mist	Zylindrische Form, etwa 6 mm lang, bei 20 °C dauert die Entwicklung der Adulten 10–11 Tage	Grau, etwa 5–7 mm lang, Thoraxrücken mit 4 gleich langen dorsalen Streifen, ♀ legen 4–8 Tage nach der Kopulation etwa 120 Eier, 4- bis 6-mal in der Lebenszeit von 70 Tagen, ♀ seitlich mit gelben abdominalen Flecken
Fannia canicularis (Kleine Stubenfliege)	Weißlich mit 2 dorsalen Ausläufern, unembryoniert, Schlupf der Larven nach 24 h	Larven besitzen typische Fortsätze an jedem Segment, Larvalentwicklung 6–10 Tage über 3 Stadien (s. o.)	Puppenruhe bis zu 12 Tage	Schwarzgrau, etwa 5–6 mm lang, mit 3 schwarzen dorsalen Streifen, Abdomen gelblich, Adulte fliegen langsam in Auf- und Ab-Kurven
Muscina stabulans (Falsche Stallfliege)	Ähnlich *Musca domestica*, Eier werden aber in kleineren Mengen abgelegt	Larvalentwicklung verläuft langsamer als bei *Musca* (in etwa 2 Wochen), leben räuberisch von anderen Fliegenlarven	Ähnlich *Musca*	Kopf hellgrau, Rest dunkelgrau, 7–8 mm, 2 volle dorsale Längsstreifen, dazu 2 weniger stark ausgeprägte Streifen
Ophyra-Arten (Schwarze Dungfliege)	Ähnlich wie *Musca*, unembryoniert bei Eiablage, Larvenschlupf in 12 h	Ähnlich wie *Musca*, farblich aber leicht gelb und etwas schlanker und beweglicher	Ähnlich *Musca*, besitzt aber 2 Fortsätze zur Atmung	Glänzend schwarz, nur 4–5 mm lang, etwa 2/3 einer *Musca*, insgesamt 300 Eier pro Weibchen, bei 27 °C dauert die Entwicklung nur 14 Tage
Calliphora vicina (Blaue Schmeißfliege)	Ähnlich wie *Musca*, Eiablage auch auf Kadavern	Larven finden sich in Aggregationen (Haufen)	Entwicklungszeiten wie bei *Musca*	Metallisch blau, kräftiger Körper, bis 12 mm lang

(Fortsetzung)

Tab. 6.1 (Fortsetzung)

Art	Ei	Larven	Puppe	Adulte
Lucilia sericata (Goldgrüne Schmeißfliege)	Eiablage oft auf Wunden, Larvenschlupf bei 27 °C in 24 h, Eier weißlich	Larven weißlich, vorn zugespitzt, fressen u. a. an Wundexsudaten oder Fleisch toter Tiere (Myiasis-Erreger), werden auch zur Wundheilung benutzt	Puppen dunkel rotbraun, bei 27 °C wird das Puppenstadium bereits in 7 Tagen erreicht	Körper grünlich golden, ♀ bis 10 mm lang, liebt Blütendüfte, Kot und Blut, leckende Mundwerkzeuge, 100–200 Eier werden 10- bis 15-mal im Leben eines ♀ abgelegt (~45 d)
Sarcophaga carnaria (Graue Fleischfliege)	Larven schlüpfen sofort nach der Eiablage auf Aas oder Kot (auch auf still liegenden Menschen!)	Larven werden groß (8–12 mm lang), dringen auch in Körperöffnungen ein (Myiasis), Körper weist kurze Stacheln auf (auf konzentrischen Bändern)	Puppen groß, rotbraun	Grau, groß, bis 14 mm lang, Hinterleib schachbrettartig weiß-schwarz gezeichnet, Rücken der Brust mit 3 dunklen Längsstreifen
Musca autumnalis (Gesichts- bzw. Augenfliege)	Ähnlich *M. domestica*, Ablage unembyonierter Eier auf frischem Kot	Ähnlich *M. domestica*	Ähnlich *M. domestica*	Adulte Fliegen umkreisen besonders den Kopf von Tieren und lecken an deren Augen und Maul, aber auch am Euter, Flugzeit von April bis November (5 Generationen)
Stomoxys calcitrans (Wadenstecher)	Eier sind weiß, werden in Gruppen von 20–25 (total 800 pro ♀).	Ähnlich *M. domestica*, weißlich, vorn zugespitzt, Entwicklung bis zur Puppe: 14–12 Tage	Ähnlich *M. domestica*, Puppenruhe etwa 6–9 Tage	Werden 6–7 mm lang, Kopf der ♀/♂ mit Saugrüssel, ♀/♂ saugen Blut, Abdomen ventral weißlich, Brustrücken mit dunklen Längsstreifen, Abdomen mit dunklen Flecken, Adulte leben 30 Tage, saugen Blut

Abb. 6.2 REM-Aufnahme des Saugrüssels einer Stubenfliege von unten. Die Rinnen werden mit Speichel aufgefüllt, der dann mit der Nahrung eingesogen wird

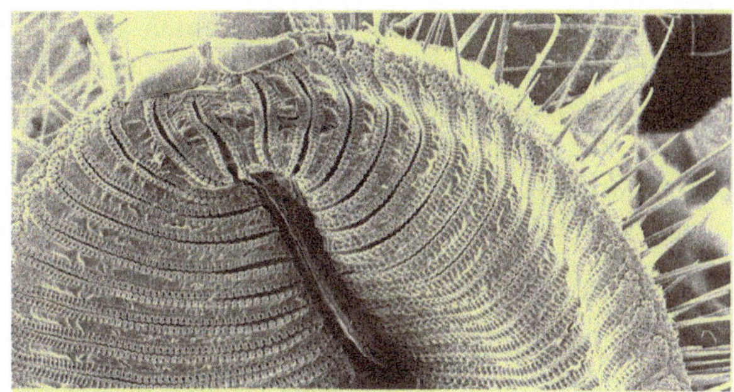

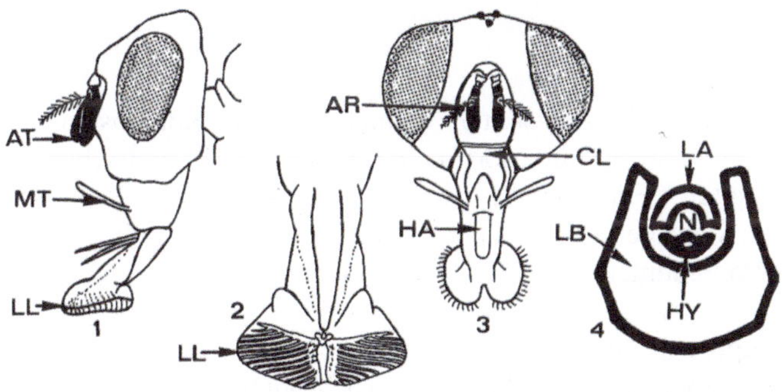

Abb. 6.3 Kopf der Stubenfliege von der Seite und von vorn sowie die Mundwerkzeuge. AT = Antenne, AR = Arista, CL = Clypeus, HA = Haustellum, HY = Hypopharynx, LA = Lacinium, LB = Labium, LL = Labellen, MT = Maxillartaster

Abb. 6.4 Makroaufnahme einer adulten *Musca*-Fliege (sog. Stubenfliege)

Materialschäden. Nahrungsmittel werden durch abgelegte Eier und Kot verunreinigt und sind dann nicht mehr zum Verzehr geeignet. Einrichtungsgegenstände werden durch Kot verunreinigt.

Erkrankungen. Neben der Beunruhigung und Belästigung von Mensch und Tier können durch die Körperbehaarung und die Mundwerkzeuge mechanisch zahlreiche Keime (1–5 Mio./Fliege) übertragen werden (u. a. Erreger von Typhus, Diarrhö, Cholera, Ruhr, Lepra, Kinderlähmung, Maul- und Klauenseuche) (Literatur siehe Förster et al. 2007). Muscidae – insbesondere tropische Formen – können auch eine sog. **Myiasis** verursachen, wobei die Larven in Wunden von Tieren und Menschen leben.

Bekämpfung.

Prophylaxe. Potenzielle Brutstätten vernichten bzw. Komposthaufen etc. weit weg vom Haus anlegen und dort keine Essensreste beimischen; Mülltonnen geschlossen halten; Fliegennetze vor den Fenstern bzw. Rollos installieren; Anbringen von klebrigen Fliegenfängern, Verwendung von „Fliegenklatschen" zur Abtötung in Wohnräumen.

Chemobekämpfung. Nur vom Fachmann durchführen lassen: Sprühen bzw. Aufstreichen von Insektiziden auf Flächen in der Wohnung oder im Stall (Cyfluthrin, DDVP, Fenfluthrin, Propoxur, Dichlorvos, Fenthion, Pyrethroide, Pyrethrum, Bromophos, Trichlorfon etc., z. B. Blattanex® Fliegenspray oder Oxyfly®) Die Beachtung der Anwendungshinweise ist unbedingt erforderlich!

Elektrisches Abtöten. Von Schwarzlicht angelockte Insekten werden durch elektrische Gitter getötet.

B. Falsche Stallfliege *(Muscina stabulans)*
Fundort. Ställe, besonders von Geflügel, aber auch Wohnungen.

Auftreten. Ganzjährig, weltweit.

Biologie und Merkmale. Die Adulten der Gattung *Muscina* sind keine Blutsauger, sondern ernähren sich leckend von organischen Abfällen. Sie wirken äußerlich kräftiger als die Stubenfliege, erscheinen total grau, wobei der Kopf etwas heller ist. Die Rückseite des Thorax weist wie der von *Musca* jeweils 4 schwarze Längsstreifen auf, während das Abdomen total grau erscheint. Die Beine wirken rot-gold-kupfern. Die Larvalstadien gleichen denen der Stubenfliege, allerdings verläuft ihre Entwicklung langsamer. Im warmen Sommer ist der Entwicklungszyklus vom Ei zur geschlechtsreifen Fliege allerdings bereits binnen 14 Tagen abgeschlossen. Die Larven können sich auch räuberisch von den Larven anderer Fliegen ernähren.

Materialschäden. Siehe *Musca domestica.*

Erkrankungen. Siehe *M. domestica.*

Bekämpfung. Siehe *M. domestica.*

C. Kleine Stubenfliege *(Fannia canicularis)*, **Latrinenfliege** *(F. scalaris)*
Fundort: Adulte in Ställen, Wohnungen; Larven in Dung, stets in Hausnähe.

Auftreten. Ganzjährig, weltweit.

Biologie und Merkmale. Die Kleine Stubenfliege ist mit einer Länge von
5–6 mm etwas kleiner als *Musca*. Die Adulten erscheinen grau, wobei der
Thorax durch 3 schwarze Längsstreifen gekennzeichnet ist und das Abdomen
im Grenzbereich zur Brust gelb erscheint (Abb. 6.5). Wie bei *Musca* tritt ein
Geschlechtsdimorphismus beim Augenabstand auf. Die adulten Fliegen ziehen in
Wohnungen unter der Zimmerdecke bzw. um Lampenschirme im Zickzackflug
ihre horizontalen und langsamen Flugkreise. Die Larven, die seitliche Vorsprünge
aufweisen (Abb. 6.6), entwickeln sich stets in feuchtem Milieu. Sie schlüpfen nach
20–48 h aus den Eiern und benötigen 6–7 Tage, um sich zu verpuppen. Nach etwa
7 Tagen schlüpfen die Adulten aus der Puppenhülle, sodass – je nach Temperatur
– der Entwicklungszyklus etwa 15–30 Tage dauert. Der Lebenszyklus und die
Schadwirkungen von *F. scalaris,* deren Larven (Abb. 6.6) aber deutlich anders
erscheinen, gleichen denen von *F. canicularis.*

Materialschäden, Erkrankungen, Bekämpfung. Siehe *M. domestica.* Allerdings
werden oft Fälle von **Myiasis** berichtet, wobei Larven auch in den Darm bzw. in
die Scheide von Menschen und Tieren eingedrungen sein können, nachdem die

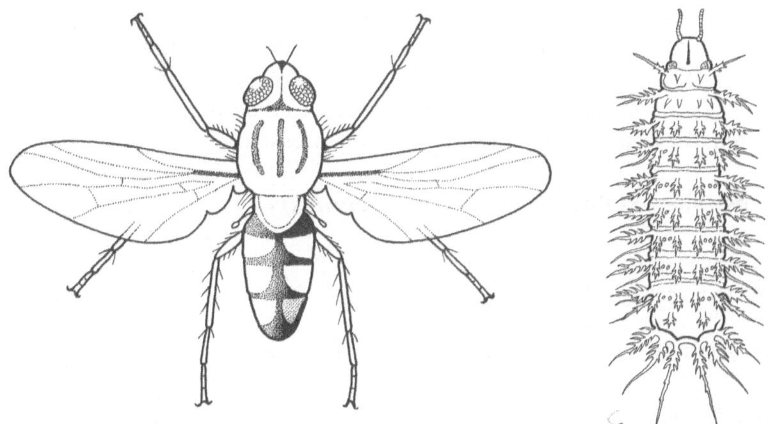

Abb. 6.5 Schematische Darstellung der Kleinen Stubenfliege *(Fannia canicularis)* und der
Larve von *Fannia scalaris* (Latrinenfliege)

Abb. 6.6 Unterschiedlich
alte Larven von *F. canicularis*
aus einem Gully

Eier von den Weibchen offenbar in Latrinen rasch auf die entsprechenden Körperteile des Menschen abgelegt worden waren.

D. Weitere Muscidae

Neben *Musca domestica* treten auch weitere, ebenfalls nicht stechende Arten der Familie Muscidae in menschlichen Behausungen auf.

- *Musca sorbens,* die Basarfliege, 4–7 mm, findet sich in den Tropen und Subtropen.
- *Musca autumnalis*, die Augen- bzw. Gesichtsfliege, 5–7 mm, lebt z. B. in Europa und USA und dringt im Herbst von der Weide aus in Häuser vor. Die Larvalentwicklung findet in frischen Kuhfladen statt.
- *Ophyra aenescens*. Diese **Güllefliege** bzw. **Schwarze Dungfliege** wird 4–5 mm lang, tritt in Europa häufig von Stallungen in Wohnungen über. Ihre gelblichen Larven leben räuberisch, indem sie z. B. den Larven der Stubenfliege ein Gift injizieren, diese so lähmen und dann in Ruhe fressen.

E. Wadenstecher, Stallfliege *(Stomoxys calcitrans)*

Sie sticht nun mal gern ins Wadenbein,
und das auch nicht allein!

Fundort. Nähe Dung, Stallungen; Zuflug ins Haus.

Auftreten. In und an Häusern gehäuft vorwiegend im Spätsommer und im Herbst.

Biologie und Merkmale. Diese etwa 6–7 mm langen Fliegen, deren Abdomen breiter ist als bei *Musca*-Arten und deren Flügel in Ruhestellung ausgespreizt sind, besitzen einen schwarzen vorgestreckten Saugrüssel (Abb. 6.7, 6.8 und 6.9). Ihr Hinterleib erscheint bräunlich mit schwarzen Flecken. Sie saugen in beiden Geschlechtern Blut für 2–5 min pro Mahlzeit. Etwa 60–100 Eier pro Gelege (insgesamt etwa 600) werden von den nur etwa 70 Tage lebensfähigen Weibchen auf strohhaltigem Dung abgelegt, von dem sich die Larven dann auch ernähren. Die Larvenentwicklung verläuft ähnlich wie bei *M. domestica* und dauert etwa 13–18 Tage bei 24–30 °C Außentemperatur. Die Fliegen überwintern im Larvalstadium. Bei Temperaturen von nur 10 °C werden 3–5 Monate bis zur Geschlechtsreife benötigt.

Materialschäden. Keine.

Erkrankungen. Durch mechanische Übertragung von Erregern beim schmerzhaften Saugakt werden zahlreiche Krankheiten bei Mensch oder Tier initiiert, z. B.

Abb. 6.7 Makroskopische Aufnahme eines Wadenstechers *(Stomoxys calcitrans)* in der Seitenansicht

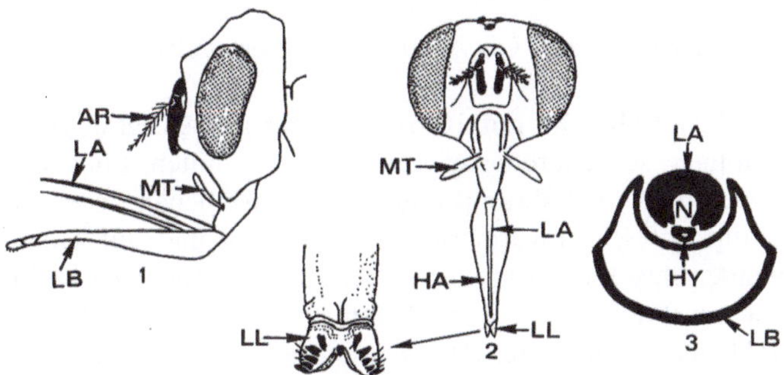

Abb. 6.8 Schematische Darstellungen des Kopfes und der Mundwerkzeuge des Wadenstechers. AT=Antenne, AR=Arista, CL=Clypeus, HA=Haustellum, HY=Hypopharynx, LA=Lacinium, LB=Labium, LL=Labellen, MT=Maxillartaster, N=Nahrungsgang

Abb. 6.9 Makroaufnahme von drei Wadenstechern an einer Glaswand

infektiöse Anämie, Milzbrand etc. Auch können Stadien von Protozoen, Faden- und Bandwürmern des Geflügels mechanisch mit kontaminierten Füßen übertragen werden.

Bekämpfung. Siehe *M. domestica.*

6.1.2 Vertreter der Familien Calliphoridae und Sarcophagidae

A. Graue Fleischfliege, Aasfliege *(Sarcophaga carnaria)*

Das Fleisch nicht mehr besonders riecht,
wenn die Made durch's Gewebe kriecht.

Fundort. Auf Nahrungsmitteln wie Fleisch, Käse, Fisch. Im Freien auf Tierkadavern, aber auch auf Blüten, z. B. Doldenblüten.

Auftreten. Ganzjährig, gehäuft von April bis Oktober; weltweit.

Biologie und Merkmale. Die mit 10–16 mm sehr großen, grau gestreiften bzw. auf dem Abdomen schachbrettartig gemusterten adulten Fliegen (Abb. 6.10) lecken an eiweißreichen Nahrungsmitteln. Die Weibchen legen auf Fleisch, besonders häufig auf Regenwürmern wie auch Aas und auf lebenden Tieren sowie auf Wunden ihre Larven ab, die sofort nach der Eiablage schlüpfen **(Ovoviviparie).** Sie ernähren sich räuberisch („fleischfressend") und verpuppen sich – temperaturabhängig – in kurzer Zeit. Diese Stadien oder auch erst die Adulten überwintern.

Abb. 6.10 Makroaufnahme von Grauen Fleischfliegen *(Sarcophaga carnaria)* und ihren Puppen

Kuriosum: Der Entwicklungszustand der Larven (Abb. 6.11) bei im Freien aufgefundenen Leichen dient in der Kriminalistik zur Bestimmung des Todeszeitpunkts der aufgefundenen Person. An der Ausgestaltung der Stigmenöffnungen (Abb. 6.12) der Larven kann die Art der Fliege bestimmt werden sowie deren Entwicklungszeiten.

Materialschäden. Nahrungsmittel werden durch Larvenbefall verdorben und ungenießbar. **Achtung:** Die Eiablage erfolgt auch im Kühlschrank kurz nach Einflug durch offenstehende Türen!

Erkrankungen. Durch mechanische Übertragung von Erregern werden insbesondere Darmerkrankungen hervorgerufen. Bei Kontakt mit Wunden kommt es evtl. zu **Sepsis,** bei Larvenablage in die Wunden zu einer Hautmyiasis. Auch ein Befall der Nase und der Nebenhöhlen kommt vor wie der Durchbruch der Nasenscheidewand.

Bekämpfung. Siehe *M. domestica.*

B. Blaue Fleischfliege, Schmeißfliege, Brummer *(Calliphora erythrocephala,* syn. *C. vicina)*
Fundort. Auf Nahrungsmitteln; im Freien auf Tierkadavern.

Abb. 6.11 Aufnahme der fußlosen Made von *Phormia* sp

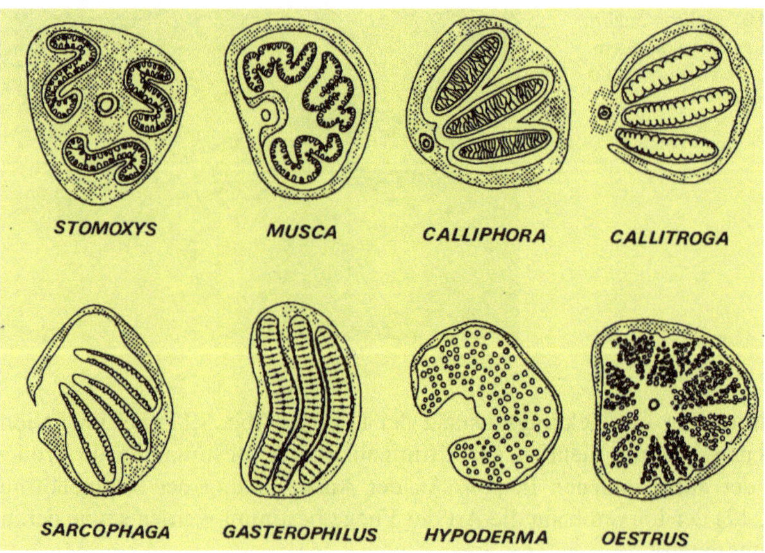

Abb. 6.12 Schematische Darstellungen je einer der hinteren Stigmenöffnungen (Spiraculum) der Larven verschiedener Fliegengattungen

Auftreten. Ganzjährig, gehäuft April bis Oktober, weltweit.

Biologie und Merkmale. Die adulten Fliegen werden bis 14 mm groß, erscheinen schwarzblau metallisch glänzend (Abb. 6.13) und sind durch einen satten Brummton beim Fliegen charakterisiert (Name!). Etwa 1000 Eier werden auf Nährsubstrate

Abb. 6.13 Makroaufnahme einer adulten *Calliphora erythrocephala* und ihrer Puppenhülle

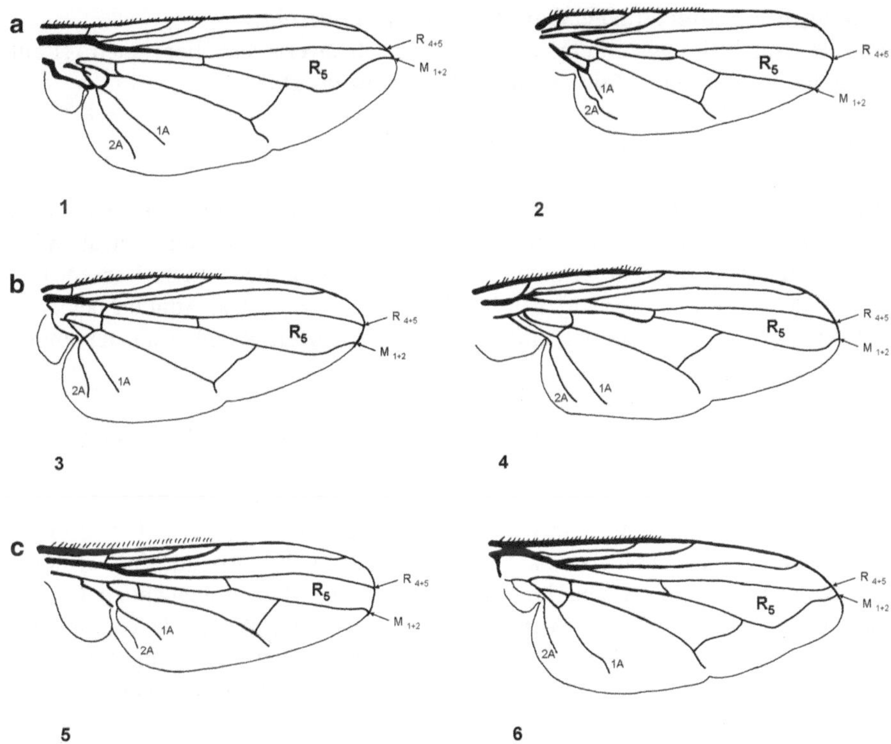

Abb. 6.14 Schematische Darstellung der Flügeläderung von wichtigen Fliegengattungen (nach einem Schema von Geissler et al. 2002). (1) *Musca domestica*, (2) *Fannia canicularis*, (3) *Stomoxys calcitrans*, (4) *Muscina stabulans*, (5) *Ophyra* sp., (6) *Phaenicia* sp. Sie unterscheiden sich in der Form der Zelle R 5, die zwischen den beiden sog. Flügeladern R4+5 und M 1+2 entsteht, die rechts außen (mittig) am Flügelrand enden

(Kadaver, zerfallenes, organisches Material, s. o.) abgelegt, gelegentlich auch in Wunden von Tieren und Menschen, was zu **Myiasis** führt. Die individuelle Entwicklung verläuft ähnlich wie bei *Sarcophaga*-Arten und benötigt etwa 10–20 Tage bis zum adulten Tier.(Abb. 6.14).

Materialschäden. Beschädigung von Lebensmitteln durch Kot und Larvenfraß.

Erkrankungen. Durch mechanische Übertragung von Erregern auf die Nahrungsmittel werden vor allem Darmerkrankungen ausgelöst.

Bekämpfung. Siehe *Musca domestica*.

C. Goldgrüne Schmeißfliege, Goldfliege (*Lucilia sericata*)
Fundort. Auf Nahrungsmitteln; im Freien auf Kadavern, Fäkalien; auch (!) auf
Blüten, u. a. Dolden etc. (Adulte saugen dort Pflanzensäfte).

Auftreten. April bis Oktober, weltweit.

Biologie und Merkmale. Die etwa 10–11 mm großen Fliegen erscheinen
metallisch goldgrün (Abb. 6.15a). Die Eiablage erfolgt auf zerfallenden
Materialien, aber auch in Wunden! Die Entwicklung über Eier, Larven und
Puppen (Abb. 6.15b–c) verläuft wie bei *Calliphora*-Arten. Die Adulten belecken
in Wohnungen Nahrungsmittel, fliegen aber auch gezielt Wunden an, angeblich
durch deren Geruch.

Materialschäden. Beschädigung von Nahrungsmitteln, Verkotung von
Materialien.

Erkrankungen. Durch mechanische Übertragung von Erregern auf Nahrungsmittel kommt es zu Darmerkrankungen (Abb. 6.15a). Bei Kontakt mit Wunden
kann **Sepsis** eintreten. Häufig kommt es in warmen Ländern auch zu Organ-
(Nase, Ohr) bzw. Augen- oder **Wundmyiasis** (Abb. 6.16a). Wie leicht Wunden mit
Erregern besetzt werden können, zeigen Abb. 6.16b, c. Hier wurde eine Fliege für
24 h auf eine Agarplatte gesetzt, danach war ein Massenbefall mit Bakterien fest-
zustellen.

Abb. 6.15 Makroaufnahmen einer adulten Fliege (**a**) der Gattung *Lucilia* sowie von Eiern (**b**),
einer Larve (**c**) und Puppen (**d**)

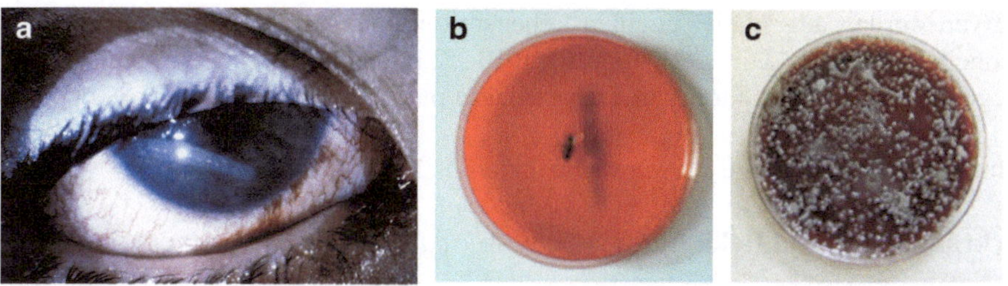

Abb. 6.16 (**a**) Auge mit Fliegenmade (Myiasis). (**b**) Bakterienbestand in einer Petrischale mit Agar bei Beginn und (**c**) 24 h nach Besatz mit einer adulten Fliege

Anwendung: Die Fliegenmaden werden auch als „Biomittel" auf nicht-heilenden Wunden eingesetzt, ihr Fressen führt aber nicht zur völligen Heilung. Steril aufgezogene Larven dienen aber auch als Ausgangsmaterial für einen Extrakt, der – als steriles Pulver aufgebracht – solche Wunden dazu bringt, sich binnen 6–8 Wochen zu schließen (Larveel®, Fa. Alpha-Biocare, Neuss), weil die offenbar multiresistenten Bakterien am entstandenen Biofilm kleben bleiben und so beim Verbandswechsel entfernt werden (Abb. 6.17a, b).

Bekämpfung. Siehe *Musca domestica.*

D. Glanzfliege (*Phormia regina*)

Fundort. Auf eiweißhaltigen Lebensmitteln, auf Blüten etc.

Auftreten. In Wohnungen einzeln ganzjährig, gehäuft in den Monaten Mai bis September.

Biologie und Merkmale. Die adulten Fliegen erreichen eine Größe von 8 mm, erscheinen bei schwachem Glanz dunkelblau bis blaugrün, sind kräftig beborstet und besitzen rote Augen, ihr Kopf ist schwarz. Die madenartigen, länglich weißen

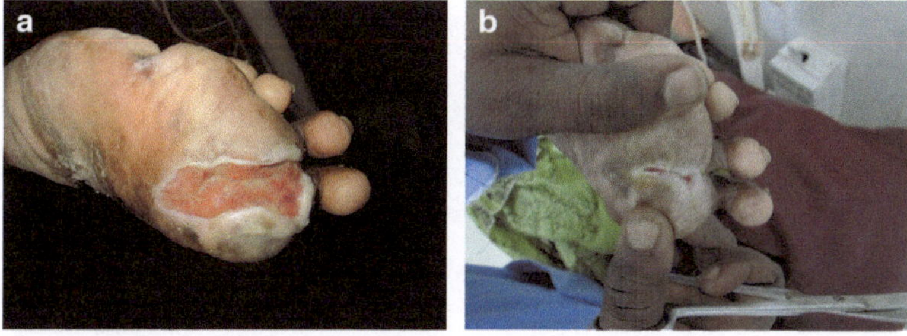

Abb. 6.17 Wunde mit Selbstheilungsprozess vor (**a**) und nach (**b**) Ansetzen von Larveel® für einige Tage

Larven werden auf relativ feuchten Lebensmitteln abgesetzt, in die sie dann sehr schnell eindringen. Die Larven werden 10–12 mm lang, verpuppen sich in der Regel im September/Oktober und überwintern in diesem Stadium.

Materialschäden. Siehe *Musca* sowie andere Schmeißfliegen.

Erkrankungen und Bekämpfung. Siehe *Musca domestica.*

6.1.3   Lausfliegen (Familie Hippoboscidae)

Bin weder Laus noch Fliege,
sehe zu, wessen Blut ich kriege.

Aus dieser eigenständigen Gruppe der cyclorraphen Fliegen (ihre Adulten schneiden beim Schlüpfen aus der Puppe kreisförmig einen Deckel ab) treten bei Haustieren und freilaufenden Tieren eine Reihe von Arten auf, die aus Stallungen bzw. Nestern in die menschliche Behausung vordringen können. Der Mensch wird dabei meist nur zufällig und eher temporär befallen. Wichtige Arten bzw. Gattungen sind in diesem Zusammenhang: *Hippobosca equina,* ♀ = 7–9 mm (Pferd), *Melophagus ovinus,* ♀ = 6–7 mm (Schaf; Abb. 6.18), *Lipoptena cervi,* 6–8 mm (Hirsch; Abb. 6.19), *Stenopteryx hirudinis,* 4–5 mm (Schwalben), *Lynchia maura,* 5–6 mm (Tauben, Hühner), *Pseudolynchia* sp. (Kanarienvögel).

Fundort. Auf der Haut, in Haaren, Fell, Federn.

Auftreten. Ganzjährig, weltweit.

Biologie und Merkmale. Die meist deutlich unter 10 mm (2,5–11,5 mm) langen Lausfliegen, deren Körper dorsoventral abgeflacht ist, sind ausgezeichnet durch krallenbewehrte Beine zum Festklammern (Abb. 6.18a, und 6.19). Die gesamte Entwicklung (jeweils mit der Geburt einer verpuppungsreifen Larve) erfolgt bei

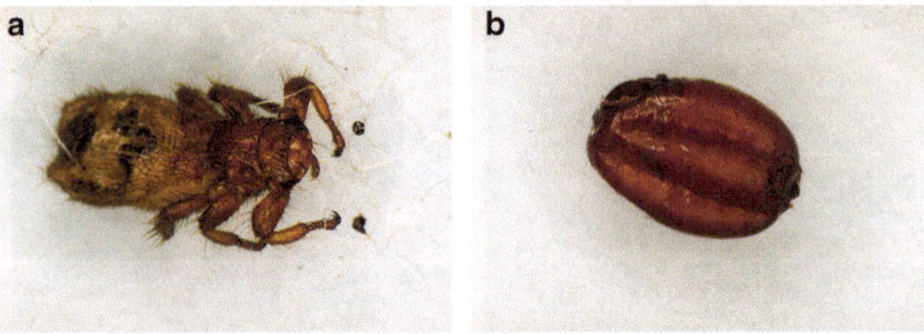

Abb. 6.18 (**a**) Makroaufnahmen einer Lausfliege *(Melophagus ovinus)* vom Schaf. (**b**) Puppe von *Melophagus ovinus*

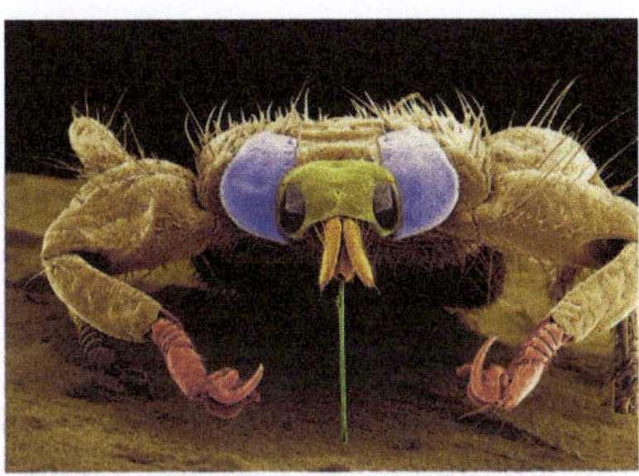

Abb. 6.19 Rasterelektronenmikroskopische Aufnahme von *Lipoptena cervi* (parasitiert beim Rotwild)

einigen Arten auf dem Wirtstier. Die in beiden Geschlechtern blutsaugenden Adulten sind artspezifisch zeitlebens geflügelt, können die Flügel abwerfen (z. B. Hirschlausfliege) oder haben keine mehr ausgebildet (z. B. Schaflausfliege). Die Übertragung erfolgt dann ausschließlich durch Körperkontakt der Wirte. Die Lebensdauer der Weibchen beträgt etwa 4–6 Monate, in denen sie 6–12 Larven produzieren.

Materialschäden. Oft entstehen große Schäden in der Wolle bzw. im Fell der Tiere, auch kommt es zu Gewichtsverlusten bei befallenen Tieren.

Erkrankungen. Bei Mensch und Tier kommt es durch Herumwandern der Lausfliegen auf der Haut zu Unruhe und Juckreiz. Der Stich ist schmerzhaft (und ähnelt dem der Biene). Auf den Menschen werden keine Erreger übertragen, es können lediglich sekundäre bakterielle Infektionen der Wunden auftreten.

Bekämpfung.

Prophylaxe. Entfernung leerer Vogelnester in Fensternähe, Anbringen von Fliegengittern, regelmäßige Kontrolle des Fells der Haustiere.

Biologische Bekämpfung. Waschungen potenziell befallener Tiere mit Mite-Stop® – einem Neem-Samen-Extrakt der Fa. Alpha-Biocare, Neuss.

Chemobekämpfung. Bei Tieren hilft die Behandlung mit Pyrethroiden (Cyhalothrin, Cyfluthrin, Deltamethrin u. a.), die auf das Fell bzw. Gefieder aufgebracht werden (vgl. Fliegen).

Gerücht: Es wird von einigen Heilpraktikern verbreitet, dass ein Tee aus getrockneten Lausfliegen hohes Fieber bei Personen senkt. Dies ist ein unbewiesenes Gerücht, wie sich viele weitere um den Nutzen von Insektenkörpern als „Medikamente" ranken und dadurch bei evtl. unterlassenen korrekten Therapien massive Schäden bei befallenen Menschen und Tieren hervorrufen können.

6.1.4   Bremsen (Familie Tabanidae)

Die sog. Bremsen (der Name leitet sich von ihrem sonoren Flugton ab) gehören zu den Fliegen (**Brachycera** von griech. *brachys* = „kurz", *cera* = „Horn", mit kurzen, 3-gliedrigen Antennen) innerhalb der Insektenordnung Diptera (Zweiflügler). Aber im Gegensatz zu den Fliegen im engeren Sinn, bei denen die Puppe von innen mit einem **kreisförmigen Schnitt** geöffnet wird, schlitzen die Bremsen beim Schlüpfen aus der Puppenhülle diese von innen **längs** auf (**orthorrhaph**). Alle Weibchen saugen Blut, während sich die Männchen von Nektar und Pollen ernähren. Die Weibchen sägen mit ihren derben Mundwerkzeugen die Haut ihrer Opfer an, was häufig schmerzhaft ist, und saugen dann den entstehenden „Blutsee" auf. Sie können dabei mechanisch viele Erreger übertragen und schädigen den Wirt (evtl. bei Massenbefall) zudem auch durch massiven Blutentzug. Bremsen stechen im Allgemeinen im Freien, wobei sie optisch durch Bewegungen des potenziellen Wirtes angelockt werden und dabei evtl. Jogger wie auch Fahrradfahrer über lange Strecken verfolgen. Die **Regenbremse** (*Haematopota*, s. u.) und auch *Tabanus*-Arten dringen aber auch in Häuser oder in offenstehende Autos und Busse vor und saugen dann dort an ihren Opfern. Die Weibchen dieser bis 3,5 cm langen Insekten *(engl. **horse flies** bzw. **deer flies**)* saugen mithilfe ihrer sägeartigen Mundwerkzeuge Blut bei Menschen und Tieren. Sie legen je nach Art 100–1000 zusammenhaftende Eier an Stängel von Uferpflanzen ab. Nach 5–7 Tagen (je nach Art) schlüpfen die Larven, die dann in den Uferschlamm einwandern und sich von organischem Material (z. B. Gattung *Chrysops*) oder räuberisch (Gattung *Tabanus*) ernähren. Nach meist 9 Häutungen verpuppt sich das letzte Stadium für 2–3 Wochen, bevor das Männchen oder Weibchen aus der Puppenhülle schlüpft. Arten der Gattung *Haematopota* befallen besonders häufig Menschen.

Wichtige Arten sind:

- ***Haematopota pluvialis*** (Regenbremse). Sie wird bis 15 mm lang und wirkt schlank mit dunkel graubrauner Färbung (Abb. 6.20). Sie ist in Deutschland die häufigste Bremse und fliegt von Mai bis Ende September.
- ***Chrysops caecutiens*** und andere *Chrysops*-Arten (sie werden „Blindbremsen" genannt, obwohl sie schön gefärbte Augen aufweisen). Sie erreichen eine

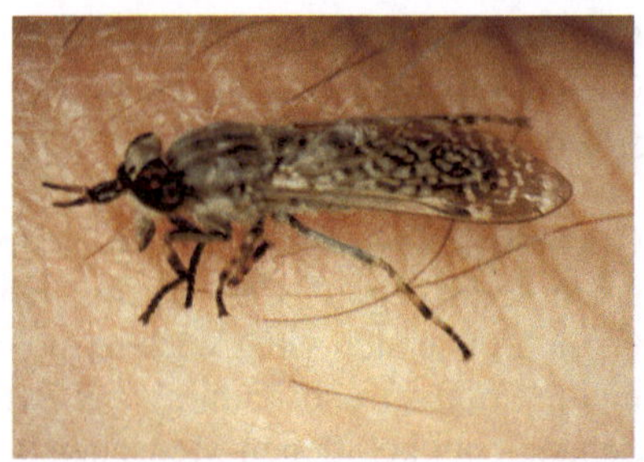

Abb. 6.20 *Haematopota pluvialis* (Regenbremse) auf der Haut

Länge von 11 mm und halten in Ruhe ihre Flügel gespreizt (Abb. 6.21). Erscheint sehr bunt.

- **Tabanus-Arten** (Rinder- bzw. Pferdebremsen). Hierbei handelt es sich um bis 3 cm große kräftige Insekten mit derben Mundwerkzeugen, deren Saugakt beim Menschen sehr schmerzhaft ist (Abb. 6.22 und 6.23).

Vorbeugung. Auftragen von Icaridin-haltigen Repellents (Viticks®, Autan®).

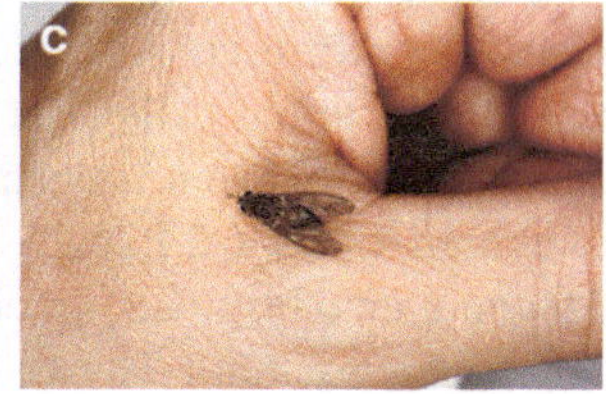

Abb. 6.21 *Chrysops* sp. von dorsal, von vorn und auf der Hand

Abb. 6.22 REM-Aufnahme des Kopfes von *Tabanus* sp. mit den großen Augen und den sägeartigen Mundwerkzeugen

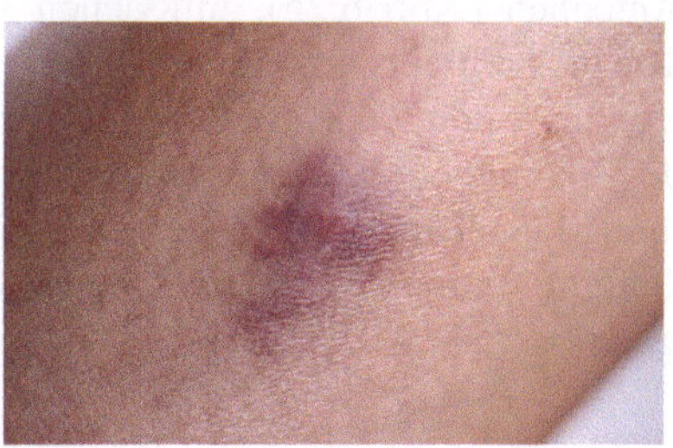

Abb. 6.23 Stichreaktion des Menschen nach einem Tabaniden-Stich

6.2   Mücken (Familie Culicidae und andere)

Sucht die Mücke im Gegenlicht,
findet sie die Vene nicht,
doch emsig sticht sie dann
das Opfer gleich noch einmal an.

Stechmücken der Familie Culicidae bzw. engl. **Moskitos** (in manchen Gebieten als **Gelsen** oder **fälschlicherweise** auch als **Schnaken** bezeichnet) sind durch lange, fadenförmige Antennen ausgezeichnet und wirken im Vergleich zu den Fliegen sehr grazil. Allen der etwa 40 in Deutschland und den über 100 in Europa vorkommenden Arten ist gemeinsam, dass sie sich vom Frühjahr bis zum Herbst vermehren (Abb. 6.24, 6.25 und 6.26). In den Tropen erfolgt die Vermehrung dagegen ganzjährig. Lediglich die Weibchen, die bei manchen Gattungen *(Culex, Anopheles)* auch im Haus überwintern, saugen für 1–3 min Blut, das sie zur Reifung der Eier benötigen. Im Anflug auf das Beutetier bzw. auf den Menschen ist ein artspezifischer heller Summ- oder Sirrton zu hören, der bei *Culex*-Weibchen bei 350 Hz und bei Männchen bei 500 Hz liegt. Männchen können die anfliegenden Weibchen hören. Dies ist sehr sinnvoll, weil die Männchen stets in Schwärmen fliegen. Die Weibchen fliegen in diesen Schwarm hinein und werden meist noch in der Luft begattet. Da die Weibchen den Flugton der Männchen nicht hören können, sind „Piepser", die den Flugton der Männchen simulieren, nicht geeignet, Menschen vor anfliegenden Weibchen zu schützen. Die angebliche Wirksamkeit dieser „Piepser" soll auf dem offenbar falschen Befund beruhen, dass sich Weibchen nur einmal begatten lassen und danach vor anfliegenden Männchen zurückschrecken. Schon vor Jahren wurde in der ZDF-Expeditionsserie „Natürlich Steffen" die Nichtwirksamkeit dieser „Piepser" im Experiment vom Autor dieses Buches den Zuschauern vorgeführt.

Die Larvalentwicklung der verschiedenen Gattungen sog. „echter" Stechmücken erfolgt stets im Wasser, und zwar meist Süßwasser. Einige Arten (z. B. *Aedes mariae)* können sich allerdings sogar in Salzwasser entwickeln und von dort aus Menschen nach dem Baden befallen und auch in Behausungen vordringen. Menschen werden generell im Haus und im Freien von Mückenweibchen gestochen, häufig artspezifisch nachts (z. B. *Culex, Anopheles)* oder am Tag *(Aedes, Simulium)*. Bei den echten Stechmücken (Culicidae) unterscheiden sich die nicht-blutsaugenden Männchen deutlich von den Weibchen. Während Letztere Antennen mit wenig Borsten aufweisen, besitzen Männchen stark buschige Antennen (Abb. 6.25), mit denen sie die Weibchen geruchlich und durch den Ton der Flügelschwingungen wahrnehmen. Die Individuen der Gattungen der Culicidae können auch an den Maxillartastern unterschieden werden. Während bei den Gattungen *Aedes* und *Culex* die Weibchen nur kurze Taster besitzen, weisen ihre Männchen lange Taster auf (oft so lang wie der Saugrüssel). Die Arten der Gattung *Anopheles* besitzen dagegen in beiden Geschlechtern stets lange Maxillartaster.

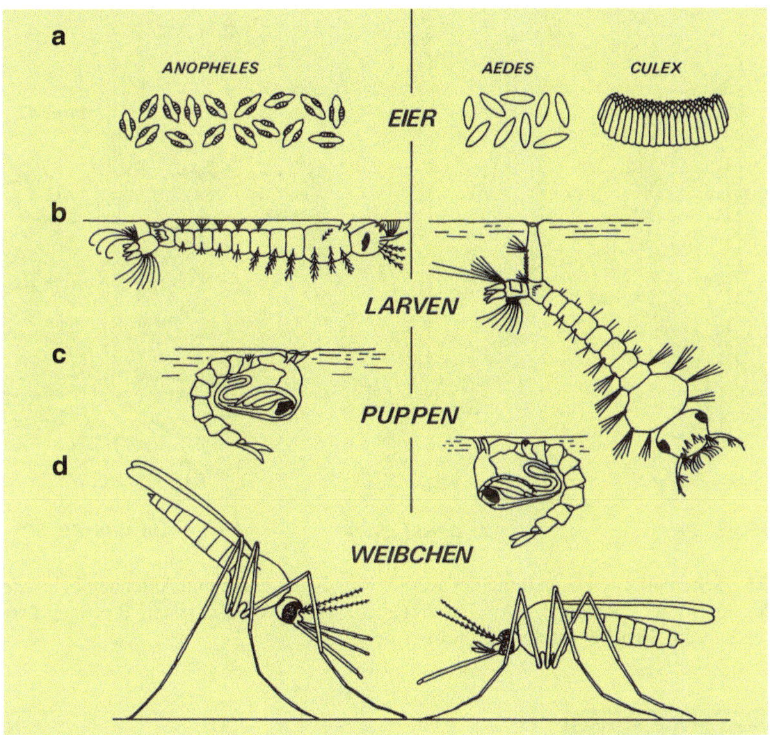

Abb. 6.24 Merkmale der wichtigsten Mückengattungen (nach Marshall 1938). (**a**) Form der Eigelege. (**b**) Larvenstellung im Wasser beim Luftholen. (**c**) Puppenstellung im Wasser beim Luftholen. (**d**) Ruhestellung der Weibchen

Auftreten. Je nach lokalen Temperaturspektren ganzjährig oder verstärkt im Sommer bzw. Herbst; die entsprechenden Arten der wichtigsten Gattungen finden sich weltweit. Begattete Weibchen überwintern unter europäischen Verhältnissen in Häusern (Keller) und fliegen ab und zu (auch) im Winter ins Schlafzimmer.

Biologie und Merkmale. Adulte, max. etwa 5 mm lange Weibchen der *Culex*-Arten spreizen beim Sitzen ihr Abdomen nicht von der Unterlage weg (Abb. 6.26a). Sie sind somit relativ klein, wirken bräunlich grau (Abdomen mit hellen Querbinden). *Culiseta*-Arten sind deutlich größer (7–9 mm), schwarzgrau mit weißen Querbinden und besitzen eine weiße Beinringelung wie auch schwarze Tupfen auf den Vorderflügeln (Abb. 6.26b, c). Die hinteren Flügel sind wie bei allen Mitgliedern der Insektenordnung Diptera (Zweiflügler) zu Schwingkölbchen (Halteren) reduziert. Nach Blutmahlzeiten (alle 2–3 Tage) legen die Weibchen mit einem Deckel versehenen Eier in verklebten Gelegen von 150–300 Exemplaren

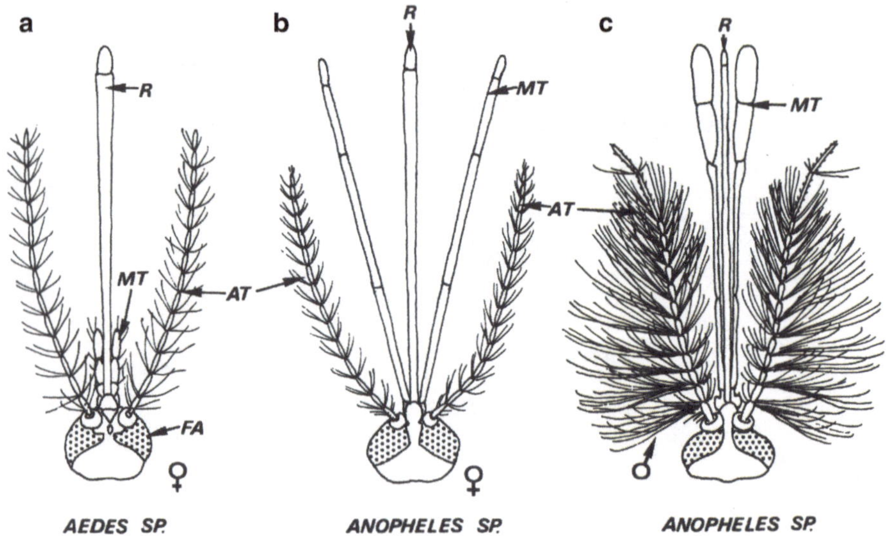

Abb. 6.25 Schematische Darstellung der Köpfe, Mundwerkzeuge und Antennen bei *Aedes*- und *Anopheles*-Arten. AT = Antenne, FA = Facettenauge, MT = Maxilliartaster, R = Saugrüssel (das Labium enthält die Speichel- und Saugröhre)

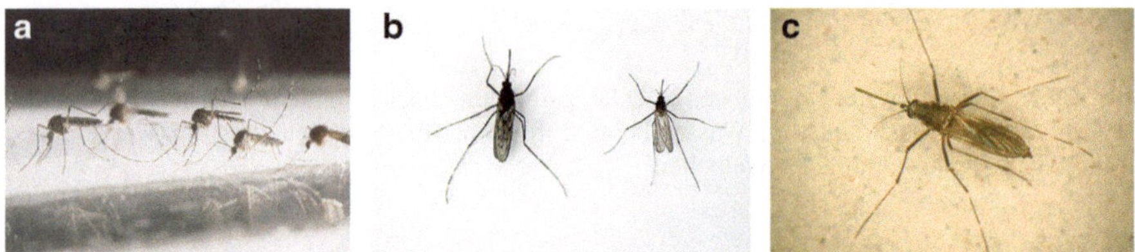

Abb. 6.26 (**a**) Makroaufnahme von *Culex*-Mücken. (**b**) Fotografische Darstellung von *Culex*- und *Culiseta*-Mücken im Größenvergleich (*Culiseta* ist deutlich größer). (**c**) Makroaufnahme einer *Culiseta*-Mücke

auf die Wasseroberfläche von verunreinigten, stehenden Gewässern ab (aber auch auf Wasser in Regentonnen, Dachrinnen, Tümpeln, Gießkannen etc.). Die Larven stellen sich beim Luftholen schräg zur Wasseroberfläche, entwickeln sich in 2–3 Wochen über 5 Larvenstadien zur beweglichen Puppe und dann wiederum in wenigen Tagen zur adulten Mücke, sodass bei warmen Temperaturen eine dichte **Generationenfolge** binnen 17–21 Tagen und ein **Massenbefall** von Behausungen auftreten können. Die Anlockung der Weibchen zum Saugakt geschieht durch Hautausdünstungen (v. a. durch enthaltenes CO_2) und erfolgt im Dunkeln. Die Mückenweibchen sind beim Saugen wählerisch, so dass z. B. von Ehepartnern einer als „Blutspender" deutlich „bevorzugt" werden kann (worüber der andere nicht unglücklich ist!). **Die Männchen dieser Arten saugen kein Blut!**

Materialschäden. Keine.

6.2.1 Hausmücken (*Culex*- und *Culiseta*-Arten)

Fundort. Tagsüber: versteckt im Haus, aber auch in der Nähe auf niedriger Vegetation; nachts anfliegend.

Erkrankungen. In Europa beruht die Schadwirkung beim Menschen vorwiegend auf den unangenehmen Stichwirkungen, insbesondere bei zahlreichen Stichen. Die Stichfolgen beruhen u. a. auf der Injektion von **Histaminen** im Mückenspeichel und deren Freisetzung aus den zur Stichwunde „eilenden" weißen Blutkörperchen. Als Stichfolgen, deren Grad auf der individuellen allergischen Reaktionen beruht, treten unmittelbar **Erytheme** und **Quaddelbildung** auf, gefolgt (nach 24 h) von einer zentralen **Papel,** die nach einigen Tagen abheilt (Abb. 6.27). In den Tropen können Stadien von Krankheitserregern wie Würmer (u. a. Filarienlarven) und eine Reihe von Arboviren (z. B. West-Nil-Virus) bei Stichen von den *Culex*-Weibchen übertragen werden. Dieser Erreger wurde auch in die USA eingeschleppt und hat sich in sehr kurzer Zeit vom Central Park in New York über das ganze Land verbreitet!

Bekämpfung/Vorbeugung:

Prophylaxe.

- Anbringen von feinmaschigen Fliegengittern vor Fenstern
- Entfernung bzw. Abdeckung von stehenden Gewässern in Hausnähe (z. B. Eimer, Regentonnen, Blumentöpfe, Dosen)
- Besatz von Tümpeln mit Fischen und Fröschen, um die Mückenbrut zu vernichten
- biologische Larvenbekämpfung im Gewässer mit *Bacillus thuringiensis*

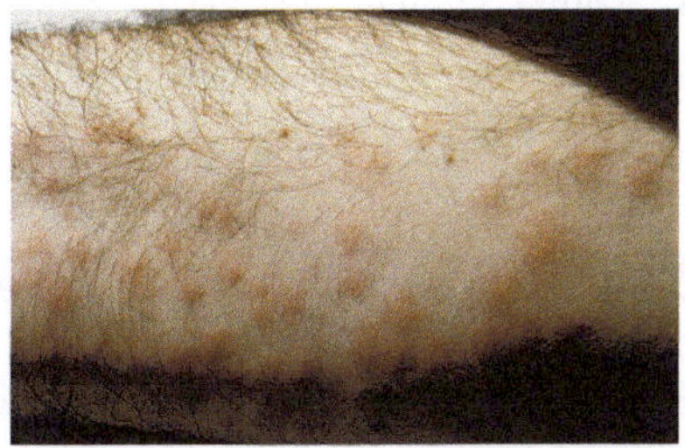

Abb. 6.27 Heftige Papelbildung durch Mückenstiche als Reaktion auf eine allergische Reaktion

- Auftragen von Repellents (z. B. Viticks®, Autan®) auf die Haut bei Aufenthalt im Freien
- Anbringen von UV-Lampen oder Elektrogeräten zum Anlocken und nachfolgender Vernichtung von saugbereiten Weibchen; allerdings wirken diese Geräte besser bei Fliegen
- Die Einnahme von Vitamin B hat beim Menschen entgegen landläufiger Meinung keinerlei Wirkung als Repellent.
- Dies gilt in noch größerem Maße für solche Geräte, die den Sirrton des männlichen Flügelschlags imitieren, um begattete Weibchen (nur solche stechen!) zu vertreiben. Aus der Gerüchteküche derartiger Anbieter stammt nämlich die in Experimenten durch nichts gedeckte Hypothese, dass das Anflugsirren begattungsbereiter Männchen bereits begattete Weibchen in die Flucht schlägt. Fakt ist, dass die Weibchen sich zwar meist nur einmal begatten lassen, sie aber derartige Töne gar nicht wahrnehmen können (Curtis 1986). Männchen allerdings können mit ihren größeren Antennen den Flügelschlag der Weibchen (~350 Hz) registrieren und werden dadurch angelockt. Dies wird z. T. genutzt, um Männchen zu fangen, sie danach zu sterilisieren und dann wieder auf unbegattete Weibchen „loszulassen" (*Sterile-male*-**Methode** der Mückenbekämpfung).
- Das Auftragen von Repellents vor dem Schlaf hilft nur in der ersten Saugperiode (22.00–24.00 Uhr), aber wirkt nicht mehr in der zweiten Saugperiode (ab 4.00 Uhr morgens). Somit ist in den Tropen das Schlafen unter einem Netz dringend angeraten (!), um Erregerübertragung zu vermeiden.

Chemobekämpfung.

- Mückenlarven können im Wasser nur unzureichend durch Ausbringung von Insektiziden bekämpft werden, da die Menge stark verdünnt wird und diese auch andere Insekten töten. Besser ist die Bekämpfung durch Einbringung von kristallinem *Bacillus thuringiensis*-Material (s. o.).
- Larven und Puppen der Mücken können durch Aufbringen von **schnell flüchtigen Ölen** auf der Wasseroberfläche bekämpft werden, weil sie Luft holen müssen, während viele andere Insektenlarven (z. B. Libellen) Kiemen besitzen, mit deren Hilfe sie an Sauerstoff gelangen (Amer-Krim und Mehlhorn 2007). Diese Bekämpfung ist aber meist nur in unmittelbarer Nähe zum Haus möglich.
- Adulte Mücken werden in Zimmern durch Versprühen bzw. Vernebelung von Insektiziden (vgl. Fliegen) abgetötet, vgl. Giftigkeitshinweise (siehe Ökotest, Stiftung Warentest).

6.2.2 Fiebermücken (*Anopheles*-Arten)

Fundort. Meist im Freien; tagsüber im Haus versteckt.

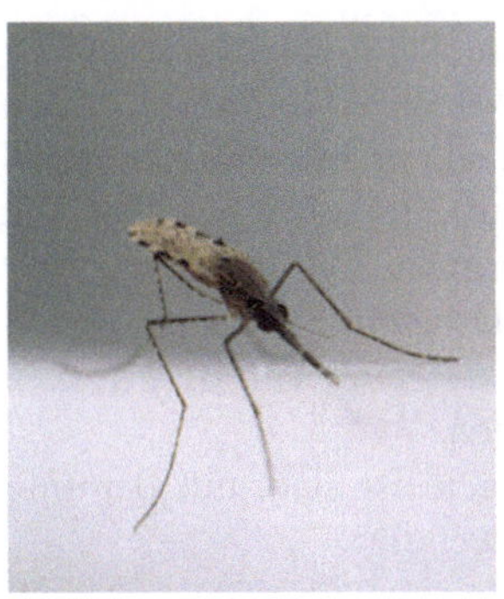

Abb. 6.28 (**a, b**) Makroaufnahmen von *Anopheles*-Weibchen

Auftreten. Sommer, Herbst; Weibchen überwintern im Haus (unter Dächern); weltweit.

Biologie und Merkmale. Diese Mücken, die in Ruhestellung das Abdomen von der Unterlage abspreizen (Abb. 6.28 und 6.29), erreichen eine Größe von 5–7 mm, erscheinen dunkelbraun und benötigen zur Larvalentwicklung relativ saubere Gewässer. Die einzeln abgesetzten Eier sind durch luftgefüllte, seitliche Schwimmkammern ausgezeichnet. Die Gesamtentwicklung dauert etwa 2–4 Wochen, sodass die Anzahl hungriger Weibchen in der Nähe eines Gewässers schnell ansteigt und diese Mücken somit zur Plage werden können – jedes der Weibchen legt immerhin bis zu 2500 Eier, die wiederum ca. 50 % blutsaugender Weibchen entlassen.

Materialschäden. Keine.

Erkrankungen. In Europa: Belästigung und Folgeerscheinungen (Papelbildung: Abb. 6.27) durch Stiche (vgl. *Culex*), allerdings: Vieh wird von dieser Art vorgezogen. **In tropischen und subtropischen Gebieten** werden die Erreger der Malaria, Wurmlarven sowie zahlreiche Arboviren übertragen. Einige der in Mitteleuropa lebenden *Anopheles*-Arten können auch hier die Malaria-Erreger über-

Abb. 6.29 REM-Aufnahme eines Weibchens von *Anopheles stephensi* (eines Malaria-Vektors) in Flugstellung

tragen (z. B. *Anopheles plumbeus*), was in früheren Jahrhunderten immer wieder zu Malaria-Ausbrüchen geführt hat. So „holte" sich der berühmte Maler Albrecht Dürer (1471–1528) seine Malaria in Amsterdam, als er beim damaligen Kaiser Maximilian I. um finanzielle Unterstützung (Aufträge) ersuchte. Die Malaria brach aber erst nach seiner Rückkehr nach Nürnberg aus. Das Ruhrgebiet in Westdeutschland war nach dem 1. und 2. Weltkrieg Malariagebiet, weil aus den Tropen rückkehrende Soldaten wie auch italienische Gastarbeiter (in Bergwerken) die Erreger aus endemischen Gebieten dort einschleppten.

Bei Reisen in subtropische und tropische Gebiete ist stets mit der Infektion durch Malaria-Erreger zu rechnen. Daher ist es notwendig:

- Anti-Malaria-Mittel mitzuführen,
- Repellents auf freie Hautbereiche zu sprühen (z. B. Autan®, Viticks®; in Apotheken erhältlich),
- in hochendemischen Malariagebieten unter Bettnetzen zu schlafen.

Die Malaria-Prophylaxe-Mittel (Atovaquone/Proguanil, Doxycyclin, Mefloquin, Artemether/Lumefantrin) sind verschreibungspflichtig und auch länderspezifisch anzuwenden (Rothe et al. 2019).

Bekämpfung. Siehe *Culex*-Arten (Abschn. 6.1.2).

6.2.3 Stechmücken in Hausnähe

Neben den **Haus-** (Abschn. 6.1.2) und **Fiebermücken** (Abschn. 6.1.3) können der Mensch und seine Haustiere in ländlichen Gebieten noch von den Vertretern folgender Mückengattungen gestochen werden:

Wald- und Wiesenmücken (Gattung *Aedes* syn. *Stegomyia*)
Diese maximal etwa 5 mm langen, lateral grauweiß gestreiften Arten überwintern in den Eiern, die an Land in Mulden abgelegt werden, welche im Frühjahr überflutet werden (Abb. 6.30 und 6.31). Es tritt in Deutschland meist nur eine Generation (selten zwei) im Jahr auf, deren Individuen aber bis in den Herbst hinein (meist in Auwäldern) auch wegen ihrer Stechfreude und Wanderflüge zur

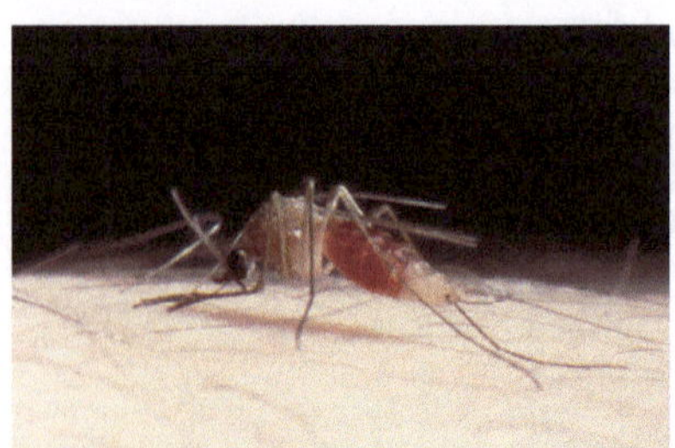

Abb. 6.30 Weibchen von *Aedes aegypti* beim Saugakt

Abb. 6.31 Adultes
Weibchen von *Aedes
albopictus* (Tigermücke)

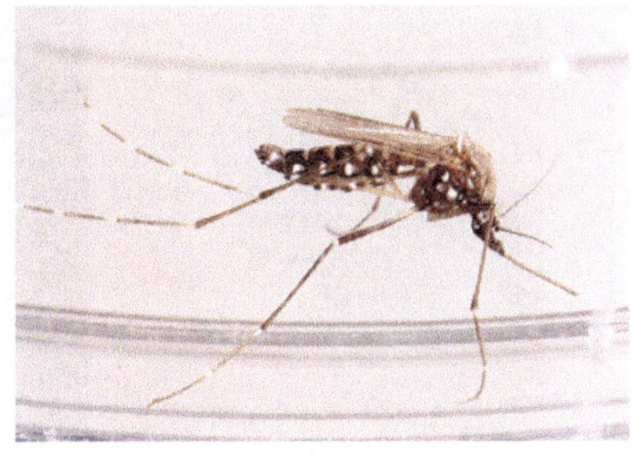

Plage werden können (z. B. *Aedes vexans*). Manche Arten (z. B. *A. mariae*) entwickeln sich in der Spritzwasserzone des Mittelmeers und werden in Küstennähe dann extrem lästig. *Aedes*-Mücken stechen tagsüber und in der Dämmerung und können beim Saugakt in den Tropen Viren (Gelbfieber, Dengue-Fieber, Hirnhautentzündung) wie auch Fadenwürmer (Filarien) auf den Menschen übertragen. Mittlerweile sind mit *Aedes albopictus* (Tigermücke; Abb. 6.31) und mit *A. japonicus* (Buschmücke) die Überträger des Dengue-Fiebers und der Japanischen Encephalitis in Deutschland heimisch. Sie wurden durch den Welthandel offenbar in Containern eingeschleppt. Allerdings wurden offenbar bisher nur wenige Erreger durch sie in Deutschland verbreitet. Die allermeisten „Tropen"-Infektionen, die in Deutschland auftraten, (z. B. von Chikungunya, Gelbfieber, Zika-Virosen) hatten ihren Infektionszeitpunkt eindeutig im Ausland.

Kriebelmücken (Gattungen *Simulium, Odagmia,* Wilhelmia)
Die Weibchen der nur etwa 2,5–4,5 mm großen, schwarzen, gedrungen wirkenden Arten dieser Gattungen (Abb. 6.32) saugen tagsüber für etwa 4–6 min Blut (sehr schmerzhafter Stich wegen ihrer sägeartiger Mundwerkzeuge). Die Larvalentwicklung findet weltweit in schnell fließenden Gewässern statt. Die Weibchen legen bis 250 Eier an Pflanzen. Schon nach 4 h schlüpfen die Larven, die sich – an Pflanzen angeheftet –als „Filtrierer" von organischen Partikeln im Wasser ernähren und sich nach 5 Häutungen binnen 5 Tagen (temperaturabhängig) zu Puppen (mit Gehäuse) umwandeln. Etwa 4 Tage später schlüpfen dann die Adulten. Somit ist die gesamte Larvalentwicklung mit nur etwa 9–10 Tagen extrem kurz. Sie läuft in den Tropen ganzjährig ab und führt oft zu gigantischen Massen von blutsaugenden Weibchen. Als wichtige Arten gelten innerhalb der noch weitgehend ungeklärten Simuliidensystematik von insgesamt 1770 Arten die folgenden Beispiele, von denen manche zum Teil zu sog. Artenkomplexen zusammengefasst werden.

- *Simulium (Wilhelmia) equina* bevorzugt die Ohren von Pferden in Europa
- *Boophthora (Simulium) erythrocephala,* bevorzugt die Bauchhaut von Rindern in Europa
- *Melusina columbaczense* (u. a. Balkan, Afrika)
- *Simulium damnosum* (u. a. Onchocercose-Überträger in Afrika)

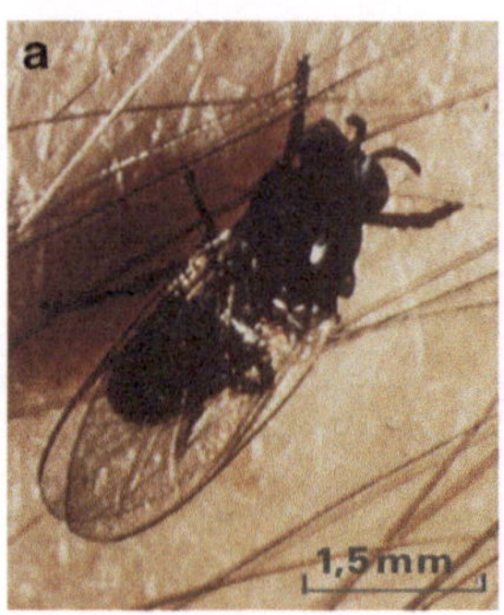 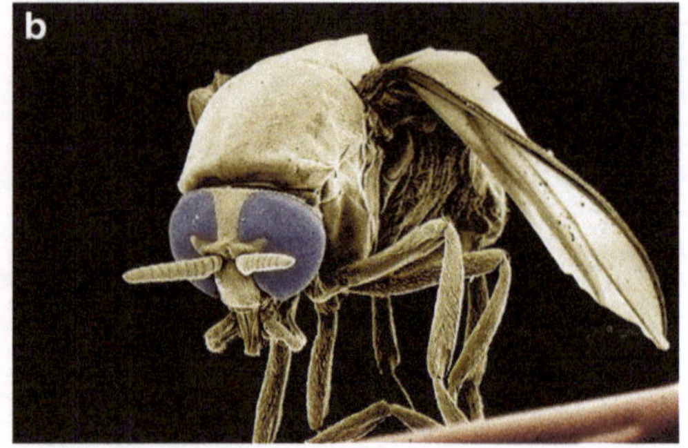

Abb. 6.32 Makro- und rasterelektronenmikroskopische Aufnahmen von Kriebelmücken (Gattung. *Simulium*). (**a**) Kriebelmückenweibchen auf der menschlichen Haut von dorsal. Sie erscheinen schwarz und werden daher im Englischen als *„black flies"* bezeichnet. (**b**) Seitenansicht eines Weibchens (REM-Aufnahme)

- *Simulium maculatum* (Russland)
- *Simulium indicum* (Indien)
- *Simulium amazonicum* (Südamerika)
- *Austrosimulium pestilens* (Australien)
- *Prosimulium mixtum* (USA, Kanada)
- *Simulium arakawae* (Japan)
- *Simulium ochraceum* (Mexiko)

Wenngleich Tiere als Wirte bevorzugt werden, saugen Kriebelmücken auch oft und heftig beim Menschen, sofern diese nicht durch ein auf Icaridin beruhendes Repellent (z. B. Viticks®) geschützt werden.

Die oft streng lokalisierten Stichstellen zeigen typische bläuliche Hämorrhagien (Abb. 6.33). Der Speichel enthält stark allergenisierende Komponenten, die bei zahlreichen Stichen zum anaphylaktischen Schock führen können. In tropischen Gebieten übertragen diese Blutsauger als Zwischenwirte die Larven wichtiger Filarien (Nematoden) des Menschen und der Tiere (z. B. die Erreger der Onchocercose). Die Männchen haben im Gegensatz zu den Weibchen zweigeteilte Facettenaugen mit großen und kleinen Einzelaugen (Ommatidien).

Gnitzen (Ceratopogoniden)

Die extrem kleinen Arten der Gnitzen (engl. *biting midges;* 0,8–3 mm) entwickeln sich zum Adultus über 4–5 Larven und ein Puppenstadium in feuchten Böden, in wassergefüllten Blattachseln, aber auch im Sumpf, in brackigen Gewässern. Sie sind durch eine fleckenfarbige Zeichnung auf den in Ruhe flach anliegenden Flügeln charakterisiert. Die meisten Gattungen saugen in der Dämmerung oder nachts (z. B. *Culicoides obsoletus*; Abb. 6.34), einige *(Leptoconops)* aber auch tagsüber. Ihr Stich verursacht durch den eingebrachten Speichel ein unangenehmes Brennen. Bei massivem Auftreten (z. B. in der Tundra, in Finnland, aber auch in

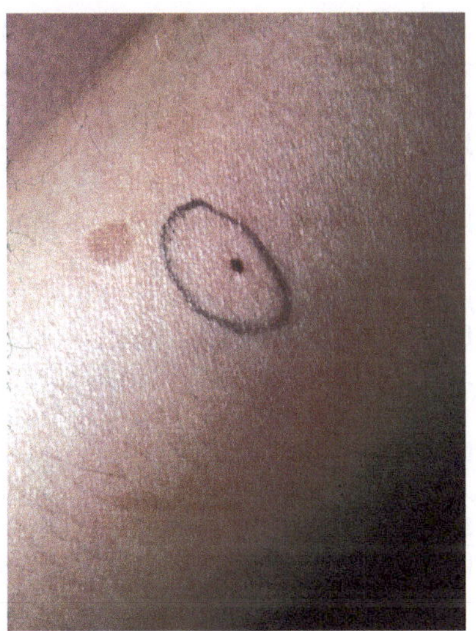

Abb. 6.33 Typisches Stichbild (blutunterlaufener Kanal) einer Kriebelmücke aufgrund der sägeartigen Mundwerkzeuge

Nähe von hiesigen Ställen und Pferdeweiden) werden sie oft zur Plage. Sie treten häufig in Schwärmen/Massen von 10.000 Tieren pro Kubikmeter auf und sind dann extrem lästig. In tropischen, neuerdings aber auch in europäischen Gebieten übertragen sie zahlreiche Viren auf die Haustiere (z. B. das Blauzungen-Virus, das 2006–2009 eine Seuche bei Rindern in Europa auslöste und sich auch aktuell (2019/2020 wieder in Europa „gemeldet" hat)).

6.2.4   Latrinenfliegen *(Psychoda)*

Fundort. In Toilettenräumen, Latrinen, im Freien oft in Hausnähe, an Müllplätzen.

Auftreten. In warmen Gebieten: ganzjährig; Europa: Sommer und Herbst.

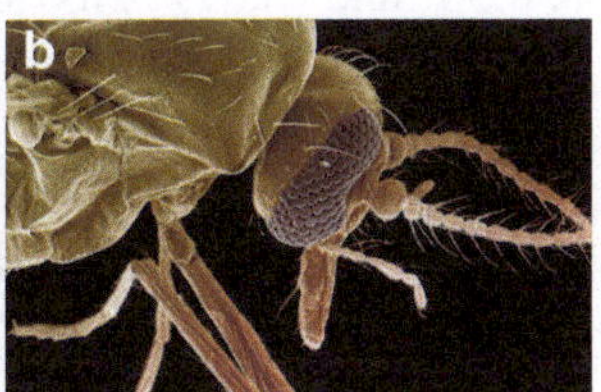
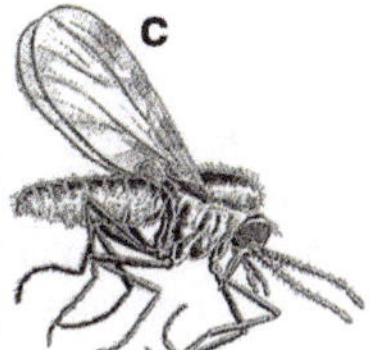

Abb. 6.34 Lichtmikroskopische (**a**) und REM-Aufnahme (**b**) eines Weibchens einer Gnitzenart in Deutschland *(Culicoides obsoletus)*. (**c**) Schematische Darstellung eines Weibchens von *Culicoides obsoletus*

Biologie und Merkmale. Die Körper und Flügel der Adulten (1–5 mm) sind stark behaart. Sie tragen die selbst entlang der Adern stark behaarten Flügel (Abb. 6.35) in Ruhelage dachförmig gefaltet (wie Schmetterlinge) und saugen **kein Blut.** Ihre Entwicklung über vier Larvenstadien findet in Detritus und Kot (u. a. in Kläranlagen) statt. Aber auch Gullys oder länger nicht benutzte Waschbecken dienen zur Larvalentwicklung und als Lebensraum der freien Puppen. Die adulten Fliegen, z. B. die Adulten der sog. Tropfkörperfliegen (Arten *Psychoda phalaenoides, P. alternata*) finden sich dann oft in Massen an den Fensterscheiben. Die Überwinterung in Europa erfolgt häufig als Adultus, nachdem im Frühjahr mehrere Generationen ausgebildet worden sind.

Materialschäden. Keine.

Erkrankungen. Keimübertragung auf herumstehende Nahrungsmittel. Daneben kommt es in relativ seltenen Fällen auch zu einer **Myiasis**, wenn Eier von den Weibchen an Öffnungen des humanen Genitalsystems abgelegt haben (z. B. bei längerer Benutzung ungepflegter Toiletten) und die Larven in diesem Bereich bis zur Verpuppung heranwachsen.

Bekämpfung. Siehe *Musca domestica* (Abschn. 6.1.1) und *Culex*-Arten (Abschn. 6.1.2).

6.2.5 Sandmücken (Phlebotomidae)

Fundort. In warmen Urlaubsländern auf der Terrasse, im Freien in Hausnähe.

Auftreten. Diese Arten treten in Europa entlang der Mittelmeerküsten oder in tropischen Gebieten ganzjährig auf; in Deutschland finden sich wegen der relativ niedrigen Temperatur z. B. *Phlebotomus mascittii*-Stadien lediglich fokal in Tunnels bzw. in von außen zugänglichen Bergwerkstollen.

Biologie und Merkmale. Die 3 mm großen Individuen (u. a. Gattungen *Phlebotomus, Lutzomyia*) sind stark behaart (auch an den in Ruhe „engelartig" getragenen Flügeln, Abb. 6.36 und 6.37). Als Brutplätze dienen Erdhöhlen,

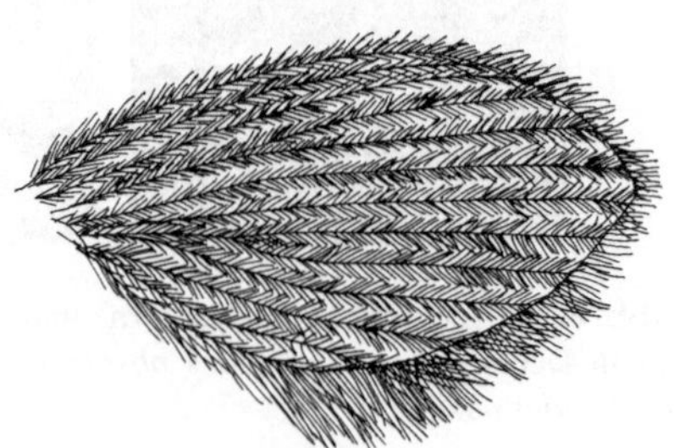

Abb. 6.35 Schematische Darstellung eines Flügels einer *Psychoda*-Art mit der typischen starken Behaarung

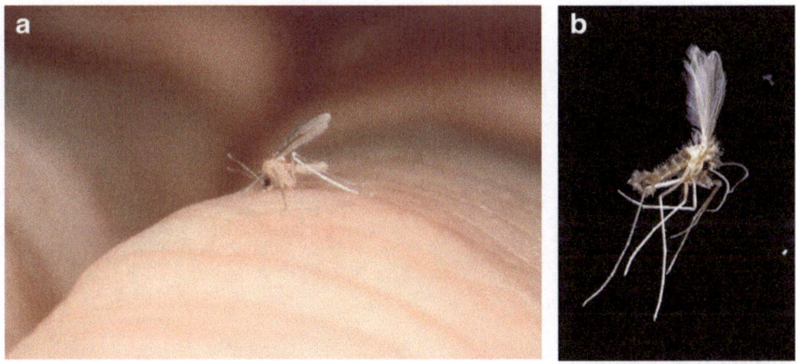

Abb. 6.36 Adulte Stadien von *Phlebotomus perniciosus* auf der Haut (**a**) bzw. im Flug (**b**)

Schutthaufen, Höhlen von Nagern etc. Als Nahrung nehmen die Larven Detritus auf (z. B. Insektenreste, Kot). Bei warmen Temperaturen von 28 °C dauert die Generationenfolge etwa 50 Tage. Nur die Weibchen saugen abends und nachts Blut an dünnen Hautbereichen (Gesicht, Nacken, Knöcheln, Extremitäten) ihrer warmblütigen Wirte (u. a. Mensch, Ratten). Nach jeder Blutmahlzeit und einer Kopulation legen die Weibchen 30–50 Eier in feuchte, lockere Erde ab. Nach 6–12 Tagen schlüpft die Larve, die sich über nach 4 Häutungen verpuppt. Je nach Temperatur schlüpft binnen 6–14 Tagen in feuchten Nächten das adulte Weibchen bzw. Männchen aus dem Puppenkokon. Diese paaren sich, leben aber meist nur sehr kurz (~ 14 Tage). Wichtige Arten sind: *P. papatasii, P. perniciosus;* in Deutschland wandert aktuell gerade u. a. *P. mascittii* ein.

Abb. 6.37 Schematisch Darstellung der Adulten einer *Phlebotomus*-Art

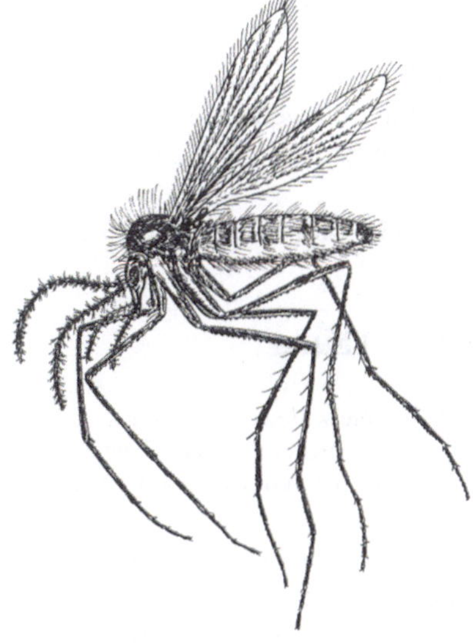

Abb. 6.38 Makroaufnahme
einer typischen *Leishmania*-
Hautläsion nach Übertragung
durch adulte *Phlebotomus*-
Sandmücken

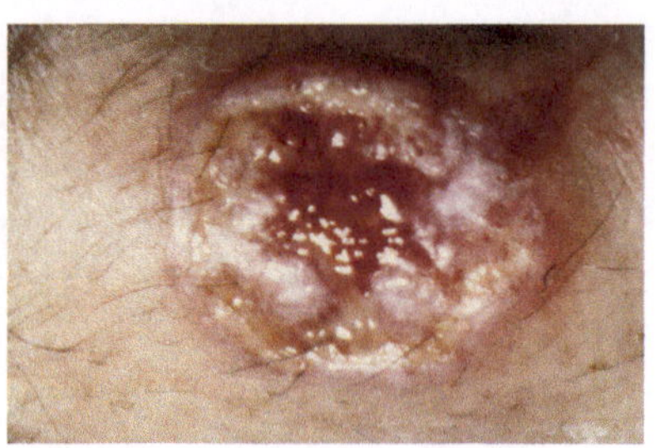

Materialschäden. Keine.

Erkrankungen. Beim lange (3 Tage) juckenden Stich können auch in
Südeuropa (u. a. Balearen) die Erreger der Haut- und gelegentlich der
Eingeweide-Leishmaniosen *(Leishmania donovani, L. infantum, L. tropica)*
übertragen werden. An der Stichstelle können bei den **Haut-Leishmaniosen**
ungewöhnlich große Hautläsionen entstehen (Abb. 6.38). Insbesondere in Bürger-
kriegsländern (z. B. Syrien) haben sich die Befallszahlen beim Menschen ver-
vielfacht (Al-Salem WS, Pigott DM, Subramaniam K et al. 2016, Emerg Infect
Dis 22;931–933). Die Eingeweide-Leishmaniose (siehe *L. donovani,* Seite xx)
ist lebensbedrohlich für Mensch und Hund und erfordert unbedingt ärztliche
Behandlung. *P. papatasii* überträgt zudem u. a. die Viren des Drei-Tage-Fiebers
(Papataci-Fieber).

Chemotherapie: Bei Bakterien- bzw. Parasitenbefall helfen Amphotericin B,
Metronidazol, Diamidine, Antimon-Präparate.

Bekämpfung.

Prophylaxe. Auftragen von Repellentien auf die Haut (z. B. Viticks®, Autan®) zur
Abwehr anfliegender Mückenweibchen im Freien; Anbringen von dünnmaschigen
Fliegengittern an den Fenstern.

Chemobekämpfung. Siehe *Musca domestica* (Abschn. 6.1.1).

6.3   Läuse

Selbst die willensstärkste Laus
   hält's nicht auf einem Glatzkopf aus,
      denn das zum Klammern nötige Haar gab auf.

In menschlichen Behausungen (beim Menschen selbst) können sowohl blutsaugende Formen (**Anoplura:** Saugläuse) als auch Beißläuse (**Mallophaga:** Haarlinge, Federlinge) auftreten. Die Läuse haben als gemeinsame Merkmale:

- Sie sind als Adulte wie auch Larven stets ungeflügelt (Abb. 6.39, 6.40, 6.41, 6.42, 6.43, 6.44, 6.45 und 6.46).
- Ihre Entwicklung verläuft kontinuierlich (ohne Puppe) über Larvenstadien (Nymphen) (Abb. 6.43).
- Ihre Augen bestehen lediglich aus Punktaugen (keine Komplexaugen) oder sie fehlen völlig (bei Tierläusen) (Abb. 6.40 und 6.44).
- Ihre Beine sind mit Klammereinrichtungen versehen (Abb. 6.42), die je nach Art ein Festhalten an der Kopf-, Körper-, Schambehaarung sowie an Augenwimpern ermöglichen.

Die meist sehr wirtsspezifischen Vertreter der Läusegruppen **Anoplura** und **Mallophaga** unterscheiden sich deutlich. Der Kopf der Anoplura ist nämlich deutlich schmaler als der Thorax (Abb. 6.46b und 6.48). Beide Laustypen weisen jedoch stets einen dorsoventral abgeflachten Körper auf.

6.3.1 Anoplura

Bei den Anoplura (griech. *anoplos* = „unbewaffnet", *ura* = „Schwanz") handelt es sich um die dorsoventral abgeflachten Kleider-, Kopf- und Filzläuse.

Kleider- und Kopflaus *(Pediculus humanus corporis, P. humanus capitis)*
Fundort. Kopfhaare (Kopflaus *Pediculus humanus capitis*) bzw. Kleidung, Körper (Kleiderlaus).

Auftreten. Ganzjährig, weltweit.

Biologie und Merkmale. Die Adulten dieser beiden Unterarten der Läuse werden etwa 3 mm bzw. 4 mm lang. Charakteristisch sind die Klammerbeine (Abb. 6.42)

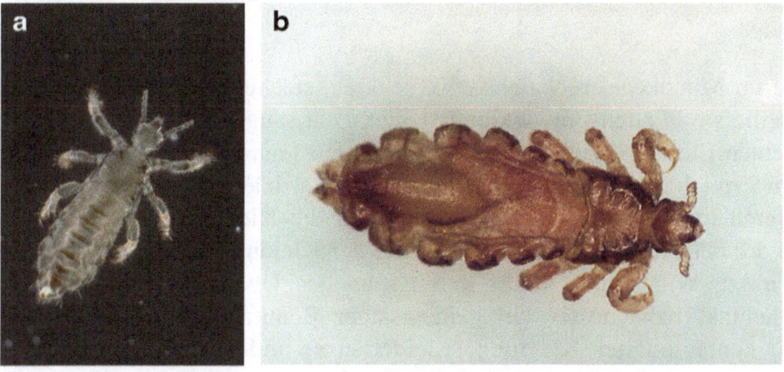

Abb. 6.39 (a) Makroaufnahme einer Kopflaus *(Pediculus humanus capitis)* im Durchlicht. (b) Makroaufnahme eines Kopflausweibchens mit durchgedrücktem Ei im Uterus

Abb. 6.40 REM-Aufnahme
eines Kleiderlausweibchens
(*Pediculus humanus corporis*)
mit Eiern, die an die Kleidung
festgeheftet sind

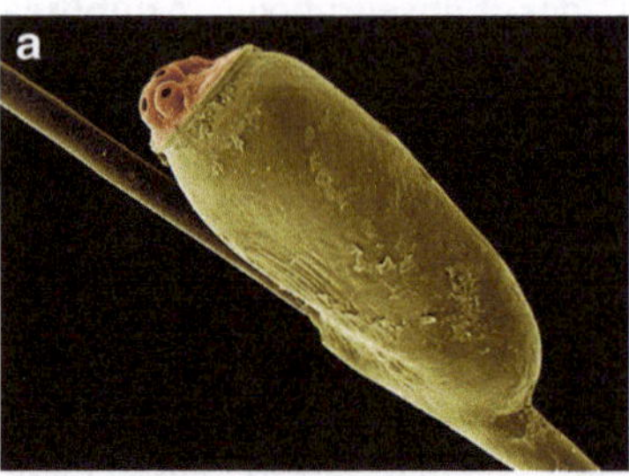

Abb. 6.41 (**a**) REM-Aufnahme einer Nisse der Kopflaus (am Haar). (**b**) Drei leere, daher weiß
erscheinende Nissen an einem Haar

Abb. 6.42 REM-
Aufnahme des „Griffs" der
Klammerbeine einer Kopflaus
sowie eines Eies (der Deckel,
das sog. Operculum, wurde
von der schlüpfenden Larve
weggesprengt)

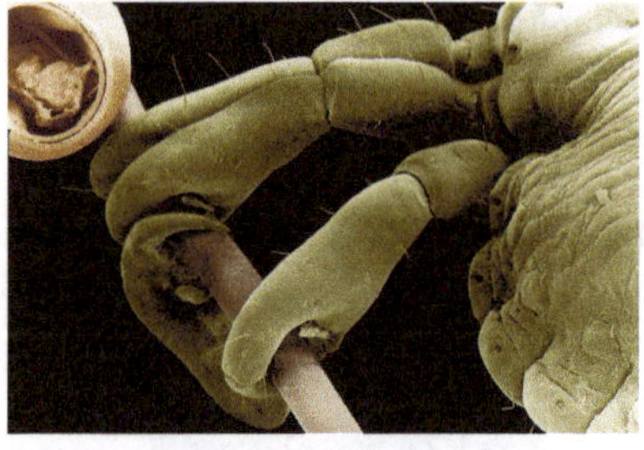

und die im Mundkegel rückziehbar versenkten, stechenden Mundwerkzeuge, mit
deren Hilfe sie in allen Entwicklungsstadien Blut saugen. Aus den an den Haaren
angeklebten Eiern (Nissen; Abb. 6.41) schlüpfen Larven (engl. *nymphs*), die sich
bis zum Erreichen des adulten Stadiums zweimal häuten (Abb. 6.43). Kopfläuse
parasitieren im Bereich des Kopfes, während die Kleiderläuse auf dem Körper
oder in der dem Körper zugewandten Seite der Kleidung sitzen. Die Übertragung
von Wirt zu Wirt erfolgt aktiv, durch schnelles Überkriechen bei Haar- bzw.
Körperkontakt bzw. passiv bei gemeinsamer Benutzung von (mit Eiern bzw.
Larven) kontaminierter Kleidung (Kleiderläuse) und von Kämmen (Kopflaus).
Die Entwicklungsdauer beträgt bei der Kopflaus etwa 17 Tage, bei der Kleiderlaus etwa 21 Tage (Abb. 6.39 und 6.43). Die Lebensdauer der Adulten ist mit
meist weniger als 4 Wochen (20–30 Tage) sehr kurz, aber von hoher Produktivität

Abb. 6.43 Schematische Darstellung der Stadien der Kopflaus. Die hier (als Bild) fehlende Larve 3 ist fast so groß wie das Adultstadium

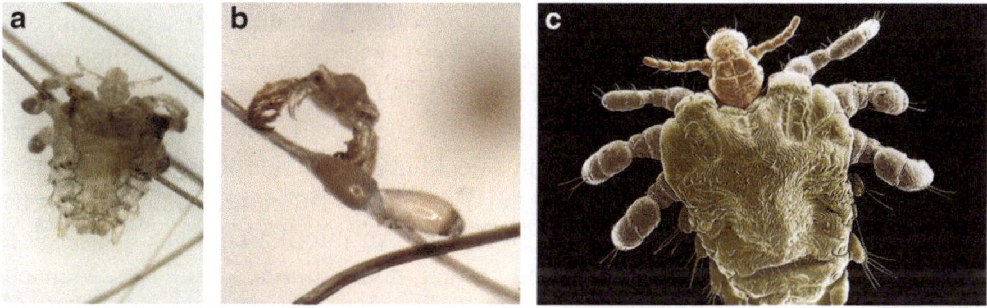

Abb. 6.44 *Phthirus pubis:* (**a**) Makroaufnahme einer adulten Filzlaus. (**b**) Adultus und Nisse an einem Schamhaar. (**c**) Rasterelektronenmikroskopische Aufnahme einer Filzlaus

Abb. 6.45 Eier (Nissen) und Larven der Filzlaus an den Augenwimpern einer Frau

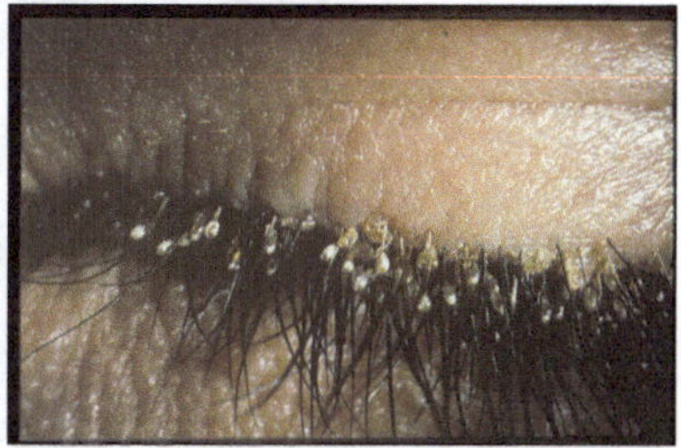

geprägt: Weibchen legen im Durchschnitt täglich 3–4 (oft aber auch bis zu 9) der 1 mm großen Eier. Die **Kopflaus** kann maximal zwei Tage hungern (meist sterben sie jedoch binnen weniger Stunden). Die **Kleiderlaus** überlebt bei niedrigen Temperaturen jedoch oft bis zu 10 Tage ohne Nahrung, sodass eine Übertragung von erregerhaltigen Läusen per abgelegter, gemeinsam benutzter Kleidung oder Betten sehr erfolgreich sein kann. Ein Läusebefall ist am leichtesten durch den Nachweis von Eiern an den Haaren bzw. Kleidern nachzuweisen Als **Kuriosum** ist zu vermerken, dass u. a. in der Goethe-Zeit (und auch heute noch in manchen Ländern) stark verlauste Herren als besonders sexuell potent galten, weil die Läuse angeblich die schlechten Säfte „absaugen". Auch wurde die **„Laus im Pelz"** sprichwörtlich berühmt und steht für **„Schmarotzertum"** ganz allgemein. Das sog. **„Lausen"** ist dagegen ein wichtiges gruppendynamisches Verhalten bei Affen und besteht aus dem gegenseitigen „Ablesen" aller Eindringlinge ins Fell. Manche Läuse sind sehr wirtsspezifisch, d. h. die Läuse des Menschen finden sich nur bei ihm, während die **Schweineläuse** für eine kurze Zeit auch den Menschen befallen können (Abb. 6.46).

Materialschäden. Keine.

Erkrankungen. Kopflausbefall bewirkt starken Juckreiz und so kommt es nachfolgend oft zu großflächigen, nässenden Ekzemen (infolge von Sekundär-infektionen nach Kratzen) wie auch zu begleitenden Lymphknotenschwellungen. Der Stich der **Kleiderlaus** führt zu einem zunächst hellroten, dann bläulich roten Punkt, der stark juckt und erst nach etwa 3–8 Tagen verschwindet. Während die Kopflaus nur selten Erreger überträgt, ist die Kleiderlaus entscheidend an der Verbreitung von Rickettsien (Läusefleckfieber, Flecktyphus), Spirochäten (Europäisches Rückfallfieber) und anderer Bakterien (Tularämie, Salmonellosen) beteiligt, was in der Ära vor der Verbreitung der Antibiotika zu Tausenden Toten (noch im 2. Weltkrieg) geführt hat und immer noch führen kann. Der Mensch

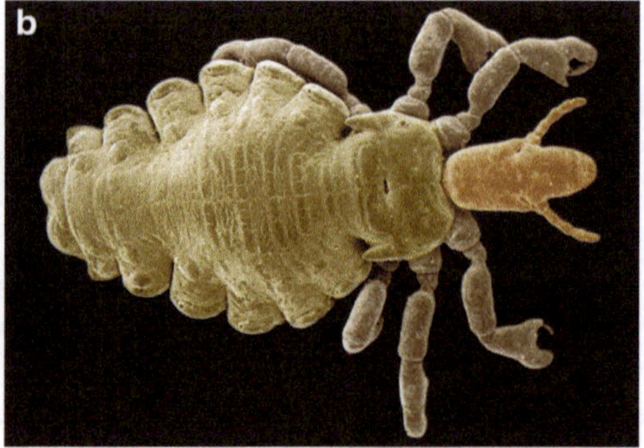

Abb. 6.46 (a) LM-Aufnahme von zwei Schweineläusen *(Haematopinus suis)*. (b) REM-Aufnahme einer Schweinelaus

infiziert sich mit den genannten Krankheitserregern zudem u. a. auch durch Einatmen bzw. Einreiben von erregerhaltigem Läusekot in Stichwunden.

Bekämpfung.

Prophylaxe gegen Kopfläuse. Keine gemeinsamen Kämme, Bürsten etc. benutzen. Verwendung von Repellents, die auf die Oberfläche der Haare gesprüht werden. Es ist aber **nicht notwendig,** die Schlafanzüge, Bettwäsche oder Spielsachen täglich zu waschen!

Prophylaxe gegen Kleiderläuse. In Gemeinschaftsunterkünften keine gemeinsamen Kleidungsstücke, Handtücher etc. benutzen; Bettwäsche in kurzen Abständen wechseln.

Maßnahmen bei Befall von Kindern mit Kopfläusen in Schulen und Kindergärten.

Gesetzlich verpflichtend sind:

- Information des Gesundheitsamtes und der betroffenen Elternschaft (Spielkameraden der Kinder)
- Mitbehandlung aller Kontaktpersonen planen und durchführen
- Auftragen von gut verträglichen und wirksamen Mitteln (z. B. Licener®: wirkt durch Erstickung der Läuse und nicht durch chemische Wirkung auf die Läuse), **Achtung:** Mittel mit Alkohol und/oder Siliconöl (Di- und Cyclomethicone) sind auf Haaren leicht und z. T. hoch entflammbar) (Tab. 6.2).
- Entfernung der Nissen mit einem sog. Essigkamm (Eintauchen in 1:1 verdünnten Essig), bei dem die Zinken sehr eng nebeneinander stehen
- Wiederholung der Antilausbehandlung nach 8–10 Tagen, da bei einigen Produkten die Embryonen in versteckten Nissen nicht abgetötet worden sein könnten oder eine Neuinfektion von unbehandelten Personen aus erfolgt ist
- Das in den Literaturhinweisen genannte Buch *Läusealarm* von Birgit und Heinz Mehlhorn beschreibt alle notwendigen begleitenden Maßnahmen (bei Fa. Alpha-Biocare GmbH, Neuss erhältlich)

Achtung: Bei einigen Produktgruppen sind bereits – länderspezifisch – Resistenzen aufgetreten.

Maßnahmen bei Auftreten von Kleiderläusen.

- Gesundheitsamt sofort informieren, Kontaktpersonen untersuchen und evtl. Infektionen behandeln
- Kleidung, Handtücher und Bettzeug desinfizieren:

Tab. 6.2 Beispiele von Wirkstoffen und ihres Einsatzes gegen Kopfläuse (nach Herstellerangaben)

Wirkstoff	Verwendung	Schwangerschaft, Stillzeit	Präparatebeispiele	Anmerkungen
Pyrethrum-Blütenextrakt	Auftragen auf trockenes Haar, 30–45 min einwirken lassen	Nur nach Arztrücksprache	Goldgeist® forte	GKV-Erstattung bis 12 Jahre (bei Entwicklungsstörung bis 18 Jahre)
Dimeticon	Auftragen auf trockenes Haar, nach 15 min mit Shampoo auswaschen	Ja	Hedrin® once Liquid Gel, -Spray; Gel: Jacutin® Pedicul Fluid; Nyda® express Pumplösung; Linicin® Lotion; EtoPril® Lösung	Bei Kindern ab 6 Monaten anwendbar, nur H. Gel erstattungsfähig, bei Nyda® express Haare vor dem Waschen auskämmen
Permethrin	Auf gewaschenes, feuchtes Haar auftragen, nach 30–45 min mit Wasser ausspülen, Haare 3 Tage nicht waschen	Hersteller rät ab	Infectopedicul®	Bei Kindern ab 2 Monaten anwendbar; GKV-Erstattung bis 12 Jahre (bei Entwicklungsstörung bis 18 Jahre)
Allethrin	Auftragen auf trockenes Haar, nach 30 min. mit Shampoo auswaschen.	Nein!	Jacutin® Pedicul Spray	GKV-Erstattung bis 12 Jahre (bei Entwicklungsstörung bis 18 Jahre)
Neem-Extrakt in Shampoo[a]	Auftragen auf trockenes Haar, nach 10 min auswaschen mit Wasser; wirkt auf Eier!	Hersteller rät zur Rücksprache mit dem Arzt	Licener® Shampoo	Bei Kindern ab 2 Jahren GKV-Erstattung beantragt
dickflüssiges Paraffin	Auftragen auf trockenes Haar, nach 10 min mit Wasser auswaschen	Hersteller rät ab	Mosquito® med Shampoo	Für Kinder ab 1 Jahr; GKV-erstattungsfähig

[a] nicht entflammbar (Dörge et al. 2017), einmal anwenden

- Wäsche und Kleidung auf mehr als 60 °C erhitzen (möglichst kochen)
- Matratzen etc. in heißem Dampf (75 °C) mindestens 20 min belassen
- nicht waschbare Materialien für mindestens 10 Tage unter Verschluss aufbewahren (Hungerquarantäne) oder tiefgefrieren (2–3 h)

- befallene Räume durch Schädlingsbekämpfer entwesen lassen und für mehr als 10 Tage leer stehen lassen
- chemische Entwesung durch Schädlingsbekämpfer durchführen lassen
- Die Entwesung von Kleiderläusen auf Bettgestellen oder in Schränken kann mit dem nicht-giftigen Neem-Samen-Extrakt MiteStop® (Fa. Alpha-Biocare GmbH, Neuss) sowie durch zugelassene Insektizide durchgeführt werden.
- Eine Übersicht über alle wichtigen Anti-Läuse-Maßnahmen bietet das Buch *Läusealarm* (B. und H. Mehlhorn 2010). Die Arbeiten von Abdel Ghaffar et al. (2010) und Semmler et al. (2017) vergleichen wichtige in Deutschland und Europa erhältliche Anti-Läuse-Produkte.

Filzlaus *(Phthirus pubis)*

Die Filzlaus
Eine Laus aus dem Eie kroch
und nicht mehr wusste, was sie wollte,
ob sie auf dem Kopfe bleiben sollte
oder mehr in Richtung Kleider.
So krabbelte sie weiter sehr behende,
bis wo der Rücken ganz zu Ende.

Fundort. Vorwiegend Schamhaare, seltener Augenbrauen, Wimpern (Abb. 6.44 und 6.45).

Auftreten. Ganzjährig, weltweit.

Biologie und Merkmale. Die etwa 1–1,7 mm langen Adulten, die vulgär auch als „Sackratten" (oder von den eher romantischen Franzosen als *Papillon d'amour* „Liebesschmetterling") bezeichnet werden, haben ein gedrungenes Abdomen (Abb. 6.44a, c) und laufen seitwärts (Krebsgang). Larven und Adulte ernähren sich vom Blut des Menschen, wobei ein einzelner Saugakt 10–30 min dauern kann. Ohne Nahrungsaufnahme kann eine Filzlaus allerdings nur maximal 2 Tage überleben. Als Entwicklungszeit werden für die Larvalphase etwa 21–27 Tage benötigt. Während seines nur etwa 1 Monat langen Lebens legt ein Weibchen täglich 1–3 Eier. Die Übertragung von Wirt zu Wirt erfolgt wohl vorwiegend beim Geschlechtsakt der Menschen, was wohl zu der entsprechenden Legendenbildung geführt hat (s. o.). Allerdings erfolgen Übertragungen bei gemeinsamer Benutzung von Betten oder Kleidung.

Materialschäden. Keine

Erkrankungen. Die Stichwirkung führt zu starkem Juckreiz (Pruritus) im Schamhaarbereich, wo sich beim Suchen die blau unterlaufenen, sehr feinen Stichstellen auffinden lassen. Häufig sind allerdings auch bei Massenbefall stecknadelkopfgroße, rote Punkte um die Stichstelle (starke Reaktion) anzutreffen.

Bekämpfung. Siehe Kopflaus. Eine Wiederholung der Behandlung mit dem Anti-Läuse-Shampoo sollte jedoch auch noch einmal nach 8–14 Tagen erfolgen. Bei Befall der Augenbrauen und Wimpern wird zusätzlich die mechanische Entfernung der Entwicklungsstadien mithilfe einer feinen Pinzette empfohlen.

Läuse bei Tieren

Tierläuse, wie z. B. die Schweinelaus *(Haematopinus suis)* oder die Hundelaus *(Linognathus setosus)*, können zwar temporär den Menschen befallen und von dessen Blut leben, verlassen aber diesen Wirt bei passender Gelegenheit wieder; offenbar ist bei der Ernährung die Wirtsspezifität (Unterschiede des Blutes der Wirte) doch zu groß (Abb. 6.46).

Mallophaga (Beißläuse): Federlinge, Haarlinge

Die deutlich kleineren Beißläuse sind durch einen Kopf charakterisiert, der breiter ist als die Brust. Zudem besitzen sie beißende Mundwerkzeuge (Abb. 6.47 und 6.48) und treten meist nur bei Tieren auf, allerdings dann zum Teil in großen Massen: *Bovicola bovis* (1,2–1,6 mm) beim Rind, *Trichodectes canis* (1,5 mm) beim Hund, *Menopon gallinae* (1,8 mm) bei Hühnern. Bei ungenügender Trennung von Stall und Wohnung kommt es zum gelegentlichen Übertritt auf den Menschen, wo sie wegen ihres Nagens an dessen Epidermis zu starkem

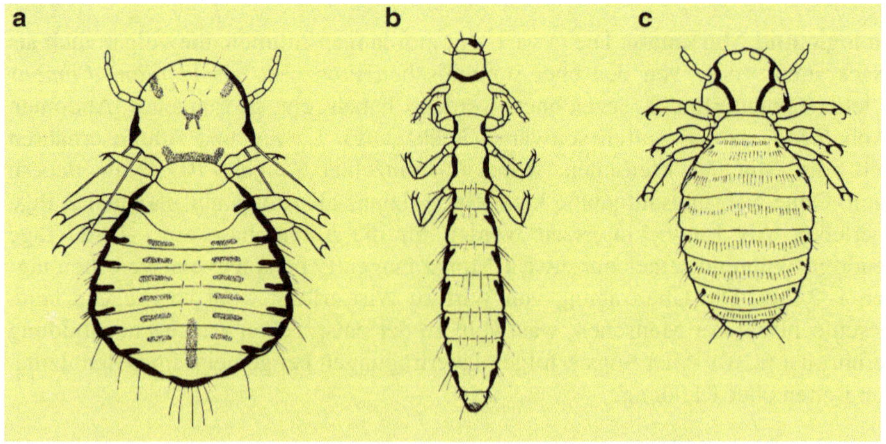

Abb. 6.47 Haar- und Federlinge: Schematische Darstellungen eines Hühnerfederlings (**a**) und eines Taubenfederlings (**b**)

Abb. 6.48 Pferdehaarling
(Makroaufnahme)

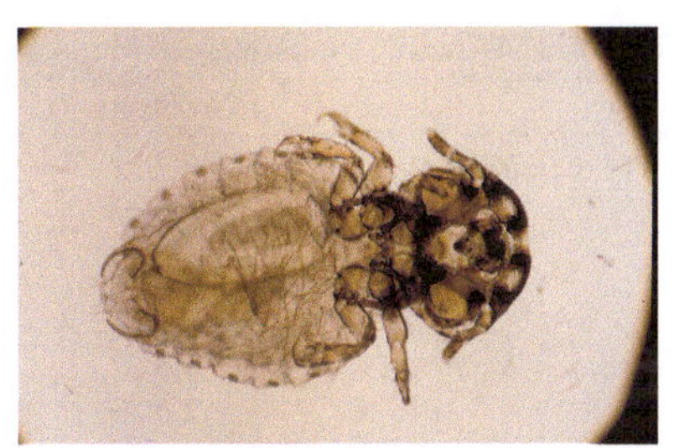

Juckreiz führen. Beim Menschen hilft die übliche Körperhygiene, bei Tieren die Anwendung von MiteStop® (Fa. Alpha-Biocare, Neuss) bei Waschungen mit einer 1:20 verdünnten wässrigen Lösung des Extrakts.

6.4   Flöhe (Siphonaptera)

Und auch Gottlieb muss verspüren,
ganz besonders in der Nacht,
dass es hier – und da – und dort
immer kribbelkrabbel macht.

Wilhelm Busch

Flöhe sind seitlich abgeflachte, flügellose, bräunlich gefärbte Insekten, die wegen ihres starken dritten (hintersten) Beinpaares zu **enormen Sprungleistungen** – oft von bis zu 30 cm Weite – befähigt sind. Im Leistungsvergleich müsste der Mensch über das Hauptschiff des Kölner Doms springen. Die meisten Flöhe, von denen die Adulten beider Geschlechter temporär, mehrmals am Tag Blut saugen (den Wirt danach z. T. auch wieder verlassen), sind nicht sehr wirtsspezifisch, sodass die menschliche Behausung von zahlreichen Arten befallen werden kann, die dann den Mensch und seine Haustiere für längere Zeit quälen (Tab. 6.3). Sie bevorzugen die „weichhäutigen" Körperbereiche und treten daher als **„Floh im Ohr"** nur im Sprichwort auf. Auf ihre Verbreitung deutet der Begriff **„Flohmarkt",** von ihrer Behändigkeit kündet der **„Flohwalzer".**

Fundort der Flöhe. Die Adulten der Flöhe finden sich im Fell der Tiere, in und auf der Haut von Menschen und Tieren, in der Wäsche bzw. im Bett bzw. entsprechenden Lagerstätten. Die Larven finden sich im bzw. unterm Bett, im Lager bzw. in Nestern von Tieren. Larven und Puppen stellen 95 % (!) der in einer Wohnung vorhandenen Population dar (Abb. 6.49, 6.50, 6.51, 6.52, 6.53, 6.54, 6.55, 6.56, 6.57, 6.58 und 6.59).

Auftreten. Ganzjährig, weltweit.

Biologie und Merkmale. Charakteristisch bei adulten Flöhen sind die Sprungbeine, die mit Sinneshaaren versehene abdominale Pygidialplatte (Sensilium)

Tab. 6.3 Wichtige Floharten des Menschen und der Haustiere

Art	Größe (mm)	Merkmale	Bevorzugte Wirte
Pulex irritans	♂ 2–2,5 ♀ bis 4	Ohne jegliche kammartigen Fortsätze; Ocellarborste verläuft unter dem Augenrand	**Mensch,** Haustiere
Xenopsylla cheopis	♂ 1,5 ♀ 2,5	Ohne jegliche Kämme; Mesopleuron mit Versteifung; Ocellarborste verläuft über das Auge	Ratten, Mäuse/evtl. **Mensch**
Ctenocephalides canis, C. felis	♂ 2 ♀ 3	Je 1 Kamm unten am Kopf und hinten am Pronotum	Hund, Katze, **Mensch**
Ceratophyllus gallinae	♂ 3 ♀ 3,5	Kamm hinten am Pronotum	Geflügel, **Mensch**
Echidnophaga gallinacea	♂ 1,5–2 ♀ 2–2,5	Ohne Kämme; Thorax dorsal schmäler als Tergum 1 des Abdomens; ♀ verankert sich mit Mundwerkzeugen fest in der Haut	Hühnervögel, Hunde, **Mensch** (Tropen)
Tunga penetrans	♂ 0,5–0,7 ♀ 0,5–6	Pronotum ohne Kamm; Sensilium mit je 8 seitlichen Sinneszellen; bohrt sich in die Haut	**Mensch,** große Haustiere

und das Vorhandensein bzw. Fehlen von artspezifischen Kämmen am Kopf bzw. im Nacken (Abb. 6.49, 6.50, 6.51, 6.52 und 6.53). Die Larvalentwicklung verläuft holometabol, d. h. nach den 3 Larvenstadien wird ein Ruhestadium (Puppe) eingeschaltet. Adulte Flöhe leben etwa 1,5 Jahre. Die Kopulation findet auf dem Boden statt, worauf das Weibchen täglich 20–25 etwa 0,25 mm große, weiße Eier ablegt (Abb. 6.54 und.6.55a). Aus den Eiern schlüpft nach 2–12 Tagen eine augenlose, beborstete, auch als „Drahtwurm" bezeichnete Larve (Abb. 6.54 und 6.55b), die sich in Tierlagern von Detritus und Kot der Adulten ernährt und bis 5 mm lang wird; nach 2–3 Wochen (und 2 Häutungen) verpuppt sich das Larvenstadium. Zwar ist die Entwicklung in der Puppe (Abb. 6.55c) in etwa 1–2 Wochen abgeschlossen, aber das Schlüpfen aus dem Kokon erfolgt evtl. erst nach Monaten auf einen Außenreiz (Vibration, die einen Wirt ankündigt). So kann es z. B. zu einem Massenexodus (Schlüpfen der Adulten nach Monaten) bei Neubesiedlung von Tierlagerstätten, Vogelkäfigen etc. kommen, oder wenn Wohnungen nach Wochen des Leerstands neu bezogen werden. Im Hinblick auf das Saugen sind die Flöhe zwar nicht wirtsspezifisch, aber die Entwicklung verläuft am besten bei Aufnahme von Blut des jeweiligen Hauptwirts (Mensch, Hund, Katze, Vogel oder Nager).

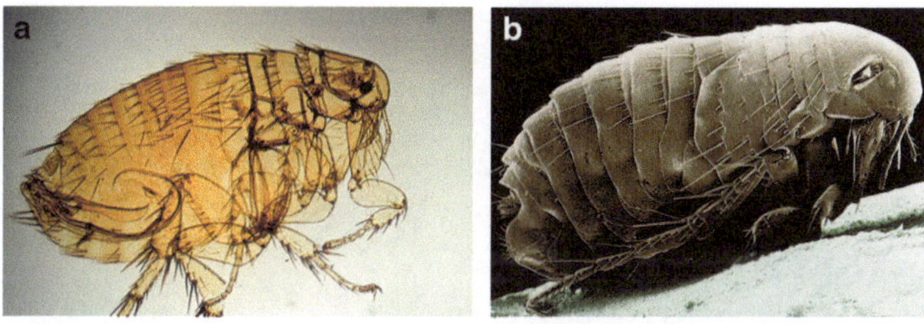

Abb. 6.49 Menschenfloh *(Pulex irritans):* (**a**) LM-Aufnahme. (**b**) REM-Aufnahme

Abb. 6.50 REM-Aufnahmen eines Katzenflohs *(Ctenocephalides felis):* in Seitenansicht (**a**) und von vorn (**b**)

Abb. 6.51 LM-Aufnahme eines Hundeflohs *(Ctenocephalides canis;* unterscheidet sich von *C. felis* durch den kürzeren vorderen „Zahn" am Kopf)

Materialschäden. Keine.

Erkrankungen. Stichwirkung. Als Frühreaktion der oft in Reihen liegenden Stiche (Abb. 6.56) tritt eine punktförmige Hämorrhagie, ein juckendes **Erythem** mit oder ohne **Quaddel** auf (Abb. 6.56). Nach etwa 12–14 h erscheint eine **Papel,** die bis 2 Wochen (insbesondere nach Katzenflohstichen) erhalten bleiben kann. Charakteristisch ist, dass Flohstiche fast immer in Reihen liegen, weil die Flöhe

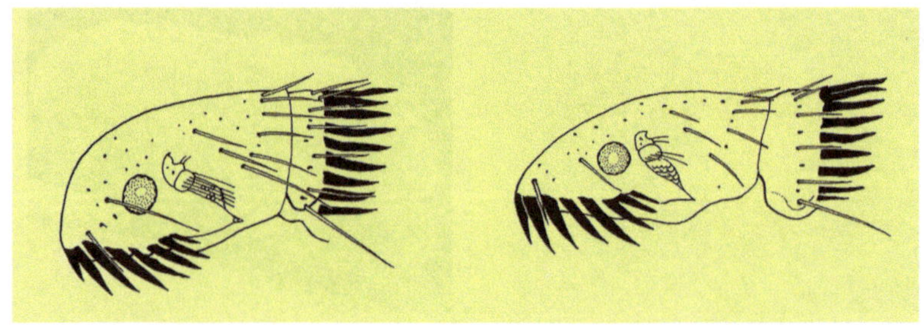

Abb. 6.52 Schematische Darstellung des Kopfes vom Hunde- (links) und Katzenfloh

Abb. 6.53 Vogelfloh der Gattung *Ceratophyllus*. Diese Art besitzt nur Kämme am dorsalen Hinterrand des 1. Brustsegments

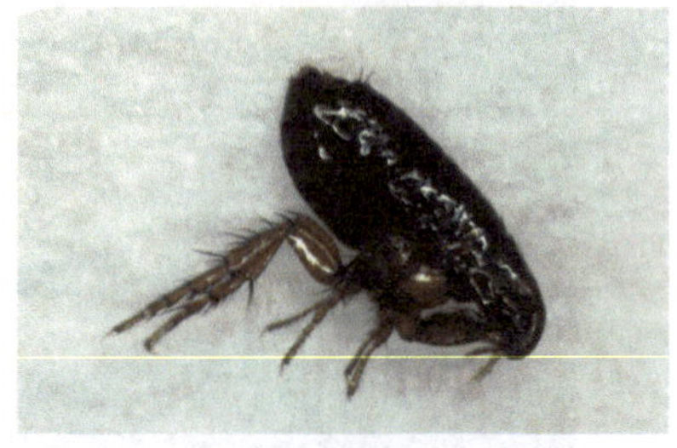

Abb. 6.54 REM-Aufnahme von Katzenflohstadien im Teppichboden (Adultus, Ei mit schlüpfender Larve, Larve 3)

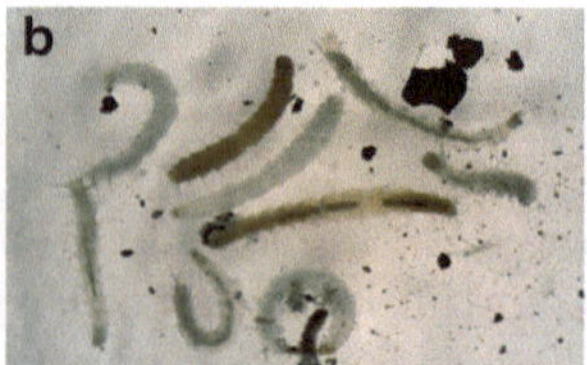
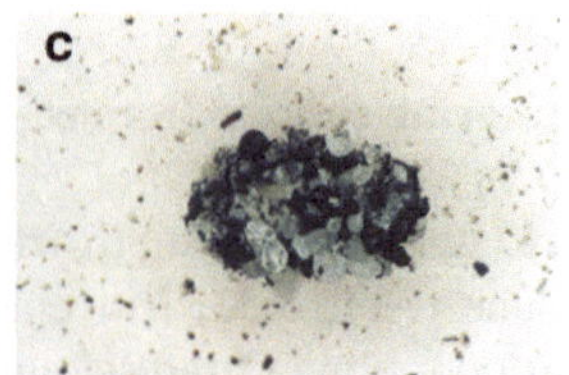

Abb. 6.55 LM-Aufnahmen eines Floheies (**a**), von Larven (**b**) und eines Puppenkokons (**c**), der außen mit kleinen Steinchen abgedeckt wurde

Abb. 6.56 Typische
Flohstiche auf dem Arm eines
Menschen. Sie stehen oft in
Reihen, weil der Floh beim
Saugen gestört wurde. Auch
jucken sie oft sehr stark!

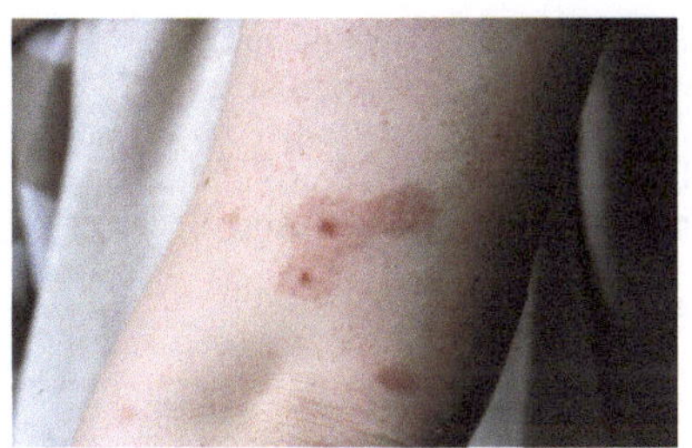

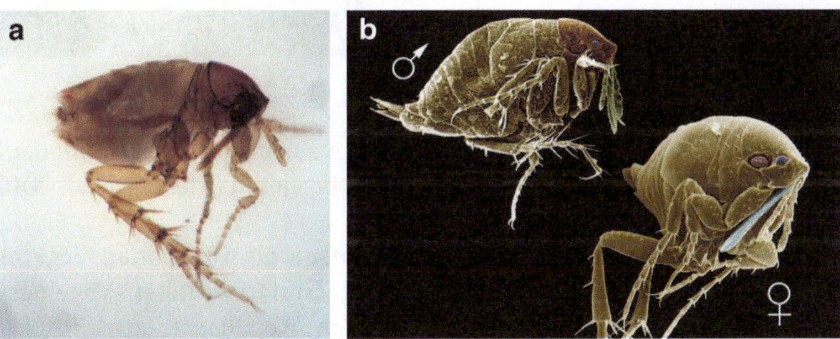

Abb. 6.57 LM- (**a**) und REM-Aufnahme (**b**) von adulten Sandflöhen (*Tunga penetrans*)

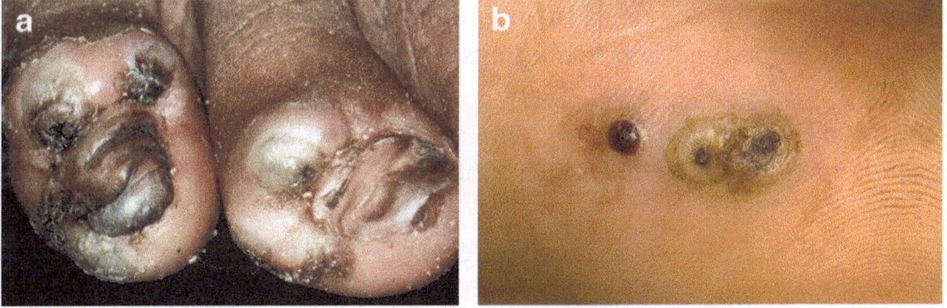

Abb. 6.58 Sandflohweibchen in Zehen (**a**) und in einem Finger (**b**). Man erkennt, dass das
Hinterende (mit der Genitalöffnung und der Atemöffnung) aus der Haut herausragt

leicht irritiert werden, erneut stechen bzw. Probestiche vornehmen. Beim Kratzen
können alle älteren Stiche wieder zu jucken beginnen (**repetieren**).

Übertragung von Krankheitserregern: Tropische Rattenflöhe sind (neben anderen
Flöhen) die Hauptüberträger der Pestbakterien (*Pasteurella* syn. *Yersinia*), zudem sind
Flöhe Zwischenwirte eines Bandwurms *(Dipylidium caninum)* des Hundes und der
Katze (selten auch beim Menschen). Mechanisch sollten Flöhe nahezu alle Erreger im
Blut (Viren, Bakterien) übertragen können. Für die Übertragung von Viren (Felines

Abb. 6.59 REM-Aufnahme eines Sandflohweibchens in der Anschwellphase (aus der Haut herauspräpariert), wo nur das Hinterende herausragt

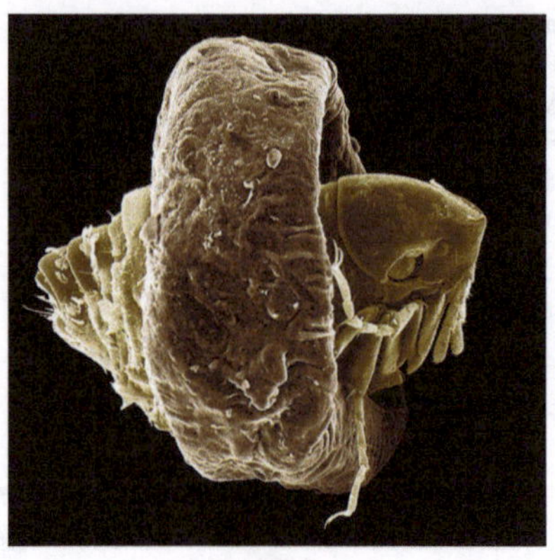

Leukämie-Virus, Calici-Virus) wurde dies auch von uns in Kooperation mit der Bayer AG und der Mikrobiologie der Universität Leipzig bewiesen (Mencke et al. 2010).

Bekämpfung/Prophylaxe. Versiegelung von Ritzen als Brutstätten; regelmäßige Grundsäuberung der Lagerstätten von Tieren; Entfernen alter Vogelnester in Fensternähe; Behandlung mit länger wirkenden Repellents bzw. Insektiziden bei Hunden und Katzen (vgl. Zecken, Abschn. 3.2); Vernichtung von Mäusen und Ratten im Haus, deren Flöhe sich sonst ausbreiten. Viel bedeutsamer ist die **Bettkasten-** und **Lagerbehandlung** mit den gleichen Insektiziden (Wirkung auf Adulte) und mit Präparaten, die nach etwa 14 Tagen beginnend für 3 Monate die Larvenentwicklung durch **Häutungshemmung** unterbinden. **Achtung:** Bei massivem Befall unbedingt den Schädlingsbekämpfer heranziehen.

Linderung der Stichwirkung. Wie generell bei allen Stechinsekten können auch bei Flohstichen durch verschiedene Methoden die Schmerzen bzw. der Juckreiz gelindert werden.

In vielen Fällen hilft das Einreiben einer Aspirintablette in die Stichstelle, Baden in Seifenlauge und/oder das Auftragen von ärztlich verschriebenen Salben bzw. frei verkäuflichen Gelen mit Antihistaminika etc. aus der Apotheke.

Pesttherapie. Pest bei Mensch und Tier ist heute mit Antibiotika bekämpfbar. Sie müssen allerdings in einem frühen Zustand des Befalls eingesetzt werden, was aber in vielen tropischen Gebieten oft nur schwer möglich ist.

6.4.1 Freilebende Arten

Menschenfloh *(Pulex irritans)*
Dieser (Abb. 6.49) wird 2–4 mm lang und ist in Deutschland selten.

Hunde- und Katzenfloh (*Ctenophalides*-Arten)
- *Ctenocephalides felis* (Katzenfloh, Abb. 6.50)
- *Ctenocephalides canis* (Hundefloh, Abb. 6.51)

Die *Ctenocephalides*-Arten (Abb. 6.52) erreichen Körperlängen von 1,5–3 mm, wobei aktuell *C. canis* und *C. felis* 80 % des Flohbestands bei Menschen, Katzen und Hunden in Deutschland ausmachen.

Ceratophyllus-Arten
Vogelflöhe (auch auf Igeln!), 3–4 mm, sie überwintern in Vogelnestern.

Nagerflöhe
Diese 4–6 mm großen, meist recht kräftigen Flöhe werden von Mäusen und Ratten in Häuser eingeschleppt. Als Hauptvektor der Pest gilt der immer wieder aus den Tropen hierher mitgebrachte Tropische Rattenfloh *(Xenopsylla cheopis)*. Derartige Flöhe wurden im 15. bis ins 19. Jahrhundert mit Schiffen nach Europa eingeführt und lösten z. T. sehr umfangreiche Pestepidemien aus.

6.4.2 Hautpenetrierende Flöhe

Sandfloh *(Tunga penetrans)*
Fundort. Haut, v. a. Gliedmaßen an Menschen und Tieren.

Auftreten. Tropen und Subtropen, Südamerika, Afrika, Australien. Vermutlich haben sie sich in Afrika entwickelt und wurden von dort u. a. beim Sklavenhandel nach Südamerika eingeschleppt.

Biologie und Merkmale. Diese Flöhe sind sehr klein ($\male$ 0,8 mm, $\female$ 1 mm). Ihre Kopfform ist charakteristisch gewölbt (Abb. 6.57). Die Weibchen dringen mithilfe ihrer sägeartigen Mundwerkzeuge mit dem Kopf voran in die Haut ein und trinken zum Wachstum Blut und Lymphe. Binnen 3–4 Wochen wachsen sie zur Größe eines Kirschkerns (!) heran (Abb. 6.58 und 6.59), was besonders an den Zehen zu schweren Verletzungen führen kann. Etwa eine Woche nach Beginn der Penetration und nach der Begattung durch ein auf der Haut herumwanderndes Männchen (Abb. 6.57b) beginnen die Weibchen mit der Eiablage (100–1000 pro Tag). Die etwa 0,5 mm großen Eier fallen auf den Boden und in ihnen entwickelt sich binnen 3–4 Tagen die Larve 1, die sich nach 3–4 Tagen zur Larve 2 häutet. Diese verpuppt sich nach 5–11 Tagen. Im Gegensatz zu anderen Flöhen fehlt also hier das 3. Larvenstadium. Aus der Puppe schlüpft dann in temperaturabhängiger Zeit nach einigen Tagen das adulte Männchen oder Weibchen. So kann es in wenigen Wochen zu einem Massenbefall von Mensch und Tier kommen. Das Weibchen stirbt etwa 5–8 Wochen nach dem Eindringen ab.

Materialschäden. Nur bei Pelztieren bzw. Massenbefall von Kühen.

Erkrankungen. Starker Befall kann z. B. zum Verlust von Zehen (bei Kindern) führen (Abb. 6.58a). Durch Sekundärinfektionen besteht stets die Gefahr der Sepsis. Gehbeschwerden und Schmerzen sowie Juckreiz sind charakteristische Folgeerscheinungen.

Bekämpfung und Vorbeugung. Die adulten Weibchen können mit einer Nadel bzw. spitzen Pinzette aus der Haut entfernt werden. Hunde können durch Insektizide (z. B. Advantix®, Prac-tic®, Capstar® Program®, Exspot®) geschützt werden, Menschen durch Repellents wie Viticks-Cool® oder Autan®. In entsprechenden Gebieten mit Sandflöhen sollte stets festes Schuhwerk getragen werden. Eine Bekämpfung der freien Larven ist schwierig, weil sie sich in lockeren sandigen Böden aufhalten.

Hühnerfloh *(Echidnophaga gallinacea)*

Bei dieser Art, die außer beim Geflügel auch (selten) bei Hund, Katze und dem Menschen auftritt, dringt das Weibchen mit dem Kopf in die Haut ein (engl. *tight-stick flea*). Die Larvalentwicklung erfolgt auf dem Boden. Hier hilft in Tierställen das Sprühen von nicht-toxischen Substanzen (z. B. Mite-Stop®, Fa. Alpha-Biocare GmbH, Neuss), die sowohl die adulten und larvalen Flöhe als auch alle Milben, die sich ja ebenfalls in diesen Bereichen ausbreiten, abtöten.

6.5   Wanzen

Unter meinem Hemde, auf des Bauches Rund,
kriechen Partisanen, und das ist nicht gesund.
Und sollt ich so ein Tierlein seh'n,
so wird ihm gleich ein Leid gescheh'n.
Frei nach Lili Marleen

Diese Gruppe von Insekten ist durch einen starken, ventral einklappbaren Saugrüssel (Abb. 6.60) und bei den Adulten mancher Arten durch ein morphologisch in einen derben und einen häutigen Teil gegliedertes Vorderflügelpaar gekennzeichnet. Obwohl diese Flügel bei den Larvalstadien freilebender wie auch parasitischer Arten völlig fehlen, wurden sie als namensgebendes Merkmal für diese Insektenordnung (**Heteroptera**=„Tiere mit ungleichen Flügeln") verwendet. Zwar sind die meisten Arten der Heteroptera für den Menschen harmlose Pflanzensauger, einige Arten, wie z. B. die Bettwanzen, Kotwanzen und Raubwanzen, haben aber große Bedeutung als Hygiene- wie auch als Gesundheitsschädlinge erlangt.

6.5.1   Bettwanzen (*Cimex*-Arten)

Den Geruch von Wanzen im Zimmer
vergisst Du nimmer.
Goethe zu seiner Haushälterin

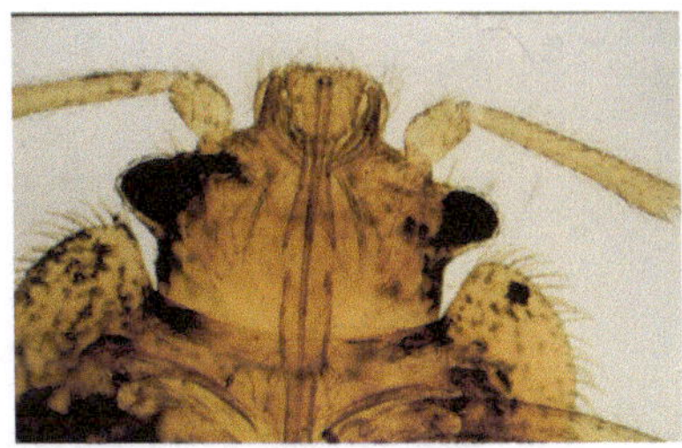

Abb. 6.60 Bettwanze
(*Cimex lectularius*).
Makroaufnahme des
Kopfes und der Vorderbrust.
Charakteristisch ist der in
Ruhe angelegte Rüssel,
in dem die gemeinsam
ein Saugrohr bildenden
Stechborsten liegen

Fundort. Sie leben tagsüber verborgen in Ritzen, Leitungsrohren, hinter Bildern, Bodenleisten, losen Tapeten (berlinerischer Name „Tapetenflunder"), unter Matratzen und Schränken etc.; nachts erfolgt die Einwanderung ins Bett des Menschen, aber auch in die Lager von Tieren. Der deutsche Name Wanze leitet sich vom mittelalterlichen Begriff *wantlus* = „Wandlaus" ab. Der Artname *lectularius* kommt aus dem Lateinischen und bedeutet „zum Bett gehörig".

Auftreten. Ganzjährig, weltweit.

Biologie und Merkmale. In Europa ist *Cimex lectularius* die verbreitetste Art, zu der in tropischen bzw. subtropischen Gebieten noch *C. hemipterus, C. rotundatus* als humanspezifische Arten kommen. Die Adulten von *C. lectularius* sind wie die Larven flügellos, werden etwa 5–8 mm lang, erscheinen auch ungesogen hellbraun bis rotbraun und sind stark dorsoventral abgeplattet (Abb. 6.60, 6.61 und 6.62). Ein besonderes Charakteristikum ist der Besitz von „Stinkdrüsen", die an den sog. Coxen (Hüftsegmenten) der Hinterbeine ausmünden und ein für den Menschen unangenehm riechendes Sekret absondern, das dazu dient, dass sich die Wanzenpopulation in einem Zimmer zusammenfindet. Dieser „muffige" Geruch verrät sofort einen Wanzenbefall! Alle Entwicklungsstadien saugen Blut beim Menschen, aber auch bei vielen Haustieren. Da Bettwanzen zudem noch Kälte ertragen und auch wochenlang ohne Nahrungsaufnahme auskommen, kann ein Wanzenbefall auch in länger leer stehenden Wohnungen bestehen bleiben

Abb. 6.61 LM-Aufnahmen von Bettwanzen: (**a**) gesogen, (**b**) bei der Eiablage

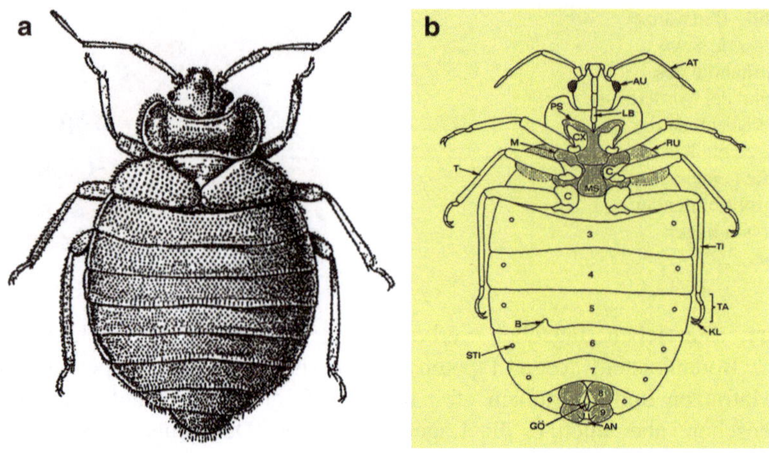

Abb. 6.62 Schematische Darstellung der Bettwanze von dorsal (139) und ventral (140), wo der eingeklappte Saugrüssel (LB, Labium) zu erkennen ist

und dann die neuen Mieter „beglücken". Der Körper der Wanzen ist wie der aller Insekten in Kopf (Caput), Brust (Thorax) und Hinterleib (Abdomen) untergliedert. Der Kopf trägt neben dem ventralen Stechapparat ein Paar Komplexaugen und oft zwei zusätzliche, den Komplexaugen vorgelagerte Ocellen. Daneben werden stets zwei Antennen ausgebildet, die „geknickt" (d. h. mit abgewinkelten Anteilen) erscheinen und relativ steif (im Vergleich zum peitschenartigen Erscheinungsbild bei Schaben) wirken. Die drei Thoraxabschnitte tragen ventral je ein Paar Laufbeine, mithilfe derer die Wanzen zu relativ schnellen Laufbewegungen befähigt sind.

Die flügellose, etwa 4–5 mm lange Bettwanze besitzt keine Sinnesorgane, die ihr die Auffindung der Wirte über weite Entfernungen hin erlauben, sondern sie wird im Abstand von etwa 10 cm durch Körperwärme angelockt. Nach der etwa 10-minütigen Blutmahlzeit (sie saugt bis zum Siebenfachen ihres Gewichts) findet in Verstecken die Paarung statt. Die Weibchen legen danach täglich 1–12 der etwa 1 mm großen, gedeckelten Eier (insgesamt 200–500), die an Materialien geklebt werden (Abb. 6.61). Die Eiablage unterbleibt aber bei weniger als 10 °C. Die Entwicklung der geschlüpften Larven verläuft *hemimetabol*, d. h., die den Adulten bereits sehr ähnelnden Larven wachsen kontinuierlich über 5 Häutungen zum Geschlechtstier heran. Diese Entwicklung dauert bei Zimmertemperatur 30–35 Tage. Die Adulten sind dann noch für etwa ein Jahr lebensfähig.

Kuriosa. Ihre tagsüber versteckte Lebensweise wurde in der Bezeichnung elektronischer Abhörgeräte als „Wanze" sprichwörtlich. Wegen ihres sehr flachen Körpers wird in der Berliner Mundart die Bettwanze als **„Tapetenflunder"** bezeichnet. Sie leben zwar nur ein Jahr, können aber extrem lange hungern (angeblich bis zu einem halben Jahr), und können daher auf neue Mieter warten.

Materialschäden. Verunreinigung von Tapeten, Bettzeug und Mobiliar durch die schwarzen, klebrigen Kotspuren.

Erkrankungen. Bettwanzen übertragen im Allgemeinen (von Sonderfällen durch verschmutzte Mundwerkzeuge abgesehen) keine Krankheitserreger auf den Menschen, werden aber durchaus unangenehm, weil sie „Düfte" von Stinkdrüsen absondern, die dem Zusammenhalt einer Population dienen. Der zunächst schmerzfreie Stich kann aber – insbesondere bei Massenbefall – sehr unangenehme Folgen haben. Die Stiche treten meist gruppiert, oft in Reihen auf (wie bei den Flöhen; Abb. 6.63). Die Reaktionen auf den beim Stich injizierten Speichel hängen vom Grad der Sensibilisierung und auch Sensibilisierungsfähigkeit der Wirte ab. Wiederholte Wanzenstiche können schließlich zu deutlicher Papelbildung (nach signifikanten Quaddeln) mit zentraler Hämorrhagie führen. Diese Papeln und der stets vorhandene starke Juckreiz bleiben für mehrere Tage bestehen. Allerdings sind auch Fälle bekannt, wo keinerlei Reaktionen auftraten.

Bekämpfung.

Prophylaxe. Versiegeln von Ritzen und möglichen Verstecken; Zugang durch feinmaschige Fenstergitter etc. erschweren; Entfernung von leeren Vogelnestern in Fensternähe. Bei Übernachtung in verseuchten Wohnungen: Auftragen von Repellentien auf die Haut zur Abwehr der sich nähernden Wanzen (z. B. Viticks®).

Biologische Bekämpfung. Versprühen des Neem-Samen-Extrakts MiteStop® (Alpha-Biocare GmbH, Neuss) in potenzielle Wanzenverstecke.

Chemobekämpfung. Besprühen und Vernebeln von Verstecken und evtl. Wanderwegen mit Insektiziden. Dies sollte von einem erfahrenen Schädlingsbekämpfer

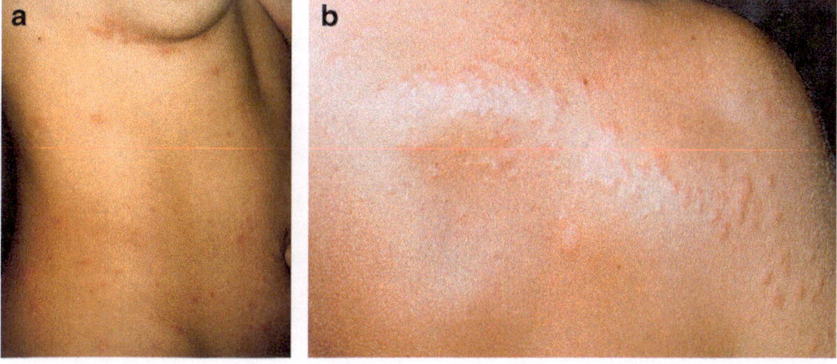

Abb. 6.63 (**a, b**) Reaktionen auf Stiche von Bettwanzen beim Menschen. Typisch sind viele kleine Pusteln (über den ganzen Körper verteilt). Der beim Saugen injizierte Speichel führt zu starkem Juckreiz. In fremden Hotels empfiehlt es sich, die Matratzen kurz anzuheben, bevor man ins Bett steigt, wodurch die weglaufenden Wanzen erkannt werden

erfolgen, weil die Wanzen versteckt leben. Die Behandlung eines Zimmers muss mehrfach erfolgen.

Achtung: Wanzen können mit dem Reisegepäck eingeschleppt werden. Daher empfiehlt es sich –wie bei der Abwehr von Schaben –, den Kofferinhalt noch am Ferienort prophylaktisch auszuschütteln und mit Insektiziden zu besprühen.

6.5.2   Andere „Bettwanzen"

Außer den typischen, oben genannten humanspezifischen Bettwanzen können über offene Fenster noch Wanzen von Vögeln (z. B. *Oeciacus*-Arten) und Fledermäusen (z. B. *Leptocimex*-Arten) in menschliche Behausungen einwandern und auch den Menschen befallen. Allerdings bleibt ein derartiger Befall nicht lange bestehen. Die **Symptome** des Stiches sind jedoch ähnlich wie bei *Cimex*-Arten, auch gelten die gleichen Bekämpfungsmaßnahmen.

6.5.3   Raubwanzen (Reduviidae)

Kotwanze *(Reduvius personatus)*
Fundort. In Latrinennähe, in Verstecken, auf dem Dachboden, in Vorratsschuppen etc. Sie können aber auch – durch Licht angelockt – in Wohnräume fliegen.

Auftreten. Vorwiegend im Sommer und Herbst.

Biologie und Merkmale. Die geflügelten und flugfähigen Adulten (Abb. 6.64) werden bis 18 mm lang, sind dunkelbraun-schwarz und leben als Raubwanzen vom Aussaugen anderer Insekten (auch von Bettwanzen, die es in Nähe

Abb. 6.64 Die Kotwanze *(Reduvius personatus)* in einer Makroaufnahme (**a**) und in einem Schema (**b**), jeweils von dorsal

organischer Substanzen zieht). Die ungeflügelten Larven der Kotwanze sind durch eine Klebeschicht überzogen, an der Detritus hängenbleibt, sodass der Eindruck eines Kotklümpchens (Name!) vermittelt wird (Abb. 6.64a). Die Eiablage erfolgt offenbar planlos auf staubige Flächen. Zur gesamten Entwicklung wird etwa ein Jahr benötigt. In Deutschland wird die Überwinterung meist als ältere Larve (4. Stadium) vollzogen, manchmal erfolgen auch zwei Überwinterungen als junge und ältere Larven, die alle ungeflügelt sind.

Materialschäden. Keine.

Erkrankungen. Keine; der zur Abwehr ausgeführte Stich (bei versehentlichem Berühren) ist **sehr schmerzhaft** und kann infolge von bakterieller Superinfektion zu Blutvergiftung führen.

Bekämpfung. Da die Wanzen den Menschen selbst nicht unmittelbar befallen, reicht eine generelle Sauberkeit aus, um einen Befall fernzuhalten. Mit der Vernichtung von Hausinsekten wird den Kotwanzen die Nahrung entzogen und sie wandern ab. Verstecke, z. B. in Schuppen und Kellerräumen, können mit dem ungiftigen Neem-Samen-Extrakt MiteStop® (Fa. Alpha-Biocare, Neuss) ausgesprüht werden.

Blutsaugende Raubwanzen (Reduviidae)

Von den etwa 6000 Arten dieser Gruppe leben die meisten in den Tropen, nur etwa 10 Arten finden sich auch in Mitteleuropa (so z. B. die Kotwanzen, s. o.):

- *Rhinocoris*-Arten (syn. *Harpactor*-Arten) findet man in wärmeren Gebieten (z. B. schon in Südfrankreich, gelegentlich aber auch in Deutschland). Sie erscheinen rötlich bis schwarz und werden etwa 16 mm lang. Ihre Lebensweise und Stiche entsprechen *R. personatus*.
- *Triatoma*-Arten (u. a. *T. infestans, T. rubrofasciata, T. dimidiata, T. maculata*) finden sich in Süd- und Mittelamerika und werden bis 2 cm lang. Sie sind durch einen nasenartigen Vorderkopf gekennzeichnet, der ventral den Rüssel trägt (Abb. 6.65, 6.66 und 6.67). Dieses Rostrum hat ihnen früher auch den jetzt geänderten Gattungsnahmen *Conorrhinus* („Kegelnasen") eingetragen. Der Rand des Abdomens zeigt eine charakteristische Fleckung.
- *Rhodnius*-Arten (u. a. *R. prolixius*). Ihnen fehlt die nasenartige Kopfverlängerung, und auch ihr Körper ist in düsterem Grau-Schwarz gehalten.
- *Panstrongylus megistus* besitzt einen relativ kurzen Kopf und 4-gliedrige Antennen, von denen die Glieder 1 und 4 kurz und 2 sowie 3 lang ausgebildet sind.
- *Dipetalogaster*-Arten sind durch ihre besondere Größe (bis 4 cm lang), ihr gewölbtes Abdomen (im gesogenen Zustand) sowie durch rote Randflecken auf dem sonst schwarzen Körper gekennzeichnet.

Abb. 6.65 LM-Aufnahme der Raubwanze *Triatoma infestans,* ein Überträger der Chagas-Krankheit (in Süd- und Mittelamerika), deren Erreger u. a. Zellen des Herzes zerstört und so zum Tod von Menschen und Wirbeltieren führt

Abb. 6.66 Eine Raubwanze setzt vor der Blutmahlzeit Kot ab

Die adulten Weibchen legen in mehreren Schüben in ihrem etwa einjährigen Leben bis zu 200 Eier, die sie (ohne diese anzukleben) in Verstecken hinterlassen. Die Entwicklungszeit der Eier und der daraus geschlüpften Larven ist temperaturabhängig. Insgesamt sind wie bei den anderen Wanzen 5 Larvalstadien vorhanden. Zwischen jeder Häutung muss mindestens eine Mahlzeit erfolgen, bei der große Arten bis zu 4 g Blut aufnehmen können (meist aber 300–500 µm). Auch dauern die jeweiligen Entwicklungsprozesse relativ lange, sodass häufig 9–12 Monate bis zur Geschlechtsreife benötigt werden. Die Kotwanze *Reduvius personatus* überwintert oft als 4. Larve, kann aber in Ausnahmefällen sogar zweimal überwintern, sodass sich dann die Entwicklungszeit entsprechend verlängert. Alle Vertreter der Wanzengruppe Reduviidae sind wie die Cimicidae zu langen Hungerzeiten befähigt, insbesondere bei niedrigen Temperaturen.

Erkrankungen des Menschen. In Südamerika können diese Raubwanzen die Erreger der sog. Chagas-Krankheit *(Trypanosoma cruzi)* übertragen, die ohne Behandlung tödlich verläuft. Dabei befinden sich die Erreger in Kottropfen (Abb. 6.66), die vor dem Saugakt von der Wanze auf der Haut abgesetzt und dann beim Kratzen nach Juckreiz vom Menschen in die Wunde eingerieben werden.

Bekämpfung und Prophylaxe. Von Wanzen befallene Wohnungen/Behausungen werden am besten durch Versprühen von MiteStop® oder Kontaktinsektiziden gesäubert. Die Insektizide haben auch einen Austreibeeffekt – die Wanzen kommen aus den Verstecken hervor und so in Kontakt mit dem für sie tödlichen Insektizid. Auf diese Weise können die Wohnungen für etwa 4 Wochen wanzenfrei gehalten werden, danach muss wiederum Insektizid versprüht werden. Die Anwendung chemischer Insektizide sollte **unbedingt** dem erfahrenen Schädlingsbekämpfer vorbehalten werden.

Durch Ausleeren des Koffers im Urlaubsort und Ausschütteln der Wäsche **vor der Abreise** wird ein Einschleppen selbst der kleinsten Larven in die eigene Wohnung verhindert.

Wasserwanzen

Auch in hausnahen Tümpeln kann eine Reihe von räuberischen Wanzen leben, die sich von kleinen Wassertieren (Insekten, Larven von Wirbeltieren) ernähren. Werden diese Wasserwanzen (z. B. die sog. Wasserbiene, *Notonectus* sp.; Rückenschwimmer, Abb. 6.68) mit der Hand gefangen, so können sie sehr schmerzhaft stechen. Nach etwa 15 min tritt eine dicke Quaddel auf, die am nächsten

Abb. 6.67 Gesogene Bettwanze (oben) und Raubwanze (unten), Letztere beim Saugakt

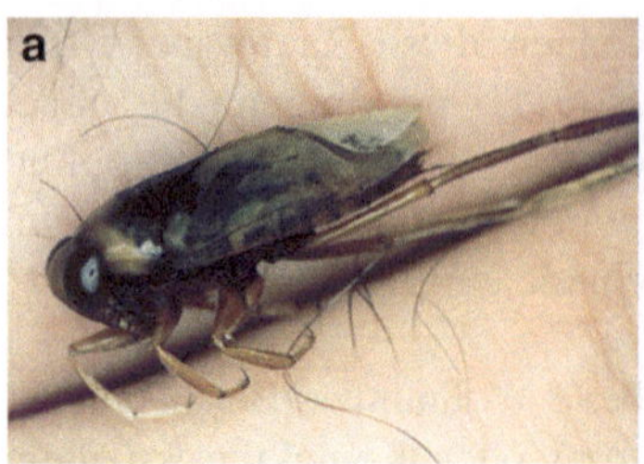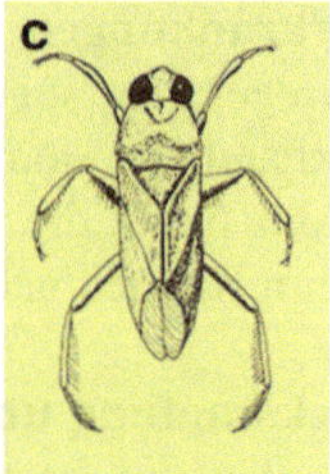

Abb. 6.68 LM-Aufnahmen (**a, b**) und schematische Darstellung (**c**) des Rückenschwimmers, eine sog. Wasserbiene (*Notonecta* spec.)

Abb. 6.69 Makroaufnahme
eines sog. Wasserskorpions
(Nepa rubra)

Tag von einer z. T. großen (1 cm) Papel gefolgt wird. Diese bleibt bei starkem Juckreiz für etwa 1 Woche bestehen. Im Tümpel sind diese Wanzen sehr nützlich (z. B. Mückenlarvenvernichtung) und sollten daher nicht bekämpft werden. Beim Säubern von Tümpeln im Garten sollten aber zum Schutz Gummihandschuhe getragen werden. Zu dieser Gruppe gehören auch die sog. Wasserskorpione (Abb. 6.69), die mit ihren Vorderextremitäten empfindlich in die Haut „kneifen" und mit dem Saugapparat sehr schmerzhaft stechen können.

6.6   Schaben

Wenn Schaben sich im Zimmer laben
und sich nicht nur nächtens räkeln,
manche Menschen sich davor ekeln!

Die Schaben (Abb. 6.69, 6.70, 6.71, 6.72, 6.73, 6.74, 6.75 und 6.76), die im Volksmund unter zahlreichen älteren, nicht gerade nachbarschaftsfreundlichen Trivialnamen wie Kakerlaken, Franzosen, Schwaben etc. bekannt sind, bilden mit zahlreichen Arten eine eigene Gruppe in der Insektenordnung der Diptera (Zweiflügler), die vor ca. 350 Mio. Jahren erstmals auftrat. Schaben sind Allesfresser und wärmeliebend. Durch noch immer aktuelles Einschleppen mit Reisegepäck (zunächst offenbar bereits mit den Kreuzrittern im 12. Jahrhundert und später

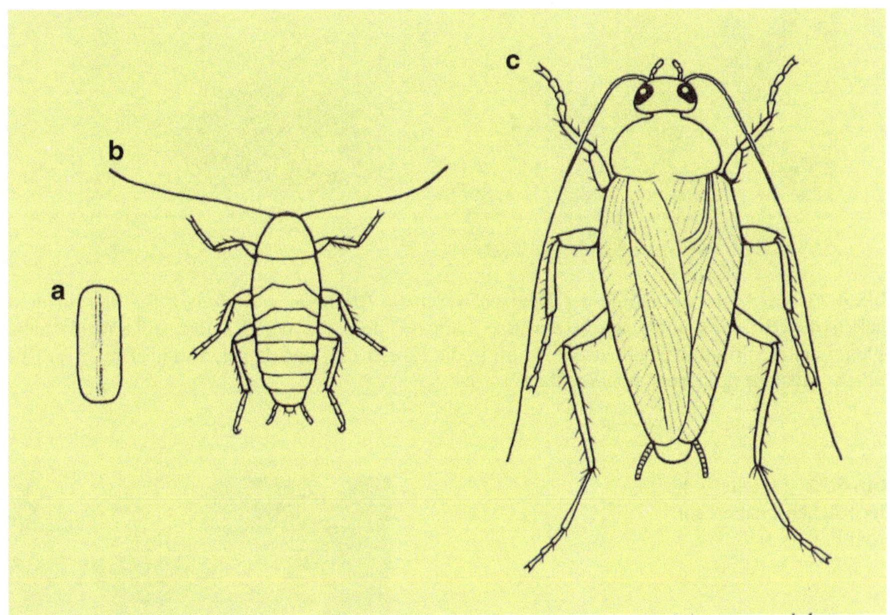

Abb. 6.70 Schematische Darstellung der Stadien im Entwicklungszyklus der Deutschen Schabe *(Blattella germanica)*. (**a**) Oothek (Eipaket mit 30–40 Eiern). (**b**) Ungeflügelte Larve. (**c**) Geflügeltes Adultstadium (beide Geschlechter besitzen Flügel)

im 17. Jahrhundert mit dem Zuckerrohr (aus Kuba) oder anderen importierten Materialien) haben sich in Mitteleuropa auch mehrere Arten aus subtropischen und tropischen Gebieten etabliert. Dies kann sich im individuellen Fall von Reisenden wiederholen und zu Massenvermehrung in ihrer Wohnung führen, denn ein einziges begattetes Weibchen kann zur „Urgroßmutter" in Wohnungen werden.

Fundort. Tagsüber leben die Schaben versteckt in Ritzen und Spalten, Leitungsröhren, Abluftschächten. Befallen sind insbesondere Gebäude, in denen regelmäßig große Mengen Nahrungsabfälle anfallen: Bäckereien, Küchen in Krankenhäusern, Altenheimen, Kantinen, Hotels etc. Da es sich um sehr gesellige Tiere handelt, treten sie stets im „Pulk" auf, der durch abgegebene **Duftstoffe** (Pheromone) zusammenhält. So sind Anhäufungen von Schaben in Abfallkörben von Hotelzimmern nicht selten. Ihre Bewegungen auf Butterbrotpapier lassen evtl. ein lautes, knisterndes Feuer vortäuschendes Geräusch entstehen. Beim Einschalten von Licht flüchten sie. **Achtung:** Schaben können sich selbst im Koffer verstecken (bzw. dort ihre sehr resistenten Eipakete ablegen) und dann von Reisen nach Hause mitgebracht werden! Da werden sie wegen ihrer nächtlichen Aktivität zunächst nicht bemerkt, sodass man letztlich nicht weiß, von wo man sie eingeschleppt hat.

Abb. 6.71 (**a**) Makroaufnahme der Deutschen Schabe *(Blattella germanica)*. Sie hat auf dem Rücken des Brustabschnitts zwei schwarze Längsstreifen, die bei der Bernstein-Waldschabe fehlen. Letztere dringt in Süddeutschland oft in die Häuser ein, siedelt sich dort aber nicht an! (**b**) Oothek (Eipaket) der Deutschen Schabe

Abb. 6.72 Orientalische oder Küchenschaben auf ihrem Futter

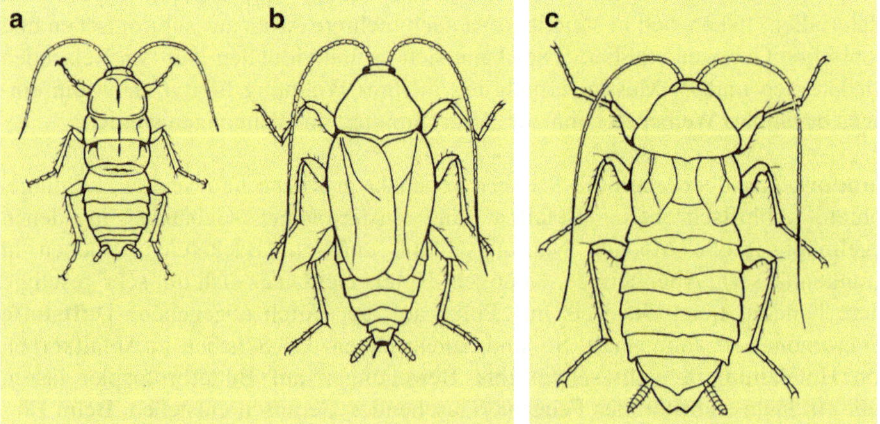

Abb. 6.73 Schematische Darstellungen der Larve (**a**), des Männchens (**b**) und des Weibchens (**c**) der Küchenschabe. *Blatta*-Weibchen besitzen nur Stummelflügel

Abb. 6.74 *Blatta*-Weibchen mit anhängender Oothek

Abb. 6.75 Makroaufnahme einer adulten Amerikanischen Schabe *(Periplaneta americana)* von dorsal

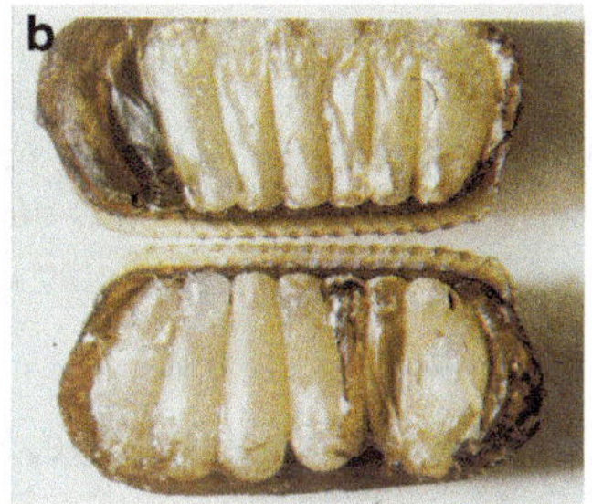

Abb. 6.76 (**a**) Oothek (Eipaket)von *Periplaneta americana*. (**b**) Aufgeschnittene Oothek, daher sind die enthaltenen Puppen sichtbar (Aufnahme Dr. Pospischil)

Auftreten. Ganzjährig.

Biologie und Merkmale. Wichtige Schabenarten wurden in Europa u. a. durch Rückkehrer vom 1. Kreuzzug nach Jerusalem unter dem Heerführer Gottfried von Bouillon (um 1100) eingeschleppt und halten sich seitdem „indoor" hier. In Deutschland haben sich im Wesentlichen 4 Arten eingebürgert, die sich äußerlich deutlich unterscheiden, aber sich alle hemimetabol (also ohne Puppenstadium) über verschiedene (6–10) ungeflügelte Larven zum geflügelten Adulten entwickeln. Charakteristisch für alle Arten ist das Paar an ihrem Hinterleib abstehenden sog. Cerci (und Styli beim Männchen) sowie die meist mehr als körperlangen, einzeln beweglichen Antennen, durch die die Tiere schon beim flüchtigen Hinsehen eindeutig als Schaben zu erkennen sind. Schaben können bei Bedrohung bzw. Festklemmen in Fallen auch Beine abwerfen. Diese können dann von den Larvenstadien auch wieder ausgebildet werden. Der Zusammenhalt einer Population erfolgt über **Wehr-** bzw. **Duftstoffe,** die in Hinterleibsorganen bzw. speziell im Darm von allen Stadien gebildet und oft mit den Fäzes abgesetzt werden. Diese Stoffe dienen speziell Weibchen zur Anlockung der Männchen, allgemein jedoch zur sozialen Orientierung oder zur Abwehr von Feinden. Sie können vor allem bei der Küchenschabe besonders penetrant „duften", u. a. nach ihrem Eindringen in offenstehende Kühlschränke.

6.6.1   Deutsche Schabe, Hausschabe *(Blattella germanica)*

Die Adulten (Abb. 6.70 und 6.71a) werden bis 14 mm lang, erscheinen äußerlich hellbraun und besitzen lange, wohlentwickelte Flügel, die aber nicht zum echten Fliegen dienen, sondert beim Fallen vom Tisch u. Ä. zu einer Art Gleitflug entfaltet werden. Charakteristisch sind im Weiteren zwei dunkle Längsstreifen auf dem Halsschild. Weibchen tragen die braunen, chitinhaltigen, flachen Eipakete (mit 30–40 Eiern in Einzelfächern) am Hinterleib mit sich herum. Nach etwa 4–5 Wochen wird dieses Eipaket (**Oothek;** Abb. 6.71b) abgelegt. Aus diesem schlüpfen die flügellosen, schnell beweglichen Larven. Die gesamte Entwicklung bis zum Adultstadium dauert etwa 2–3 Monate. **Achtung:** Ähnlich aussehende sog. **Waldschaben** (die faktisch ausschließlich im Freiland leben), können sich in Häuser „verirren". Daher stets durch Aufstellung einer Klebefalle prüfen, ob es sich beim „Fang" wirklich um eine Deutsche Schabe handelt!

6.6.2   Orientalische Schabe, Küchenschabe *(Blatta orientalis)*

Es ist die Schabe, die durch die Küche trabt
und sich an des Bäckers Bröseln labt.

Die Adulten dieser Art werden bis 28 mm lang. Während die fast schwarzen Weibchen nur Stummelflügel besitzen (Abb. 6.72 und 6.73), erreichen die Flügel der kastanienbraunen Männchen fast das Hinterende ihres Körpers, werden aber nicht zum Fliegen benutzt. Die etwa 1 cm großen Eipakete (Abb. 6.74) der Küchenschaben sind relativ groß, enthalten aber nur etwa 16 ($2 \times x8$) Eier und werden schon nach 1–2 Tagen des Herumtragens wahllos abgelegt. Aus den Fächern in den Eipaketen schlüpfen die hell bräunlichen Larven erst nach 2–3 Monaten. Die gesamte Entwicklung bis zum Adulten wird – selbst bei den hohen Temperaturen in einer Bäckerei – erst nach 5–6 Monaten abgeschlossen, sie kann sogar bis zu 1 Jahr dauern.

In Mitteleuropa findet die Entwicklung der Schaben wegen der notwendigen hohen Temperaturen nahezu ausschließlich in Gebäuden statt. Daher sind Schaben in der Regel beim Neubefall eines Hauses auf „Transportmittel" angewiesen.

6.6.3 Möbel-, Braunbandschabe *(Supella longipalpa)*

Diese mit maximal etwa 10–15 mm Länge kleinste in Deutschland angesiedelte Schabenart erscheint hell kastanienbraun bis dunkelbraun, wobei zwei hellere Querstreifen auf den Flügeln auftreten können. Die Männchen haben lange, die Weibchen kurze, seitlich zweifach gebänderte Flügel. Die Weibchen legen ihre relativ kleinen (0,5 cm) Eipakete nahezu ohne Tragephase in Ritzen von Möbeln etc. ab.

6.6.4 Amerikanische Schabe *(Periplaneta americana)*

Diese mit 26–38 mm größte in Deutschland eingemeindete Schabe (sie kam mit dem Zuckerrohr im 17. Jahrhundert aus Kuba) erscheint rotbraun, besitzt ein Halsschild mit zwei dunklen Flecken und ist in beiden Geschlechtern voll beflügelt (Abb. 6.75). Wegen ihrer ursprünglichen Herkunft aus subtropischen Bereichen entwickelt sie sich in Deutschland meist nur in Gewächshäusern bzw. in Räumen mit ausreichender Wärme und Luftfeuchtigkeit. Die großen Eipakete (Abb. 6.76) werden nur kurz (für wenige Stunden) vom Weibchen herumgetragen, dann in Ritzen festgeklebt und mit Spänen etc. getarnt. Die Larven schlüpfen bereits nach 1–2 Monaten, aber für die Gesamtentwicklung zum geschlechtsreifen Adultus wird etwa 1 Jahr benötigt.

Materialschäden. Da Schaben Allesfresser sind, befallen sie nachts jegliches organische Material (Nahrungsmittel, aber auch feuchte Gewebe, Papier, selbst Leder), das sie mit ihren kauend-beißenden Mundwerkzeugen zerkleinern. Durch Einschleppen von Keimen und durch den Verbleib von penetranten, z. T. süßlichen Duftstoffen sind Lebensmittel unbrauchbar, auch nachdem die Schaben sie verlassen haben.

Erkrankungen. Als Vektoren von einigen tropischen Würmern (Nematoden, Kratzer) abgesehen, die jedoch in Zoologischen Gärten große Bedeutung als Krankheitserreger bei Affenfamilien haben können, treten Schaben in Mitteleuropa nicht als Zwischenwirte von Parasiten bzw. anderen Erregern auf. Sie haben jedoch als mechanische Überträger von Erregern des Milzbrand, Salmonellosen, Typhus, Shigellosen, Tuberkulose, Pilzerkrankungen u. Ä. insbesondere in Krankenhäusern eine enorme Bedeutung erlangt und tragen eine großen Teil zum Krankheitsbild des sog. **infektiösen Hospitalismus** bei, bei dem z. B. „frisch" operierte Patienten zusätzlich durch zahlreiche Erreger erkranken, die lediglich im Krankenhaus verbreitet sind. Weitere Überträger derartiger

Erkrankungen sind z. B. Milben (Kap. 5), Ameisen (Abschn. 6.2.3) und Nager (Kap. 7). Nicht zu unterschätzen ist die **Ekelwirkung** auf einige Menschen, insbesondere wenn Schaben nachts über deren Gesicht laufen oder sie im Dunkeln (auf dem Weg zum Bad) barfuß auf eine Schabe treten (Auftreten von **Phobien**, Kap. 1).

Bekämpfung.

Prophylaxe. Räume kühl (15 °C) und trocken halten. Ritzen und Fugen versiegeln, Böden regelmäßig säubern, keine Nahrungsreste herumliegen lassen. **Wichtig:** Bei Schabenverdacht im Urlaub: Koffer und Kleidung vor der Abreise ausschütteln und vor der Heimkehr mit Insektiziden aussprühen, dann Koffer schließen und einwirken lassen, denn Larven können sich in Ritzen versteckt halten.

Biologische Schabenfallen. Konservendosen bzw. flache Schalen werden zu einem Drittel mit Sirup oder Bier zu gefüllt. Über ein schräg gestelltes Brettchen gelangen die Schaben in das Innere und ertrinken (dient der Befallsermittlung).

Biologische Bekämpfung. Versprühen von MiteStop® in Verstecke.

Chemobekämpfung. Lediglich bei geringem Schabenbestand sollte die Bekämpfung von privater Hand durchgeführt werden. Bei stärkerem Befall von Wohnungen und in Betrieben (insbesondere im Nahrungsmittelgewerbe) sollte dies **ausschließlich** von **kompetenten Schädlingsbekämpfern** vorgenommen werden. Normale im freien Handel erhältliche Köder und Fallen reichen nämlich im Allgemeinen nicht aus, um die entwickelte Schabenpopulation zu vernichten. Da die Larvalstadien in den Eipaketen (Ootheken) nicht von den üblichen Insektiziden erfasst werden, ist **immer** eine wiederholte Doppel- bzw. Mehrfachbekämpfung notwendig (nach 3–6 Wochen bei der Deutschen Schabe; 12–15 Wochen im Fall der Orientalischen Schabe). Heute zeigt z. B. der gleichzeitige Einsatz eines Insektizids (z. B. Responsar®) und eines Häutungshemmers (z. B. Starycide®) jedoch durchschlagenden Erfolg, sofern auch die Schlupfwinkel der Population erreicht werden.

6.7   Ameisen (Formicidae)

Eine Ameise im Koffer ist selten allein;
sind sie erst zu zwein,
kommt das Heer bald hinterdrein.

Einige dieser zur Insektenordnung der Hautflügler (Hymenoptera) gehörenden, staatenbildenden Insekten (mit weltweit etwa 14.000 Arten) können Wohnungen auf der Suche nach Nahrung befallen und dabei lästig werden (Abb. 6.77, 6.78

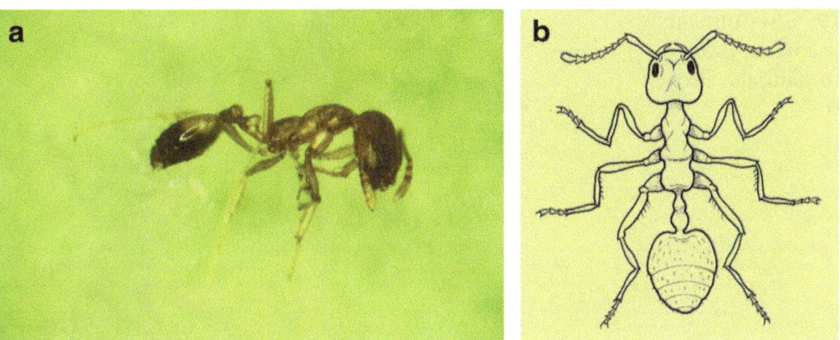

Abb. 6.77 LM-Aufnahme (**a**) und schematische Darstellung (**b**) einer Arbeiterin der Pharaoameise

und 6.79). Die schon in der Kreidezeit existierenden Ameisen (Familiengruppe Formicoidea) gehören zu den sog. holometabolen Insekten, d. h., sie schließen in ihren Lebenszyklus die folgenden Stadien ein: **Ei, 4–5 Larven** (die jeweils nach einer Häutung wachsen), ein ovoides **weißliches Puppenstadium** (je nach Art mit oder ohne Kokon – es wird auch fälschlicherweise als „Ameisenei" bezeichnet) sowie die **Adultstadien** (♀/♂). Die Männchen gehen aus unbesamten Eiern, die Weibchen aus besamten Eiern hervor. Bei den Weibchen treten zwei Formen auf: die **Geschlechtstiere,** die nach der Begattung besamte – die Spermien kommen aus dem sog. Receptaculum seminis – oder unbesamte Eier ablegen. Die andere weibliche Form ist die **Arbeiterin** mit reduzierten Geschlechtsorganen. Diese Arbeiterinnen sind stets ungeflügelt und können je nach Art in zwei Gestalten auftreten: als **kleine Arbeitstiere,** die die Larven versorgen, oder als große kräftige Tiere mit wehrhaften Zangen (Mandibeln), die als sog. **Soldaten** das Nest gegen Eindringlinge verteidigen. Die jeweils mit 4 Flügeln versehenen männlichen und weiblichen Geschlechtstiere schlüpfen zu einem Zeitpunkt (bei einer artspezifischen Nestgröße) in Massen. Sie brechen dann zu einem **„Hochzeitsflug"** auf (sie schwärmen), während dessen die Begattung vollzogen wird. Danach werfen die Weibchen die Flügel ab und gründen – je nach Art – einzeln oder zu mehreren ein neues Nest.

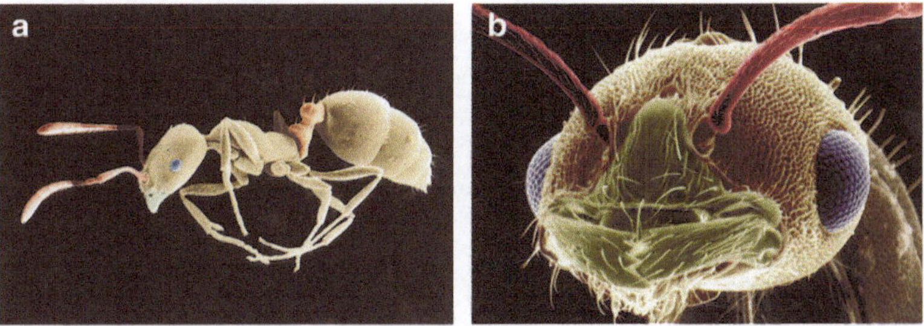

Abb. 6.78 (**a**), (**b**) REM-Aufnahmen einer Arbeiterin der Pharaoameise (Seitenansicht und Kopf)

Abb. 6.79 LM-Aufnahme
einer Rossameise, die
durch ihre stattliche Größe
imponiert

Allerdings gibt es auch zahlreiche hoch komplexe Entwicklungstypen, bei denen
beispielsweise eine Königin das Volk einer anderen Art „übernimmt". Auf diese frei-
lebenden Arten einzugehen würde den Rahmen dieses Buches sprengen.

Ameisen sind nicht nur wegen ihrer koordinierten Angriffe auf Feinde
besonders wehrhaft, sondern sie haben auch Gifte (Ameisensäure etc.) entwickelt, die sie mithilfe eines Stachels oder per Sprühen mit dem Hinterleib gegen
Feinde einsetzen. Die Gifte mancher Arten (z. B. die der sog. **Feuerameisen** in
Afrika, südlichem Nord- und Südamerika, Australien) können sogar Menschen
töten (Tab. 6.4). Charakteristisch für Ameisen sind die schneidenden Mundwerkzeuge (Mandibeln) und ihre großen Facettenaugen sowie die Tatsache, dass Brust
und Abdomen durch auf Stielchen verkleinerte Segmente (1. und 2. Abdominal-
segmente) verbunden sind (Abb. 6.77 und 6.78), sodass die Tierchen mit einer sog.
Wespentaille erscheinen.

Tab. 6.4 Ameisenarten, deren Gifte für Menschen evtl. lebensgefährdend sind

Trivialname	Wissenschaftlicher Name	Verbreitung
Knotenameisen Rote Feuerameise Pharaoameise	Myrmicinae *Solenopsis*-Arten *Monomorium pharaoensis*	USA, Süd- und Mittelamerika, Australien weltweit eingeschleppt
Stechameisen	Ponerinae *Pachycondyla*-Arten	Ostasien, Arabische Halbinsel
Bulldoggenameisen	Myrmeciinae *Myrmecia*-Arten	Australien, Tasmanien

6.7.1 Pharaoameise *(Monomorium pharaonis)*

Eine Art – die Haus- bzw. **Pharaoameise** *(Monomorium pharaonis)* (Abb. 6.77 und 6.78) – hat ihre Nester (Staaten) vollständig in menschliche Behausungen verlegt und nistet in Mauerspalten, Heizungsschächten, Dachwerk etc. Namensgebend war, dass diese Art, die erst im 19. Jahrhundert nach Deutschland eingeschleppt wurde, fälschlicherweise mit einer altägyptischen Plage in Verbindung gebracht wurde.

Fundort. In allen warmen (22–30 °C) Räumen des Hauses, wo eiweißreiche Speisen, rohes Fleisch oder süße Lebensmittel bzw. Obst gelagert sind. Diese Art befällt auch Wundverbände. Ihre Nester befinden sich versteckt, z. B. in Lüftungsschächten etc. In neuerer Zeit ist ihre verstärkte Ausbreitung in Krankenhäusern und Heimen zu vermerken, wo ihre unzugänglichen Nester nur bedingt bekämpft werden können.

Auftreten. Ganzjährig, weltweit; ursprünglich aus Indien eingeschleppt.

Biologie und Merkmale. Die bernsteingelben, mit einer dunklen Abdomenspitze und mit einem zweigliedrigen Stielchen versehenen, nur 1,2–2,5 mm langen, flügellosen Arbeiterinnen (Abb. 6.77 und 6.78) durchstreifen auf von Duftstoffen markierten „Straßen" das Haus nach Futter, das sie mithilfe von Borstentaschen in die versteckten Nester eintragen. An den Lebensmitteln finden sich danach typische Fraßspuren. Die Geschlechtstiere (geflügelte Männchen und Weibchen) treten im Nest nur im Spätsommer und Herbst auf. Durch begattete Weibchen (sog. Königinnen, 3–4 mm lang), von denen jeweils mehrere innerhalb großer Kolonien auftreten (Polygonie), werden im Haus „Ablegernester" angelegt. Die Entwicklung verläuft **holometabol,** d. h. mit Einschaltung einer Puppe, die weißlich und tönnchenartig erscheint, landläufig fälschlicherweise als **Ameisenei** bezeichnet und bei Gefahr von den Arbeiterinnen geschützt abtransportiert wird. Die gesamte Entwicklung dauert bei etwa 27 °C 38–45 Tage (4 Tage länger bei Geschlechtstieren). Arbeiterinnen leben etwa 2 Monate, Männchen 2–3 Wochen, Königinnen etwa 9 Monate. Ist eine Kolonie auf etwa 1000 Individuen angewachsen, brechen einige Geschlechtstiere auf und gründen eine neue Kolonie, sodass schnell weite Teile eines Gebäudes besiedelt werden können. Tote Artgenossen dienen den Wandernden zur Warnung und führen zum eiligen Rückzug, sodass eine Bekämpfung schwierig ist (vgl. das Verhaltensmuster bei Ratten).

Materialschäden. Durch Befall und Fraß seitens der Ameisen werden Lebensmittel unansehnlich und unter Einfluss von Bakterien verdorben.

Erkrankungen. In Krankenhäusern und Altersheimen können die sehr kleinen Arbeiterinnen, sofern sie unter Verbände in Wunden eindringen, zahlreiche Erreger (Bakterien, Viren, Pilze) übertragen. Sie werden somit zu einem Vektor des sog.

infektiösen Hospitalismus mit krankenhausspezifischen Erkrankungen, die nichts mit der Einlieferungsursache des Patienten zu tun haben. In gleicher Weise übertragen Schaben, Milben und Nager diese sogenannten „nosokomialen" (**nicht mehr therapierbaren**) Keime.

Bekämpfung der Ameisen in Behausungen.

Prophylaktisch sollten möglichst wenig Nahrungsmittel und -reste in Krankenzimmern herumliegen. In Großküchen, Krankenhäusern etc. lässt sich dies aber nicht vermeiden, daher ist dort eine **chemische Schädlingsbekämpfung** unbedingt erforderlich. Gegen die Ameisen wirken besonders Ameisenfraßköder mit Phoxim (Blattanex®), Avermectin (Raid®), Trichlorfon (z. B. Blitol®), Chlordecon (Rinal®) oder Natriumcacodylat (Nexa-Lotte®), die von den Arbeiterinnen auch in die versteckten Nester eingeschleppt werden und somit zu den anderen Mitgliedern des Staates gelangen. **Achtung:** Köder mit attraktiver Nahrung (z. B. rohes Mett) mischen! Bei Kenntnis der Lage des Nestes bzw. beim Vorliegen von umfangreichen Anlagen (Lüftungsschächten etc.) müssen Insektizide in Kombination mit Häutungshemmern (z. B. Responsar®/Starycide®) ausgebracht werden bzw. in die Verstecke gesprüht werden (Abschn. 8.1). Bei Befall von Krankenhäusern etc. ist die Bekämpfung **unbedingt** vom erfahrenen Schädlingsbekämpfer durchzuführen.

6.7.2   Rasenameise *(Tetramorium caespitum)*

Diese Art bildet ihre großen Nester in lockerer Erde (z. B. unter/neben Steinplatten im Garten. Die braunen Arbeiterinnen mit gelblichen Beinen und einer Körperlänge von 2–3,5 mm dringen auch häufig in Vorratsräume und Küchen von Wohnhäusern ein. Die geflügelten Männchen (6–7 mm) und Weibchen (bis 8 mm) schwärmen in Deutschland meist etwa im Juni und Juli. Zur Diagnose dient, dass am Hinterrand der Brust (Thorax) zwei kleine Dornen ausgebildet sind und dass das „Stielchen" (Einschnürung Brust-Hinterleib) aus zwei Segmenten (Petiolus, Postpetiolus) besteht.

6.7.3   Rossameise *(Camponotus ligniperda)*

Diese sehr große Art (Abb. 6.79), bei der die Arbeiterinnen 7–14 mm lang werden und die Geschlechtstiere sogar 18 mm erreichen können, baut ihre Nester in morschem Holz, auch in Hausnähe. Diese Ameisen erscheinen am Kopf fast einheitlich schwarz, wobei allerdings der hintere Brustbereich bräunlich ist, der Hinterleib glänzt und die Beine auch rotbraun wirken können. In Häusern in Waldnähe finden sich gelegentlich Arbeiterinnen auf Nahrungssuche. Die Schwarmzeit liegt zwischen Mai und August.

6.7.4   Glänzendschwarze Holzameise *(Lasius fuliginosus)*

Diese Art, deren Körper glänzend schwarz erscheint, legt ihre Nester in hohlen Baumstämmen an, aber auch in Hohlräumen von Häusern, wobei die Nestwände relativ brüchig sind und wie zerkauter Karton wirken. Vom Nest aus gibt es dann „Ameisenstraßen" zu Futterquellen (z. B. Blattläusen auf Pflanzen, Küchenresten etc.). Diese Art, deren Arbeiterinnen etwa 4–5 mm lang werden (♀ 6,5 mm, ♂ 5 mm), kann auch Bauhölzer zerstören und wird insbesondere in der „Schwärmzeit" (Juni/Juli) in Häusern lästig.

6.7.5   Mauerameisen *(Lasius brunneus)*

Diese Art hat eine besondere Vorliebe für Häuser. Finden sich ihre Nester außerhalb in lockerer Erde oder in Bäumen, so treten sie innerhalb von Häusern, in Höhlungen von Türbalken aber auch unter abgedeckten Heizkörpern auf. Die 2,5–4 mm großen Arbeiterinnen erscheinen an Kopf, Brust und an den Beinen gelblich braun und dunkelbraun am Hinterleib. Die etwa 5 mm großen Männchen und die 7–8 mm langen Weibchen schwärmen im Juni/Juli. Ein Befall der Balkenköpfe im Mauerwerk kann zu deren Zerstörung führen.

6.7.6   Schwarzgraue Wegameise *(Lasius niger)*

Diese Art nistet oft in unmittelbarer Hausnähe unter Hausterrassen und Pflastersteinen. Die Arbeiterinnen (3–4 mm) suchen besonders gerne nach Süßigkeiten (z. B. am Frühstückstisch im Freien). Die Schwärme der ♂/♀ sind sehr groß und werden dann lästig (Juli/August). Die Färbung dieser Ameisen kann relativ variabel von braun bis schwarzbraun erscheinen.

6.8   Bienen, Wespen, Hornissen

> Der Wespenstich macht keine Freude,
> weder für kleine noch für große Leute.
> Zum Bienenstich dagegen
> sich schnell die Hände regen.

Fundort. Diese Insekten (Abb. 6.80, 6.81, 6.82, 6.83, 6.84, 6.85, 6.86, 6.87, 6.88 und 6.89) finden sich auf überreifem Obst, Obstkuchen, zuckerhaltigen Säften, Nahrungsresten, in offenen Limonadedosen bzw. -flaschen etc. Die Nester der Arten *Paravespula vulgaris* und *P. germanica* finden sich in dunklen Höhlungen, z. B. auch in Rolladenkästen in Gebäuden. Als Baumaterialien für Nester und Waben werden von Wespen u. a. zerkaute Hölzer verwendet. Bienen und Hummeln bauen dagegen ihre sechseckigen Waben aus Wachs, das sie aus Drüsen im Brustbereich ausscheiden.

Abb. 6.80 Bienenschwarm an einer Hauswand

Abb. 6.81 Hornisse *(Vespa crabro)*

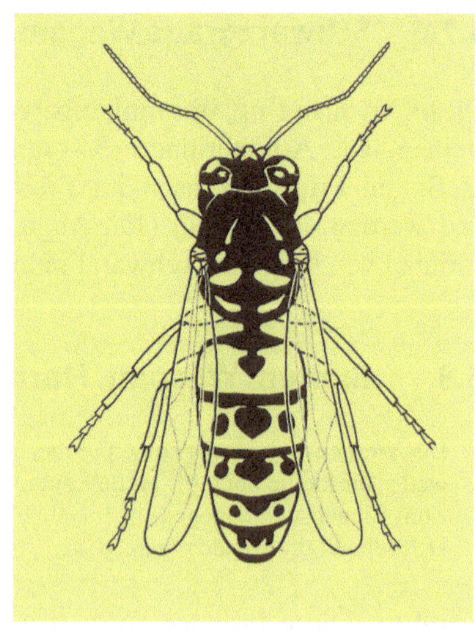

Abb. 6.82 Schematische Darstellung der Deutschen Wespe *(Paravespula germanica)*

Auftreten. In Europa nur im Frühjahr bis Herbst: Wespennester und einzelne, versteckte Hummel- oder Wespenköniginnen auf Dachböden ganzjährig. Das Nest ist bei Besatz durch einen ständigen Summton zu lokalisieren. Adulte führen Schwarmflüge durch und können daher in Massen in Häusern und Ställen auftreten (Abb. 6.80).

Abb. 6.83 Deutsche Wespen
angelockt durch in Honig
getränktes Weißbrot

Biologie und Merkmale. Die Wespen, inklusive der Hornissen, Bienen und Hummeln, gehören zur Insektenordnung der mit 4 Flügeln versehenen Hautflügler (Hymenoptera). Ihnen gemeinsam ist die sprichwörtliche „**Wespentaille**" (d. h. eine tiefe Einschnürung des Hinterleibs, Abb. 6.81 und 6.89). Im Weiteren zeichnet sie aus, dass sie meistens Staaten mit unterschiedlichen Funktionstieren bilden. Königinnen legen dann Eier, aus denen bei Befruchtung stachelbewehrte, nicht fortpflanzungsfähige Weibchen (Arbeiterinnen) und (ohne Befruchtung) nicht-stechende Männchen (= Drohnen bei Bienen) hervorgehen. Auch die Königin wächst aus einem befruchteten Ei heran, wird aber als Larve besonders gut in einer speziellen, großen Kammer (Weiselzelle) gefüttert. Prinzipiell werden zwei Familien unterschieden: **Vespidae** (Faltenwespen, Wespen, Hornissen) und **Apidae** (Bienen, Hummeln). Apidae sind im Gegensatz zu den Vespidae mehr oder minder stark behaart. Viele Insekten anderer Familien ahmen diese wehrhaften Tiere nach, um Räuber zu täuschen (**Mimikry,** z. B. Schwebfliegen (Syrphidae)).

Vespidae. Wespen (u. a. *Paravespula vulgaris*, **Gemeine Wespe;** *P. germanica*, **Deutsche Wespe**) und **Hornissen** (*Vespa crabro*) unterscheiden sich deutlich durch ihre Größe und in der Ausgestaltung ihrer gelbschwarzen bzw. rotbraunen Körperzeichnung (Abb. 6.81, 6.82 und 6.83). Die Arbeiterinnen der typischen Wespen werden maximal bis 2 cm lang, die Hornissen können durchaus 3 cm erreichen. Es überwintert nur die im Herbst von den Männchen begattete Königin,

Abb. 6.84 Junges
Paravespula-Nest

Abb. 6.85 *Polistes*-Nester
an Dachziegeln im Dachstuhl

Abb. 6.86 *Dolichovespula*
spec

Abb. 6.87 Junges
Hornissennest

Abb. 6.88 Hinterende einer
Wespe mit vorgestülptem
Stachel

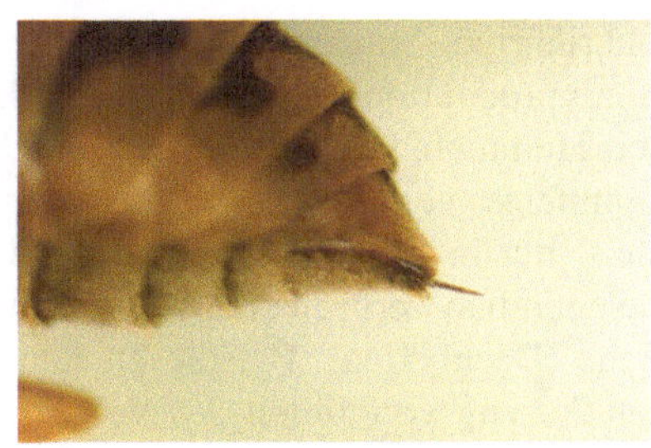

Abb. 6.89 Wespe in
Aufsicht zeigt die dünne
„Wespentaille", die langen
Antennen und die gespreizten
Flügel

da Wespen keine Honigvorräte o. Ä. anlegen. Diese Königin baut im Frühjahr ein
Nest, das im Regelfall bei Wespen im Boden, bei Hornissen in morschem Holz
angelegt wird, aber auch in hohlen Mauern, Hölzern, Dachvorsprüngen im Haus
gebaut werden kann. Im Frühjahr setzt die Königin zunächst nur wenige (etwa
20) befruchtete Eier ab, aus denen Arbeiterinnen schlüpfen, die sich dann um den
Ausbau des Nestes kümmern, während sich die Königin nur noch auf die Eiablage
beschränkt und so Völker von etwa 200–7000 Individuen entstehen lässt. Die
Nester bestehen aus einer papierartigen Masse, die durch Zerkauen von Holz-
splittern entsteht (Abb. 6.84, 6.85 und 6.87). Die Larven fressen **ausschließlich
fleischliche** Nahrung in Form von Beutetieren (z. B. Fliegen, Schmetterlinge),
die von den Arbeiterinnen überfallen und zu Nahrungsballen zerkaut werden.
Die adulten Wespen selbst ernähren sich von süßen Säften, Früchten und Blüten-
nektar. Die Larven sondern einen süßen Saft ab, der somit als Fütterungsanreiz für
die Arbeiterinnen dient. Im Herbst hört die Larvenproduktion auf, nachdem eine
Reihe neuer fertiler Weibchen und zahlreiche Männchen entstanden sind. Nach der
Begattung verlassen diese Königinnen das Nest und suchen Verstecke (auch Dachböden, wo sie dann im Frühjahr „verstaubt" angetroffen werden) zum Überwintern
auf, während die Männchen und die unfruchtbaren Arbeiterinnen absterben. Die
Völker sind somit einjährig.

Apidae. Bienen und Hummeln sind im Allgemeinen staatenbildend. Sie ernähren
ihre Larven durch Eintragung von Pollen und Nektar, die im Stock zum Reserve-
stoff für schlechte Sommertage und – nur im Fall der **Honigbienen** – für den
Winter umgearbeitet werden. Honigbienen *(Apis mellifera,* in älterer Literatur
auch *A. mellifica)* bilden nämlich im Gegensatz zu den Hummeln *(Bombus*-Arten)

mehrjährige Staaten, was sich der Mensch schon seit 5 Jahrtausenden zur Honigproduktion zunutze macht. Die stachelbewehrten Arbeiterinnen sowohl der Hummeln als auch der Honigbienen dringen (wegen ihres vorwiegenden Sammelns von Pollen und Nektar) nur selten in Häuser vor, sodass Stiche meist nur in Hausnähe erfolgen und Nester faktisch nie im Haus zu finden sind. Gelegentlich verirren sich schon einmal einzelne **Schwärme** von Honigbienen ins Haus (Dachböden). Bei diesen Schwärmen (Vorschwärmen) handelt es sich um den Auszug von Teilen des Volkes mit der alten Königin im Frühjahr nach dem Schlüpfen der neuen. Die neue Königin tötet die übrigen Königinnenlarven ab, führt mit den Männchen (Drohnen) den zur Begattung dienenden **Hochzeitsflug** durch und kehrt – im Gegensatz zur alten Königin – in den Stock zurück.

Solitäre Bienen, wie die **Seidenbiene** *(Colletes daviesanus),* die **Mauerbienen** *(Osmia*-Arten) oder die **Blattschneiderbienen** *(Megachile*-Arten) bauen die aus nur wenigen Brutzellen bestehenden Nester auch in Hohlräume des Hauses ein. Die eierlegenden Weibchen sammeln aber stets selbst die Nahrung für die Larven, während dies bei den staatenbildenden Arten nur Aufgabe der Arbeiterinnen ist. Hummeln *(Bombus*-Arten) bauen ihre einjährigen Nester oft in Höhlungen im Boden (alte Mäusenester, Hohlräume unter Steinplatten usw.).

Materialschäden. Tragende Hölzer und Mauerwerk können durch Anlage der Nester von Wespen und einigen Bienenarten Schaden nehmen.

Erkrankungen. Hierbei stehen neben der gelegentlich mechanischen Verschleppung von Krankheitskeimen die **Stichwirkungen** im Vordergrund. Die Arbeiterinnen – aber auch die Königinnen – der Vespidae und Apidae können mithilfe ihres abdominalen Stechapparats (Abb. 6.88) Gift injizieren. Wegen der Elastizität der menschlichen Haut und der Form des Widerhakens am Stachel der Honigbienen wird der gesamte Stechapparat aus dem Körper des Insekts herausgerissen. Das Tier verendet durch „Ausbluten", während der in der Haut des Opfers steckende Stechapparat noch eine Zeit lang tätig ist und weiterhin Gift injiziert. Wespen können den Stachel aus der Haut des Menschen herausziehen, da er mit einer stärkeren Muskulatur verankert ist und seine Widerhaken die Haut zerschneiden. Die Gifte sind sehr komplex und bestehen aus biogenen Aminen (u. a. Histamin), Peptiden (u. a. Apamin, Kinin) und Enzymen (Phospholipasen, Hyaluronidasen). Nach dem schmerzhaften **Stich** (Wirkung auf Nervenendigungen) kommt es zu geröteten Schwellungen und evtl. Ödemen nach 6–24 h. Einige Giftkomponenten können Allergiesymptome wie Juckreiz, Urtikaria, Blutdrucksenkung, Tachykardie, Fieber, Atembeschwerden bis hin zum vollständigen Kreislaufversagen (anaphylaktischer Schock) auslösen. Allergiker sollten daher stets im Sommer Adrenalin, Ca^{2+} und Antihistaminika zur sofortigen Injektion bei sich tragen. Wegen derartiger, evtl. tödlich verlaufender Stichwirkungen ranken sich zahlreiche übertreibende Legenden um die Giftigkeit bzw. Gefährlichkeit dieser „Stechimmen". Aggressive afrikanische Bienenrassen, die nach Amerika importiert wurden, dort entkamen und sich nun in weiten Landstrichen Süd- und Mittelamerikas ausbreiten, werden sogar als **Mörderbienen** bezeichnet.

Die Giftigkeit von Bienen- und Wespenstichen für normal sensible Personen ist (insbesondere bei Einzelstichen) im Allgemeinen relativ gering. So werden bei afrikanischen wie auch europäischen Honigbienenrassen sicher mehrere Hundert Stiche (bei 0,1 mg Gift pro Stich) als **Letaldosis** beim Menschen benötigt. Das Gleiche gilt auch für Hornissen (Abb. 6.81), allerdings wirkt das von ihnen injizierte, biogene Amin Acetylcholin (5 % des Trockengehalts) unmittelbar auf den Herzmuskel des Menschen, sodass es hier zu schnellen Schäden auch bei geringer Stichzahl kommen kann. Bei vielen Stichen oder Stichen in den Mund (Erstickungsgefahr) bzw. direkt ins Auge (evtl. Sehverlust) sollte unbedingt ein Arzt aufgesucht werden.

Behandlung der Stiche:

- bei Bienen: Stachel mit einer Pinzette so herausziehen, dass die noch anhängende Giftblase nicht in die Stichwunde entleert wird
- Stichstelle aussaugen
- Eiswürfel der Stichstelle auflegen
- Aspirin-Tablette durch Anfeuchten zerkleinern und auf der Stichstelle einreiben
- Salbe mit Analgetika, Corticosteroiden auftragen
- Allergiker, bei denen u. U. schon ein Stich zum Tode führen kann, sollten Spritzen mit Ca^{2+}, Adrenalin und/oder Antihistaminika erhalten. Dies sollte generell auch bei Personen mit Vielfachstichen geschehen. Hierbei muss evtl. auch mit Hämolyse und Nierenversagen gerechnet werden (Bluttransfusion ist dann notwendig).
- Allergiker sollten unbedingt eine prophylaktische Desensibilisierung mit dem Gesamtgiftantigen vornehmen lassen.

Anwendung des Bienengifts. Bienengiftpräparate (u. a. Forapin Mack®) werden als Salben zur lokalen Behandlung von rheumatischen Schmerzen, Neuralgien, Muskelzerrungen und Erfrierungen verwendet. Diese Anwendung des Giftes kannten schon die Römer, deren Ärzte Bienenstiche in dosierter Anzahl verordneten.

Bekämpfung. Maßnahmen zur Bekämpfung sollten prinzipiell nur in Erwägung gezogen werden, wenn Leib und Leben von Menschen und Haustieren unmittelbar bedroht sind (z. B. bei Nestern in Kindergärten, Krankenhäusern etc., wie belegte Fälle zeigen). Die Maßnahmen dürfen erst eingeleitet werden, wenn eine Rücksprache mit den **Unteren Landschaftsbehörden** erfolgt ist (ggf. eine Genehmigung erteilt wurde), da die „Stechimmen" prinzipiell nützlich sind (Bienen/Hummeln als Pflanzenbestäuber, Wespen mit den dazugehörigen Hornissen als wichtige Fänger von Schadinsekten) und einige Arten zudem noch besonders geschützt sind – sie stehen bundesweit auf der **Roten Liste** der bedrohten Tier- und Pflanzenarten. Auch nach erteilter Genehmigung der zuständigen Behörde sollte die Bekämpfung Spezialisten (Feuerwehr, Schädlingsbekämpfern) überlassen werden, weil es bei unsachgemäßem Vorgehen zu vielen

Stichen durch die aufgescheuchten Insekten kommt. Für nicht unter Artenschutz stehende Arten kommt auch die Nestbekämpfung, z. B. mit dem Bayer® Wespenschaum, infrage oder die „Ausräucherung" mit **Kohlendioxid** (CO_2.).

Prophylaxe. Fliegengitter vor den Fenstern der Vorratsräume anbringen; zuckerhaltige Lebensmittel bzw. Wurst nicht frei herumstehen lassen; Ritzen und Verstecke im Haus, die sich zur Anlage von Nestern eignen, versiegeln. Ausbringen von Döschen mit Wespenrepellent (Fa. Alpha-Biocare, Düsseldorf).

Achtung: Nicht aus im Freien herumstehenden Limonadendosen etc. (ohne Strohhalm) trinken. Stiche im Mund können blitzschnell die Zunge anschwellen lassen und so im Extremfall zum Tod durch Ersticken führen.

6.9 Heimchen, Hausgrillen *(Acheta domesticus)*

Zirpt das Heimchen in der Nacht,
wirst Du um den Schlaf gebracht.

Fundort. An warmen, feuchten Plätzen im Haus, unter Heizungen etc.

Auftreten. Weltweit, ganzjährig.

Biologie und Merkmale. Die Hausgrille *(Acheta domesticus)*, die auch als **Heimchen** bezeichnet wird, gehört zur Familie Gryllidae (Grillen) der Insektenordnung Saltatoria, deren Vertreter zwei typische hintere Sprungbeine (Name!) besitzen (Abb. 6.90). Die 4-flügeligen, mit langen Antennen versehenen adulten Hausgrillen werden etwa 2 cm lang, sind gelblich lederbraun mit brauner und schwarzer Zeichnung. Sie sind nachtaktiv, ernähren sich als Allesfresser und haben daher in Behausungen die Möglichkeit, Nahrungsreste (v. a. in Form von Krümeln u. a.) zu vertilgen und sich z. T. massenhaft zu vermehren. In den Sommermonaten verlassen sie z. T. das Haus, um auf Müllplätzen etc. zu leben, wandern aber im Herbst wieder ein. Die Fortpflanzung verläuft ganzjährig, wobei die Männchen ein unterschiedliches, als recht „musikalisches" oder auch „störend" empfundenes **Zirpen** (durch Stridulation = Reiben der Vorderflügel) als sog. Gesänge bei der Balz, aber auch bei der Revierverteidigung gegen männliche Rivalen produzieren. Gerade diese „Gesangswettbewerbe" können in Behausungen „nervtötend" auf jeden nächtlichen Schläfer wirken. Aus den mit einem Legestachel in Ritzen etc. abgelegten zahlreichen Eiern schlüpfen nach 10–12 Tagen Larven, die dem Adultus gleichen, allerdings noch keine Flügel besitzen und schließlich über 12–16 Häutungen kontinuierlich (Hemimetabolie) zur Geschlechtsreife heranwachsen. Erwachsene Weibchen sind an dem langen, geraden Stechapparat am Abdomenende zu erkennen. Mehrere Generationen im Jahr sind möglich.

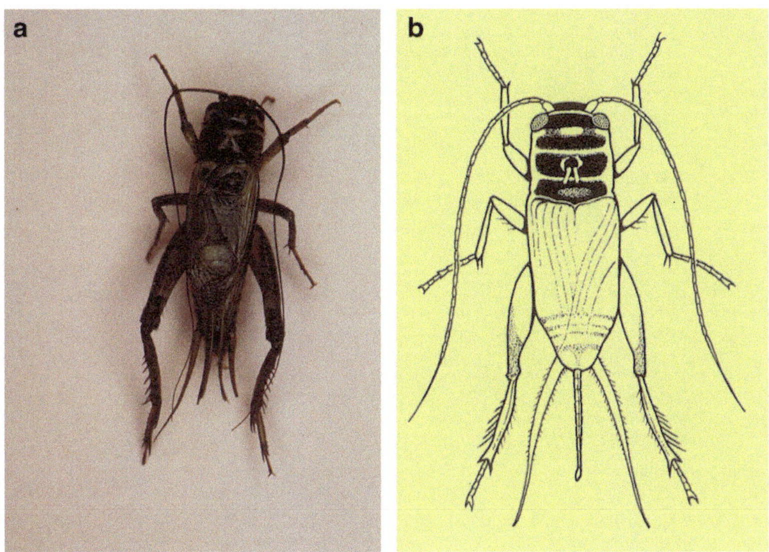

Abb. 6.90 Hausgrille bzw. Heimchen *(Acheta domesticus)* in der Makroaufnahme (Männchen, a) und im Schema (Weibchen, b)

Materialschäden. Werden Lagerräume befallen, so können sich Hausgrillen auch in großem Maße als Vorratsschädlinge betätigen.

Erkrankungen. Keine; jedoch stete Schlafstörung durch das Zirpen.

Bekämpfung. Die Männchen können wegen ihrer Lautäußerungen mit der Taschenlampe lokalisiert, gefangen und nach draußen gebracht werden. Da die Weibchen aber neue Generationen produzieren können, sollten bei Massenbefall die gleichen Bekämpfungs-maßnahmen wie bei Schaben ergriffen werden (Abschn. 6.2.2).

Es gibt zwei Sorten Ratten:

die hungrigen und die satten.
Die satten bleiben vergnügt zu Haus,
die hungrigen aber wandern aus.

Heinrich Heine.

Die **Hausmaus** (*Mus musculus,* Abb. 7.1) und die **Wanderratte** (*Rattus norvegicus,* Abb. 7.2a), die in Mitteleuropa die **Hausratte** *(R. rattus)* weitgehend verdrängt hat, befallen – von Lagerräumen ausgehend – menschliche Behausungen so oft, dass amtlich angeordnete Bekämpfungsmaßnahmen durchgeführt werden müssen. Da diese Tiere sehr lichtscheu sind, wird ein Befall meist erst durch das Auffinden von Kot, Nagespuren (Abb. 7.2b) oder den beißenden Geruch infolge der Urinabgaben bemerkt. Wegen ihrer ständig wachsenden typischen Nagezähne (oben und unten je 2) nagen die Tiere auch an nicht-fressbaren Materialien (Metall, Plastik), um die Zähne kurz zu halten.

Fundort. Mäuse in Ställen, Lagerräumen, auf Dachböden, in Zwischendecken, Ratten dazu in Abwasserkanälen, auf Müllplätzen.

Auftreten. Ganzjährig, weltweit.

Biologie und Merkmale. Die **Wanderratte** (*Rattus norvegicus*) wird bis 25 cm lang (ohne den etwa 20 cm langen nackten Schwanz) und wiegt bis zu 500 g. Das Fell erscheint auf dem Rücken graubraun bis rötlich, auf der Unterseite hellgrau. Die Wanderratten sind soziale Tiere, die insbesondere in Abwassersystemen in Rudeln (bis 250 Tiere) leben und sich durch Duftstoffe erkennen. Unterschiedliche Rudel bekämpfen sich, wobei Kannibalismus möglich ist. Die Ratten sind Allesfresser, sodass keinerlei Vorräte des Menschen vor ihnen sicher sind. Zudem

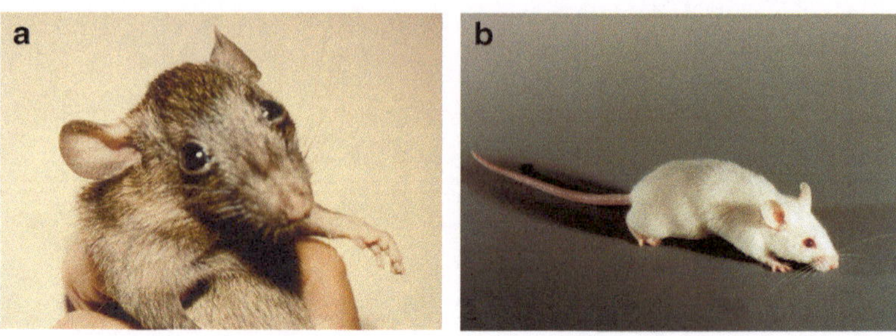

Abb. 7.1 Makroaufnahme einer Hausmaus (Wildform, (**a**) und einer Labormaus (**b**)

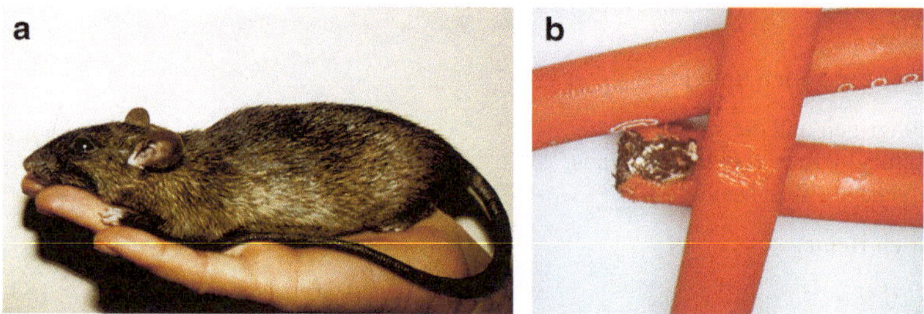

Abb. 7.2 Makroaufnahmen einer jungen Wanderratte (**a**) und von unterschiedlich tiefen Nagespuren einer Ratte an Leitungskabeln (**b**)

ist ihre Vermehrungsrate enorm groß. Ein Weibchen hat jährlich 2–7 Würfe mit je
etwa 5–8 Jungen, sodass ihre jährliche Nachkommenschaft leicht mehrere Tausend
Tiere betragen kann.

Die **Hausmaus** (*Mus musculus*) (Abb. 7.1) wird ausgewachsen etwa 9 cm
lang (ohne den 9 cm langen, von Härchen bedeckten Schwanz) und wiegt bis zu
250 g. Auf der Oberseite erscheint das Fell dunkelgrau bis braun, unten hell. Die
Hausmausnester aus zusammengetragenem Füllmaterial finden sich stets im Haus
an geschützten Stellen (z. B. Dachboden, hohle Mauern). Die Tiere tragen im
Sommer große Vorräte ein, sodass sie im Winter nicht das Haus verlassen müssen.
Die Mäuse werfen 4- bis 6-mal im Jahr etwa 8 bei der Geburt noch nackte und
blinde Junge, sodass eine hohe Vermehrungsrate besteht. Hausmäuse sind ebenfalls Allesfresser, bevorzugen aber eindeutig Körner.

Materialschäden. Die Vernichtung von Nahrungsmitteln durch Fraß bzw. deren
Verschmutzung durch Kot und Urin ist sehr bedeutsam. Zudem erfolgt eine
Beschädigung von Materialien aller Art (Leitungen, Kabel, Einrichtungsgegenstände, Bücher etc.) als Folge ihres ausgeprägten Nagedrangs (Abb. 7.2b); Ratten
fressen zudem kleine Haustiere (Küken etc.) (Abb. 7.2a).

Belästigungen. Da Ratten und Mäuse nachtaktiv sind, können ihre Bewegungen (Krabbeln, Scharren) nachts zu massiven nervigen Schlafstörungen bei Menschen in befallenen Gebäuden führen.

Erkrankungen. Insbesondere Ratten können eine Vielzahl von Erregern verschleppen, sodass sie zu den Vektoren infektiöser Erkrankungen (z. B. Typhus, Tuberkulose, Milzbrand, Rattenbisskrankheit, Leptospirose, Maul- und Klauenseuche etc.) beim Menschen bzw. seinen Haustieren gehören. Gleichzeitig dienen Ratten als **Reservoir** für Parasiten (z. B. für Trichinen) oder Bakterien (z. B. Pesterreger in den Tropen). **Achtung:** In die Enge getrieben, greifen Ratten an und beißen zu, wobei es zu Sepsis („Blutvergiftung") kommen kann. Nager können zur Plage werden, wovon schon die „alten" Bibelvölker (wie auch im Märchen die Hamelner Bürger) ein Lied singen konnten. Noch heute wird vom „Rattenfänger" gesprochen, der im Übrigen sprichwörtlich geworden ist. Entgegen der Tatsache, dass Ratten sehr lernfähig sind und vergiftete Köder schnell meiden, gelten sie in der Umgangssprache eher als dumm, wenn man dem Erfolg politischer „Rattenfänger" trauen darf.

Bekämpfung.

Prophylaxe.

- Zugangswege erschweren; Gitter vor Fenstern, Abwässerkanälen, Dachrinnen, Lüftungsschächten anbringen
- die Anlage von Nistplätzen verhindern durch Versiegelung von Ritzen, Löchern etc.
- Abfälle geruchssicher lagern
- Nahrungsmittellagerung in verschlossenen, kühlen Bereichen durchführen
- Katzen und Hunde im Haus halten

Mechanische Bekämpfung. Aufstellen von Schlagfallen auf möglichen Wegen oder vor Schlupflöchern. **Achtung:** Fallen regelmäßig kontrollieren, sonst dienen tote Nager als Brutstätten für Fliegen.

Chemobekämpfung. Hier gelten die jeweils aktuellen (etwa 50) **Entwesungsmittel** im Haus bzw. Pflanzenschutzmittel (Vorratsschutz), deren Liste beim Bundesamt für Verbraucherschutz und Lebensmittelsicherheit (BVL) in Berlin (http://www.bvl.bund.de) einzusehen ist.

Achtung: Entwesungskampagnen werden **amtlich** angeordnet. Die aktuelle Generation der sog. „Rodentizide" umfasst Gerinnungshemmer (z. B. Coumatetralyl, Racumin®), die mehrfach aufgenommen werden müssen, um Ratten zu töten. Nur diese Strategie hilft gegen diese überaus misstrauischen Nager, deren Artgenossen einen Zusammenhang zwischen dem Tod eines Rudelmitglieds und der zuletzt verzehrten Nahrung herstellen. Fressen aber Hunde

Tab. 7.1 Vergleich der Merkmale von Ratten- und Mäusebefall

Merkmal/Maßnahmen	*Rattus rattus*	*Mus musculus*
Revier	70–100 m im Durchmesser	3–50 m im Durchmesser
Aktivität	nachts bzw. im Dunkeln	ganztags: 2 h aktiv – 2 h Ruhe
Fressen	Sattfressen an einer Quelle	mehrfach wechselnd
Futter pro Tag	20–25 g, Allesfresser	1–4 g, Körner, Früchte
Ausbringen von Ködern	alle 8–10 m an Wänden	im Raum, $1/m^2$
Ködermengen pro Station	125–150 g	10–20 g
Anbietung der Köder	2–4 Wochen	3–8 Wochen

oder Katzen einmal die mengenmäßig geringe „Ration" einer Ratte, so passiert nichts, dennoch ist **große Vorsicht** geboten. Die für Ratten oder Mäuse speziell gemischten Köder sollten daher in **Kästen** angeboten werden, durch deren Öffnungen zwar Mäuse oder Ratten eindringen können, aber eben nicht andere Haustiere.

Zudem sollten sie an **für Kinder unzugänglichen Plätzen** im „Verkehrsbereich" der Nager platziert werden. Dabei ist zu beachten, dass Mäuse ein viel kleineres Revier haben (Tab. 7.1) und immer nur geringe Mengen fressen (daher viele kleine Köder anbieten). Flächendeckende Kampagnen – bei Massenbefall – **müssen vom Schädlingsbekämpfer** durchgeführt werden. Mittlerweile treten nämlich **Resistenzen** (u. a. besonders im Falle von Warfarin bei der Hausratte) auf.

Insektizide und Repellentien 8

8.1 Insektizide

Insektizide sind je nach Stoffklasse von unterschiedlicher Giftigkeit (Toxizität) gegenüber Mensch, Tier und Umwelt, insbesondere wenn sie nicht richtig dosiert und unsachgemäß angewendet werden. Besonders stark gefährdet sind dabei Kinder. Allerdings wacht das Bundesamt für Verbraucherschutz und Lebensmittelsicherheit (BVL, Berlin; vormals BGA) über die prinzipielle Verträglichkeit bei richtiger Anwendung und lässt diese Produkte folgerichtig auch zu. Die **jeweils gültige Liste** wird regelmäßig publiziert (bzw. im Internet korrigiert vorgestellt). Gegen die aktuellen Insektizide haben viele Zecken, Milben und Insekten unterschiedlich starke Resistenzen entwickelt, d. h. bei ihnen wirken die Substanzen nicht mehr oder nur noch mäßig. Die folgende Tab. 8.1, die nach Literaturangaben, nach der Liste des Bundesamtes für Verbraucherschutz und einer Publikation des Janssen-Fortbildungsdienstes erstellt wurde, mag Ihnen helfen, sich die am wenigsten toxische Substanz herauszusuchen. Auf allen in Deutschland zugelassenen Insektizidprodukten muss der Wirkstoff stehen. **Vorsicht** daher mit im Ausland gekauften Produkten, wo diese Kennzeichnungspflicht vielfach nicht besteht oder die Kennzeichnung unverständlich bleibt.

Neben der in Tab. 8.1 erfassten **Giftigkeit** (Toxozität) führen die heute (2020) zur Verfügung stehenden Insektizide zu einer sehr unterschiedlichen Belastung in den behandelten Räumen, die natürlich abhängt von der Formulierung der Wirksubstanz, der Ausbringungsweise, dem Material der besprühten Flächen, den Temperaturen und der Feuchtigkeit in den jeweiligen Räumen. So zeigte sich, dass z. B. das „natürliche" Pyrethrum aus der Chrysantheme etwa einen Monat nachweisbar ist, während die „synthetischen Pyrethroide" eventuell mindestens ein halbes Jahr anzutreffen sind. Nach Angaben verschiedener Autoren sind **Kohlenwasserstoffe** (z. B. Lindan) bis zu einem Jahr vorhanden, **Organophosphate** (z. B. Dichlorvos) 2 Tage bis 3 Wochen und **Carbamate** (z. B.

© Der/die Herausgeber bzw. der/die Autor(en), exklusiv lizenziert durch Springer-Verlag GmbH, DE, ein Teil von Springer Nature 2020
H. Mehlhorn und B. Mehlhorn, *Zecken, Milben, Fliegen, Schaben …*,
https://doi.org/10.1007/978-3-662-61542-3_8

Tab. 8.1 Insektizidklassen und ihre Toxizität

Stoffklasse	Beispiele für Wirkstoffe[A]	Toxizität für Mensch und Tier[B]	Resistenzen bei Flöhen[C]
Chlorierte bzw. halogenierte Kohlenwasserstoffe	Lindan Bromocyclen	++++	2
Organophosphate	Fenthion Phoxim Dichlorvos Coumafos	+++	4
Carbamate	Carbaril Propoxur	++	3
Synthetische Pyrethroide[2]	Permethrin Cyfluthrin Cypermethrin Deltamethrin u. v. a.	+	2
Natürliche Pyrethrumextrakte Pyrethrumextrakte[2]	Pyrethrine Cinerine	+	1

[A]Jede dieser hier mit dem sog. generischen Namen gekennzeichneten Substanzen ist unter verschiedenen Handelsmarken auf dem Markt
[B]Die wissenschaftlich als *Pyrethrum* bezeichnete Chrysantheme enthält Substanzen, die als Insektizide wirken. Diese können – wie ähnliche Substanzen bei anderen Pflanzen – auf natürlichem Weg isoliert oder chemisch „nachgebaut" (synthetisiert) werden
[C]Hier am Beispiel des Flohs; andere Insekten können durchaus anders reagieren
++++ = stark toxisch
+ = schwach toxisch
4 = häufig
3 = weniger häufig
2 = selten
1 = sehr selten

Propoxur) 5 Monate. Diese jeweilige Belastungsdauer sagt auf der anderen Seite **nichts** darüber aus, ob überhaupt Schäden auftreten. Dennoch fordert die lange Nachweiszeit als absolute Konsequenz, dass mit den vorhandenen Insektiziden **dosiert** und ausschließlich **sachgerecht** umgegangen werden muss. Daher kann als Grundregel gelten, dass ein „massiver Erstschlag" mit „Killeffekt" häufigem, geringgradigem Einsatz vorzuziehen ist. **Massives Ausbringen** von Insektiziden muss daher unbedingt ausschließlich von **geprüften Bekämpfern** ausgeführt werden und erfordert dann zudem Dekontamination.

Bei unsachgemäßer Anwendung bzw. versehentlichem Falschgebrauch (durch Kinder etc.) kann es zu Vergiftungen kommen, bei denen **unbedingt der Arzt aufgesucht werden muss.** Allgemeine und erste Anzeichen von **Vergiftungen** sind Schwindelgefühle, Brechreiz, Bauchschmerzen, Krämpfe, Durchfälle, Schüttelfrost. Die betroffenen Personen sollen sofort warm und ruhig gelagert werden (Haut mit Seife gewaschen, bei frischer Kleidung und frischer Luft) und ein **Arzt muss unbedingt geholt bzw. aufgesucht werden.**

Ein Glas Wasser mit gelöster medizinischer Kohle sollte sofort getrunken werden (keine Milch).

Das Produkt (in Sprühdose o. ä. Behältnis), das zur Vergiftung führte, muss zum Arzt mitgenommen werden, damit die Art und Aktivität der giftigen Wirksubstanz festgestellt werden kann (Tab. 8.1). Im Allgemeinen werden die folgenden Gegenmaßnahmen empfohlen (Bayer Pest Control).

Bei Vergiftungen mit

- **Organophosphaten:** intravenöse Gabe von Atropin-Sulfat® und Olidoxime (z. B. Toxogonin® von Fa. Merck)
- **Kombinationen von Organophosphaten und Carbamaten:** Atropin-Sulfat® (z. B. Fa. Köhler), 2 mg intravenös alle 15 min, bis der Patient Besserung zeigt
- **Pyrethroiden:** Ein Antidot ist nicht bekannt, die Behandlung sollte nach sorgfältiger Säuberung betroffener Hautbereiche mit Seife die allgemeinen Symptome bekämpfen (z. B. mit Magenspülungen)
- **Thallium-Präparate (ältere, nicht mehr zugelassene Ratten-mittel):** Erbrechen induzieren, Magenwäsche mit 1 % Kalium-Jod oder Natrium-Jod-Lösung durchführen, spezielles Antidot: Antidotum Tallii Heyl®
- **Cholecalciferol (Mäusegift auf Vitamin-D_3-Basis):** Erbrechen induzieren, Blutcalciumspiegel bestimmen: bei Erhöhung gleiche Behandlung wie bei Überdosis von Vitamin D; im Weiteren symptomatische Behandlung
- **Coumatetralyl (Rattengift):** Das Antidot ist Vitamin K_1 (Konakion®), die Gabe erfolgt intravenös, symptomatische Behandlung

Im Allgemeinen stehen entsprechende Hinweise auf den in der EU zugelassenen Produkten, die von einer Reihe von renommierten Firmen angeboten werden (z. B. Bayer Vital, 51373 Leverkusen; SC Johnson, 40699 Erkrath (http://www.scjohnson.com)**).**

Weitere Beratungen: Einen 24-Stunden-Dienst bieten an:

- **Berlin** Charité-Universitätsmedizin Berlin
  Tel. 030 – 450 50 (Zentrale)
  Campus Charité Mitte
- **Bonn** Informationszentrale gegen Vergiftungen bei Kindern
  Unikinderklinik
  Tel. 0228 – 19240
- **Leipzig** Toxikologischer Auskunftsdienst
  Tel. 0341 – 9724666
- **München** Giftnotruf
  Tel. 089 – 19240

Hierbei handelt es sich um eine **überregionale Auswahl.** Telefonnummern lokaler Anlaufstellen (Hotlines) gibt es auch vor Ort (Telefonbuch bzw. nächste Klinik).

8.2   Repellentien

8.2.1   Wie lange wirken Repellents?

Die Dauer der Wirkung eines Repellents hängt von vielen Faktoren ab, die seriöse Bewertung verdienen, wenn der Anwender sich nicht in falscher Sicherheit wiegen soll.

- Die Konzentration des Wirkstoffs muss relativ hoch sein, weil das gesamte Produkt naturgemäß viele andere Substanzen enthalten muss, um den Wirkstoff gleichmäßig auf der Haut bzw. im Fell zu verteilen und so die die Blutsauger anlockenden Hautausdünstungen zu überdecken.
- Abgesonderter Schweiß verdünnt ebenfalls die Konzentration des repellierenden Wirkstoffs.
- Manche repellierende Wirkstoffe – insbesondere ätherische Öle aus Pflanzen – verflüchtigen sich sehr leicht in der Luft und werden so ebenfalls in kürzester Zeit extrem verdünnt.
- Manche Trägerstoffe der repellierenden Wirkstoffe (etwa Lotionen, Cremes etc.) bilden oft zusammen mit Schweiß eine feste Schicht, aus der die Wirkstoffe nur noch teilweise austreten können.
- Die repellierenden Eigenschaften der einzelnen auf dem Markt befindlichen Produkte sind von vornherein stark unterschiedlich. Daher ist es nicht verwunderlich, dass sie schon von vornherein unterschiedlich wirken.
- Die zu schützenden Personen und/oder Tiere haben individuell eine unterschiedliche Anziehungskraft auf bestimmte Arten der Blutsauger. So werden manche Personen – auch ungeschützt – öfter bzw. schneller aufgesucht als andere.
- Manche Arten von Blutsaugern ziehen als Beute häufig Tiere dem Menschen vor (z. B. Vögel, Nager). Diese sind nämlich wie die Mücken (Letztere seit ca. 150 Mio. Jahren) länger auf der Erde vorhanden als der heutige Mensch (*Homo sapiens* seit ca. 100.000 Jahren). Es ist daher entscheidend, von welcher Blutsaugerart der Mensch attackiert wird.
- Die Stech- bzw. Saugfreudigkeit von Blutsaugern hängt z. B. auch von der Tatsache ab, wann deren letzte Blutmahlzeit stattgefunden hat.
- Die verschiedenen Arten der Blutsauger sind primär artspezifisch zu unterschiedlichen Tageszeiten aktiv (tagsüber, in den frühen Abendstunden und/oder morgens vor Sonnenaufgang). Dies bedeutet, dass der Schutz mithilfe von Repellentien bei deren Aktivitätshöhepunkt längst „verflogen" sein kann.
- Blutsauger sind (wie alle Arthropoden) temperaturabhängig aktiv. Dies bedeutet, dass an kühlen und/oder windigen Tagen ein deutlich geringerer „Blutsaugerdruck" auf potenzielle Wirte herrscht.
- War es mehrere Tage kühl, so unterblieb das Schlüpfen der Blutsauger aus ihren häufig in Gewässern befindlichen Puppenhüllen. Bei der nächsten Erwärmungsphase kommt es dann zum Massenschlupf und zur massiven

„Erhöhung des Blutsaugerdrucks" auf wandernde Menschen etc. (evtl. an weniger gut eingesprühten Stellen der Haut).

- Massen von Zecken und Milben sowie von Flöhen sind häufig territorial anzutreffen, weil sie ungeflügelt sind und sich daher nach der Eiablage ihrer Mütter nicht weit von der Ablegestelle wegbewegen können. So kommt es, dass ein Repellent manchmal viele „Blutsauger", manchmal nur einzelne fernhalten muss.
- Repellents werden – und das ist einer der Hauptfaktoren für ihr Versagen – häufig falsch angewendet. So wird im Fall von Zecken oft vergessen, dass die Schuhe, Hosen und Socken (vorn und hinten) auch eingesprüht werden müssen und nicht nur die freiliegenden Hautpartien.
- Faktisch alle auf dem Markt befindlichen Repellentien haben eine unterschiedliche Wirkung auf anfliegende Mücken, Stechfliegen, Bremsen, anspringende Flöhe, nachtaktive Bettwanzen oder auf lauernde Zecken und Milben. Manche Arten der Blutsauger werden zudem auch noch durch Bewegungen ihres potenziellen Wirtes angelockt. So laufen Zecken oder fliegen Bremsen dann zu ihren Wirten oft über viele Meter hin.

8.2.2 Welche Kriterien muss ein sehr gutes Repellent erfüllen?

- Der im Produkt enthaltene Wirkstoff muss ein möglichst breites Spektrum von Blutsaugern gleichzeitig abhalten: Auf jeden Fall müssen folgende Gruppen repelliert werden: Mücken, blutsaugende Fliegen, Bremsen, Zecken und blutsaugende Milben. Ein weiterer Pluspunkt ist, wenn auch Flöhe und Bettwanzen repelliert werden. Es ist nämlich nicht vorhersehbar, welche Arten den Menschen bei seinen Tätigkeiten im Freien attackieren.
- Der Schutz vor Blutsaugern muss möglichst lange gegen ein möglichst breites Spektrum von Blutsaugern wirken.
- Der Wirkstoff und die Trägerstoffe müssen hautfreundlich sein und dürfen keine Allergien oder Atemwegsbeschwerden induzieren. Sie dürfen auch nicht in die Haut eindringen.
- Das Produkt darf kein klebriges Gefühl auf der Haut hinterlassen. Es muss zudem noch angenehm riechen.
- Das Produkt darf Kleidung, Schuhe und Plastik nicht schädigen oder sogar zerstören.
- Das Produkt darf sich bei Lagerung nicht in seine Komponenten entmischen.
- Das Produkt muss leicht anzuwenden sein.
- Das Produkt darf nicht feuergefährlich oder gar explosiv sein.
- Das Produkt muss leicht auf Reisen bzw. Wanderungen mitzuführen sein und ggfs. auch noch bei der Anwendung ein Frischegefühl erzeugen.
- Es muss hitzestabil sein, mindestens 3 Jahre haltbar bleiben und den Kriterien der EU-Regulierung für Biozide der Gruppe 19 entsprechen (siehe BAuA-Nr. auf der Flasche), damit es auch lange legal auf dem Markt bleiben kann.

A

Abdomen Hinterleib bei Insekten, Rumpf beim Menschen

Abszess Lat. *abcessus;* mit Höhlenbildung verbundene Eiterbildung im Körper bzw. in der Haut. Die Ursachen können bei gewebezerstörenden Erregern wie Bakterien, Parasiten liegen

ADI-Wert Engl. *acceptable daily intake;* zumutbare Tagesdosis ohne zurzeit bekannte Schäden

Adultus Geschlechtsreifes Tier, Männchen oder Weibchen

AIDS Engl. *Aquired immunodeficiency syndrome;* erworbenes Immundefekt-syndrom; vielschichtige Erkrankungen des Menschen, die auf die Infektion mit einem Virus (HIV) zurückgehen, das die Abwehrzellen des Menschen befällt und in ihrer Funktion behindert

Akarizid Mittel, das gegen Spinnentiere (Zecken, Milben) wirkt (als Fraß-, Kontakt- oder Atemgift). Häufig wirken Akarizide auch gegen Insekten

Allergie Überempfindlichkeit, Unverträglichkeitsreaktion des körpereigenen Immunsystems (frühestens nach Zweitkontakt); kann in schweren Fällen zum sog. anaphylaktischen Schock (Versagen vieler Organe mit Todesfolge) führen

Anämie Griech. Blutarmut; Mangel an roten Blutkörperchen

Antennen Fortsätze am Kopf von Insekten, mit Sinnesorganen zum Tasten und Riechen und/oder Hören

Antidot Gegengift

Antihistaminika Mittel, die die allergischen Reaktionen infolge von Injektionen, z. B. von Fremdeiweiß mildern/unterbinden (Einsatz z. B. bei Pollenallergie)

Anus After

Arboviren Engl. *arthropod-borne virus*, von Gliedertieren (Zecken, Milben, Insekten) übertragene Viren

Art Lat. *species;* Gruppe von Tieren, die nur untereinander fruchtbaren Nachwuchs erzeugen können (z. B. Haushühner nur mit Haushühnern und eben nicht mit Rebhühnern)

Arterie Blutgefäß, das Blut vom Herz zu den Organen führt

Arthropoda Gliederfüßer, z. B. Spinnentiere, Insekten und Krebse

Asthma Schweres, kurzes Atmen; Erkrankung, die auf die verschiedensten Ursachen zurückgehen kann. Eine Ursache kann die allergische Reaktion auf Hausstaubmilben oder Teile davon sein

Atemgift Mittel, das über die Atemwege aufgenommen wird und dort wirkt

B

Bakterien Einzellige Lebewesen ohne Zellkern, leben in der freien Natur oder als „Parasiten" bei Mensch, Tier oder Pflanzen (z. T. Krankheitserreger, z. B. EHEC)

Biologie Lehre/Wissen vom Leben. Hier: Lebensweise/Vermehrung

Biotop Lebensraum

brackig Mit Süßwasser gemischtes Salzwasser an Flussmündungen

Brust Thorax, mittlerer Abschnitt des Insektenkörpers, trägt ventral die 6 Beine und dorsal ggf. 2 bzw. 4 Flügel

C

Capitulum Vorderende bei Zecken und Milben

Caput Lat. Kopf bei Insekten

carnivor Fleischfressend

Cerci Anhänge am Hinterleib bei Insekten

Chitin Griech. *chiton*, die Hülle, das Kleid; hier stickstoffhaltiger Vielfachzucker, der als Gerüstsubstanz im Panzer (Cuticula) von Insekten und anderen Arthropoden vorkommt

Cortison Hormon aus der Nebennierenrinde, dient u. a. der Unterdrückung der zellgebundenen Immunität und so der Hemmung der natürlichen Abwehr bei Infektionskrankheiten und bei Allergien

Ctenidien Kämme aus Chitinborsten, deren Form und Vorhandensein bei Flöhen Bestimmungsmerkmale sind (sie sitzen z. B. am Vorderende des Kopfes oder im Nacken)

Cuticula Lat. Häutchen, äußere Schicht bei Insekten, vorwiegend aus Chitin bestehend

D

Dermatitis Hautentzündung

Dermatozoenwahn ▸ Ungezieferwahn

Detritus Pflanzen- bzw. Organismenreste, Schweb-, Sinkstoffe aus organischem Material

Dipteren Lat. Zweiflügler; Ordnung der Insekten

dorsal Von lat. *dorsalis*, zur Rückenseite gehörig

dorsoventral Vom Rücken zur Bauchseite hin

E

Ektoparasit Parasit auf der Haut

Ekzem Hier: Hautausschlag

EM Elektronenmikroskop

Emphysem Erweiterung der Lungeninnenräume, oft mit Flüssigkeitsfüllung, führt zu Atemnot

Endoparasit Parasit innerer Organe

Entwesung Entfernung von Schädlingen aus Räumen

Epidemie Gleichzeitig auftretende Infektion bei vielen Mitgliedern einer Population

Epidermis Von griech. *derma*, Haut; äußere Schicht der Haut (ohne Blutgefäße)

Erythem Geröteter Hautbereich

F

Falter Typ eines Schmetterlings

Fauna Tierwelt

Fäzes Lat. *faecis;* Kot, Exkremente

fertil Fruchtbar; übertragen: geschlechtsreif

Formulierung Darreichungsform eines Medikaments (auch der Produktionsprozess kann gemeint sein)

Fressköder Futtermittel, die mit Gift versetzt sind und Schädlinge anlocken sollen

Fungizid Mittel gegen Pilze

G

Gattung Gruppe von Tieren (umfasst mehrere, nahe verwandte Arten)

Gelege Abgesetzte Eier von Tieren

Giftköder ► Fressköder

Gliederfüßler ► Arthropoda

H

Handelsname Verkaufsname, registriert

Hämolymphe Körperflüssigkeit der Arthropoda

Haemorrhagien Innere Blutungen

HCH Hexachlorcyclohexan; Schädlingsbekämpfungsstoff aus der Gruppe der halogenierten Kohlenwasserstoffe (z. B. Lindan)

Häutung Hier Abwurf des alten Chitinpanzers, um zu wachsen; danach Herstellung eines neuen, größeren

hemimetabol Lebenszyklus von Insekten mit unvollkommener Verwandlung (ohne Puppenstadium!) (Ei – Larve – Larve – Adultus)

Herbizid Unkrautvertilgungsmittel

hetero Griech. der andere, das verschiedene

Heteroptera Insektengruppe mit unterschiedlich gestalteten Vorder- und Hinterflügeln (u. a. Wanzen)

Histamin Körpereigenes Eiweiß, wird bei allergischen Reaktionen freigesetzt

HIV Humanes Immundefizienz-Virus, von dem es beim Menschen zurzeit 3 Typen mit insgesamt 30 Varianten gibt. Das Virus beeinträchtigt die Abwehrzellen des Menschen und unterdrückt so das Immunsystem; es wirkt somit immunsuppressiv

holometabol Lebenszyklus von Insekten mit vollkommener Verwandlung über Ei – Larve – Puppe – Adultus

Hospitalismus Erkrankung durch im Krankenhaus erworbene Erreger (Symptome häufig schwerwiegender als der Einlieferungsgrund)

Hypersensibilität Überempfindlichkeit

I

Imago Lat. Bild; hier das geschlechtsreife Insekt

Immunsystem Abwehrsystem von Wirbeltieren gegen Eindringlinge (Erreger, aber auch Fremdkörper wie Splitter). Zum mehr oder minder vorbeugend schützenden Effekt (Immunität) tragen u. a. Antikörper (Eiweißstoffe) und bestimmte Fresszellen bei, die nach einer erfolgten Infektion gebildet werden und im Blut herumschwimmend die Erreger prinzipiell vernichten können. Einmal gebildete Antikörper schützen eine Zeitlang oder dauerhaft vor einem Neubefall mit dem jeweiligen Erreger (Immunitätsdauer)

Infektion Von lat. *inficere*, hineinstecken, einfügen; dieser Begriff bezeichnet eigentlich nur die Übertragung von Erregern in einen Wirt und noch nicht die nachfolgende Vermehrung in ihm. Heute wird darunter meist die erfolgreiche „Übertragung" mit Erregerausbreitung im Wirt verstanden

Insekten Lat. *insecta*, Kerbtiere; Gruppe der Arthropoden (Gliederfüßer) mit einem dreigeteilten Körper und 6 Beinen

Insektizid Mittel, das Insekten tötet, manche Insektizide wirken auch gegen Zecken und Milben

Intoxikation Vergiftung

K

Käfer Insektengruppe mit derben Vorder- und häutigen Hinterflügeln, ca. 300.000 Arten

Kakerlaken Trivialname für Schaben

Kiemen Atmungsorgane von einigen Lebewesen im Wasser

Komplexauge Facettenauge; Auge einiger Insektengruppen, besteht aus vielen Einzelaugen (Ommatidien)

Kontaktgift Berührungsgift

Konzentration Menge (hier Insektizid) in einer Lösung

L

Lästling Tier, das stört, aber keinen Schaden anrichtet

Larve Jugend- bzw. Entwicklungsstadium einer Tierart

lateral Seitlich

LC$_{50}$ Letale Konzentration; Konzentration eines Wirkstoffs, bei der 50 % einer Population von Organismen absterben

LD$_{50}$ Letaldosis; Wirkdosis, bei der 50 % der Tiere sterben

letal Tödlich

Lymphe Lat. *lympha*, klares Wasser; beim Menschen wasserhelle Flüssigkeit im Körper, verläuft in eigenen Bahnen, enthält Zellen des Abwehrsystems

M

Made Fußlose und kopfkapsellose Larve (eines Insekts)

MAK-Wert Maximal zulässige Konzentration von Stoffen am Arbeitsplatz

Metabolismus Stoffwechsel

Metamorphose Gestaltumwandlung eines Insekts vom Ei bis hin zum Adulten (auch bei Fröschen)

Morphologie Lehre vom Bau der Organismen

Mortalitätsrate Sterblichkeitsrate; prozentueller Anteil der gestorbenen Einzeltiere an einer Gesamtpopulation

Myiasis Erkrankung, die durch das Eindringen von Insekten bzw. deren Larven in die Haut beim Mensch oder bei Tieren hervorgerufen wird

N

Nekrose Absterben von Gewebeteilen im Organismus

Neurose Abnorme Gemütsreaktion auf Erlebnisse

Nymphe Griech./lat. Braut; hier: noch nicht geschlechtsreifes Entwicklungsstadium von Insekten/Zecken/Milben, gleicht den Adulten

O

Ökologie Lehre von den Wechselbeziehungen der Organismen zu ihrer Umwelt

Ökosystem System von Wechselbeziehungen zwischen lebenden Organismen und äußeren Faktoren (wie z. B. Licht, Temperatur, Wasserqualität etc.) in ihrem speziellen Lebensraum

Ommatidium Einzelauge im Komplexauge bei Insekten

Ovum Ei

P

Papel Lat. *papula;* Knötchen in der Haut, hier: nach Insektenstichen

Parasit Schmarotzer; Tier oder Pflanze, das/die auf Kosten anderer lebt und diese Wirte schädigt, ja sogar evtl. tötet

pathogen Krankmachend

Pestizid Überbegriff für Mittel gegen tierische und pflanzliche Schädlinge

Phobie Furcht, Zwangsangst vor bestimmten Tieren oder Situationen

Phoresie Funktionsgemeinschaft; ein Transportwirt trägt ein anderes kleines Tier zu anderen Orten (Käfer trägt Milben)

Pilz Gruppe von Organismen, die sich auf Kosten anderer Organismen (also ohne Photosynthese) ernähren; manche befallen auch die Haut von Menschen

Population Gruppe artgleicher Individuen an einem Standort, in einem Biotop

Prophylaxe Griech. Verhütung; vorbeugende Maßnahmen

primär Zuerst, erstes

Protein Eiweiß

Pruritus Hautjucken

Puppe Ruhestadium während einer vollständigen Metamorphose bei bestimmten Insekten

Pustel Vorgewölbtes kleines Eiterbläschen

Q

Quaddel Lat. *urtica*, Brennnessel; bis 2 cm große, rote oder blasse Hauterhebung (z. B. nach Kontakt mit der Brennnessel oder nach bestimmten Insektenstichen)

Quarantäne Franz. *quarante*, 40; zeitlich befristete Absonderung (früher 40-tägige) von Personen, Tieren, Waren, die ein Infektionsrisiko für andere bergen könnten (heute: lock down)

R

REM Rasterelektronenmikroskop, liefert Außenansichten von Tieren

Remetabol Mit unvollständiger = nicht umfassender Gestaltverwandlung

Repellents *Lat.* Abwehrmittel, Stoffe, Flüssigkeiten mit abschreckender Wirkung auf Tiere

Reservoirwirt Besondere Form des Zwischenwirts bzw. des Nebenwirts; von ihm aus können Erreger immer wieder auf den Hauptwirt (evtl. Mensch) übertragen werden

Resistenz Zunehmende Abwehrkraft von Tieren und Pflanzen gegen chemische Abwehrmittel

Rodentizid Von *lat.* animalia rodentia = Nager; Mittel, das Nager tötet

Rudiment Verbleibender funktionsloser Rest

Rückstände Hier: Rest von Insektiziden bzw. Akariziden, die in der Muskulatur von Tieren, Pflanzen oder auf Oberflächen von Möbeln nach dem Einsatz der Schädlingsmittel eventuell noch nach Wochen angetroffen werden können

S

Salmonellen Bestimmte krankmachende Darmbakterien

saprophag Bezeichnung für die Lebensweise von bestimmten Organismen, die sich von toter, organischer Substanz ernähren

Schädling Trivialname für Tiere und Pflanzen, die dem Menschen, seinen Tieren oder Vorräten Schaden zufügen

Seborrhöe Gesteigerte Aktivität der Talgdrüsen der Haare (führt zu schnell fettendem Haar)

Sekundärinfektion Infektion eines bereits mit einem Erreger befallenen (= geschwächten) Organismus durch einen weiteren (Verlauf meist schlimmer als die Erstinfektion)

SEM *Engl.* Scanning electron microscopy, s. REM

Sepsis *Griech.* Blutvergiftung (durch Bakterienbefall)

Species s. Art

Stigma Atemöffnung bei Insekten

Styli Stielförmige Anhänge bei Insekten am Hinterleib

Superinfektion s. Sekundärinfektion

Symptome Krankheitserscheinungen (z.B. Fieber, Ausschlag etc.)

Synonym *Griech.* gleich

System / Systematik Gliederung der Tiere nach Bau- und Funktionseigenschaften

T

TEM Transmissionselektronenmikroskopie, liefert Querschnitte und so Innenansichten von Zellen

temporär Zeitlich beschränkt

Thorax Brust bei Insekten, trägt die 6 Beine und evtl. 2 oder 4 Flügel

toxisch Giftig

Trachee Durch Chitin ausgekleidete Röhre im Körper von Insekten, dient zur Verteilung der Atemluft im Insekt (bzw. Spinnentier)

U

ubiquitär *Lat.* überall vorhanden, allgegenwärtig, weltweit

Ungezieferphobie Ekel vor tatsächlich vorhandenen Insekten etc. Patienten lassen sich von deren Harmlosigkeit überzeugen

Ungezieferwahn Eingebildeter wahnhafter Befall durch objektiv nicht vorhandene Schädlinge, starke motorische Aktivität der Patienten: sie lassen sich nicht überzeugen, dass die Schädlinge nicht vorhanden sind. Uneinsichtigkeit, krankhafte Angst, von Parasiten befallen zu sein

Unterart Gruppe von Individuen innerhalb einer Art, die sich in bestimmten Merkmalen gleichen und sich darin von anderen Gruppen der gleichen Art unterscheiden (z. B. innerhalb der Art Menschenlaus (*Pediculus humanus*) die Unterarten Kopflaus (*P. h. capitis*) und Kleiderlaus (*P. h. corporis*))

Urogenitalsystem Harn- und Geschlechtssystem

Urtikaria ▸ Quaddel

UV Ultraviolettes Licht; kurzwelligster Anteil des Tageslichts, dient z. B. zur Sterilisierung von Flächen, Räumen

V

Vakzine Impfstoff

Vektor Lat.; aktiver Überträger/Verbreiter von Erregern

Vene Blutgefäß, das zum Herzen führt

ventral Bauchseitig

Verhalten Vererbte, normale Aktivität einer Tierart

Vertebraten Wirbeltiere; besitzen ein von Wirbelknochen umgebenes Rückenmark (Fische, Amphibien, Reptilien, Vögel, Säuger)

Vesikel Lat. Bläschen

Virus Nichtzellulärer Erreger, wird von seinen Wirtszellen (im Kern) vermehrt. Primitives Gebilde aus Nucleinsäure und Proteinhülle. Erreger, der den Stoffwechsel seiner Wirtszelle für seine eigene Vermehrung zu nutzen vermag

Vitamin Von lat. *vita*, Leben; lebenswichtiger Nahrungsbestandteil (muss meist von außen zugeführt werden, sonst Mangelkrankheit, Übermaß schadet eventuell)

Vitamin C Ascorbinsäure

Vitamin D Calciferol, antirachitisches Vitamin

Vitamin K Phyllochinon, verhindert innere Blutungen

W

Wachs Besteht aus Fettsäuren und Alkoholen, sitzt als wasserundurchlässige Schicht häufig auf der Cuticula von Insekten

WHO Engl. World Health Organisation; Weltgesundheitsorganisation, Sitz in Genf

Wirbeltiere ▸ Vertebraten

Wirkstoff Hier: wirkender Teil eines Medikaments, Rest sind Trägerstoffe

Wirtsspezifität Vorliebe für einen Wirt

Würmer Vertreter verschiedener Tierstämme; hier im Wesentlichen die Stämme Platt- und Fadenwürmer, welche bei Mensch, Tier und Pflanze Krankheiten hervorrufen können

ZZelle Kleinste reproduktionsfähige Einheit tierischer und pflanzlicher und bakterieller Organismen

ZNS Zentrales Nervensystem (Gehirn plus Rückenmark)

Zoologie Wissenschaft und Lehre von den Tieren

Zoonose Erkrankung, die von Tierparasiten oder anderen beim Tier auftretenden Erregern (Viren, Bakterien) beim Menschen nach einer Übertragung vom Tier aus hervorgerufen wird

Zooparasiten Tierische Schmarotzer

Zyste Griech. *kystos*, Blase, Hohlraum; kapselartiges Gebilde (umschließt Dauerstadien von Parasiten oder enthält Erreger, im Inneren von Organen des Wirtes)

Literatur

Abdel El Ghany AM (2012) Plant extracts as effective compounds for pest control. Lambert Acad Publ, Saarbrücken

Al-Salem WS, Pigott DM, Subramaniam K (2016) Cutaneous leishmaniasis and conflict in Syria. Emerg Infect Dis 22:931–933

Amer A, Mehlhorn A (2006) Repellency effect of fourty-one essential oils against *Aedes*, *Anopheles* and *Culex* mosquitoes. Parasitol Res 99:478490

Aspöck H (2010) Krank durch Arthropoden. Denisia, Wien

Baneth G, Thamsborg SM, Otranto D et al (2016) Major zoonosis associated with dogs and cats in Europe. J Comp Path 155:S54–S75

Beierkuhnlein C, Thomas SM (2020) Stechmücken übertragene Krankheiten in Zeiten des globalen Wandels. Flug Reisemed 27:14–19

Cockcroft A et al (1998) Comparative repellency of commercial formulations of DEET, permethrin and citronellal against *Aedes aegypti*. Med Vet Entomol 12:289–294

Deplazes P et al (2013) Lehrbuch der Parasitologie für die Tiermedizin, 3. Aufl. Enke, Stuttgart

Dobler G (2010) Läuse – Fleckfieber, Zeckenstichfieber und andere Rickettsiosen. In: Aspöck H (ed) Krank durch Arthropoden. Denisia 30, Linz, pp 565–592

Dobler G, Fingerle V, Hagedorn P, Pfeffer M et al (2014) Gefahren der Übertragung von Krankheitserregern durch Schildzecken. Bundesgesundheitsblatt 57:541–548

Dobler G, Pfeffer M (2012) Spotted fever rickettsiae and rickettsiosis in Germany. In: Mehlhorn H (Hrsg) Arthropods as vectors of emerging diseases. Springer, New York

Editorial Flugmedizin, Tropenmedizin, Reisemedizin Vol. 1 (2020) Neue Krankheiten in Syrien, Kongo, Europa

Erber W, Schmitt HJ (2018) Self-reported tick-borne encephalitis (TBE) vaccination coverage in Europe: results from a cross-sectional study. Ticks Tick-Borne Dis 9:768–777

Grüntzig J, Mehlhorn H (2010) Expeditions into the empire of plagues. Düsseldorf University Press, Düsseldorf

Haupt J, Haupt H (1998) Fliegen und Mücken. Naturbuch Verlag, Augsburg

Holland CV (2015) Knowledge gaps in the epidemiology of *Toxocara* – the enigma remains. Parasitology 144:81–94

Iannino F, Sulli N, Maitino A et al (2017) Fleas of dog and cat and flea-borne diseases. Vet Italiana 33:277–288

Isbister GK, Fan HW (2011) Spider bite. Lancet 378:2039–2047

Kaufmann C et al (2015) Sugar feeding behaviour and longevity of European *Culicoides* midges. Med Vet Entomol 29:17–25

Kitasato S (1894) The bacillus of bubonic plague. Lancet 2:428–430

Krenn MW, Aspöck H (2012) Form, function and evolution of the mouthparts of blood feeding arthropoda. Arthropod Struct Dev 41:101–118

Leonova GN, Maystroskaya OS, Kondratov IG et al (2014) The nature of replication of tick-borne encephalitis virus strains. Virus Res 189:34–42

Löscher T, Burchard GD (Hrsg) (2010) Tropenmedizin in Klinik und Praxis, 4. Aufl. Thieme, Stuttgart

Lupi et al (2013) The efficacy of repellents against *Aedes*, *Anopheles*, *Culex* and *Ixodes* spp. – A literature review. Travel Med Infect Dis 11(6):374–411

Marchio F (1996) Insect repellent 3535. A new alternative to DEET. SOFW J 122:478–485

Mehlhorn B, Mehlhorn H (2009) Zecken auf dem Vormarsch. Düsseldorf University Press, Düsseldorf

Mehlhorn H, Schmahl G, Schmidt J (2005) Extracts of the seeds of *Vitex agnus castus* proven to be highly efficacious as repellent against ticks, fleas, mosquitoes and biting flies. Parasitol Res 95:363–365

Mehlhorn H (2012) Arthropods as vectors of emerging diseases. Springer, New York

Mehlhorn H (2016a) Animal parasites, 8. Aufl. Springer Spektrum, Heidelberg

Mehlhorn H (2016b) Human parasites, 8. Aufl. Springer Spektrum, Heidelberg

Mehlhorn H (2016c) Encyclopedia of Parasitology, vol 3, 4. Aufl. Springer, New York

Mehlhorn H, Klimpel S (Hrsg) (2019) Parasite and disease spread by major rivers on earth. Parasitol Res Monographs, vol 12. Springer, New York

Menke N, Vobis M, Mehlhorn H et al (2009) Transmission of the feline calicivirus via the cat flea (*Ctenocephalides felis*). Parasitol Res 105:185–189

Mehlhorn H et al (2009a) Bluetongue disease in Germany (2007–2008): monitoring of entomological aspects. Parasitol Res 105:313–319

Mehlhorn H et al (2009b) Entomological survey on vectors of bluetongue virus in Northrhine-Westfalia (Germany) during 2007 and 2008. Parasitol Res 105:321–329

Mencke N, Vobis M, Mehlhorn H, D'Haese J, Rehagen M, Mangold-Gehring S, Truyen U (2009) Transmission of feline calicivirus via the cat flea (*Ctenocephalidis felis*). Parasitol Res 105:185–189

Morozova OV, Bakhralova OF, Grishechkin AE et al (2014) Evaluation of immune response and protective effect of four vaccines against tick-borne encephalitis. Vaccine 32:3102–3106

Nehili M, Ilk C, Mehlhorn H, Ruhnau K, Dick W, Njayou M (1994) Experiments on the possible role of leeches as vectors of animal and human pathogens: a light and electron microscopy study. Parasitol Res 80:277–290

Nentwig G (2003) Use of repellents as prophylactic agents. Parasitol Res 90:40–48

Otranto D, Dontas-Torres F et al (2017) Zoonotic parasites. Trends Parasitol 33:813–825

Pfister K, Armstrong RC (2016) Systematically and cutaneously distributed ectoparasites. Parasites Vectors 9:436

Richter D, Matuschka FR (2012) Candidatus *Neoehrlichia mikunensis*, *Anaplasma phagocytophilum* and lyme disease spirochaetes in questing European vector ticks and in feeding ticks removed from people. J Clin Microbiol 50:943–947

Rothe C, Boecken G, Rosenbusch D et al (2019) Empfehlungen zur Malaria-Prophylaxe. Flug Reisemed 26:105–132

Samy AM, Thomas SM, Waheed AA (2016) Mapping the global/geographic spread of Zika virus. Mem Inst Oswaldo Cruz 111:559–560

Semmler M et al (2017) Randomized, investigator-blinded, controlled clinical study with lice shampoo (Licener®) versus dimethicone (Jacutin® Pedicul Fluid) for the treatment of infestations with head lice. Parasitol Res 116:1863–1870

Semmler M et al (2009) Nature helps: from research to products against bloodsucking arthropods. Parasitol Res 105:1483–1487

Semmler M et al (2010) Comparison of the tick repellent efficacy of chemical and biological products originating from Europe and the USA. Parasitol Res 108:899–904

Semmler M et al (2014) Evaluation of biological and chemical insect repellents and their potential adverse effects. Parasitol Res 113:185–188

Shamsrizi P, Jochum J, Jordan S (2019) Fieber nach Wandersafari in Südafrika. Flug Reisemed 26:245–247

Staple JE et al (2014) Chikungunya virus in the Americas – what a vector-borne pathogen can do. New Engl J Med 371:887–889

Szekeres S, Lügner S, Fingerle V et al (2017) Prevalence of *Borrelia miyamotoi* and *Borrelia burgdorferi* sensu lato in quesing ticks from recreational coniferous forest of East Saxony, Germany. Ticks Tick Borne Dis 8:922–927

Tjaden NB, Suk JE, Fischer D et al (2017) Modelling the effect of climate change on Chikungunya transmission in the 21st century. Sci Rep 7:3813

Thomas SH, Tjaden NB, Frank C et al (2018) Hazard potential for autochthonous transmission of Aedes albopictus associated arboviruses in Germany. Int J Environ Res Publ Health 15 pii:E1270

Vobis M, D'Haese J, Mehlhorn H, Mencke N (2003) Evidence of horizontal transmission of feline leukemia virus by the cat flea (*Ctenocephalidis felis*). Parasitol Res 91:467–470

Werner D, Zielke DE, Kampen H (2016) First record of *Aedes koreicus* in Germany. Parasitol Res 115:1331–1334

Wilske B (1991) Epidemiologie und Diagnostik der Lyme-Borreliose. Die Medizinische Welt 42:377–384

Wolff H, Hansson C (2005) Rearing larvae of *Lucilia sericata* for chronic ulcer treatment: an improved method. Acta Derm Venereol 85:126–131

Yersin A (1894) La peste bubonique a Hong-Kong. Ann Inst Pasteur Paris 8:662–667

Ziegler U, Lühken R, Keller M et al (2019) West Nile virus epizootic in Germany. Antiviral Res 162:39–43

Stichwortverzeichnis

A

Acheta domesticus, 162
Aedes, 115
    mariae, 108
Aedes-Arten, 17
Afrikanisches Zeckenfieber, 59
Ameisen, 151
Ameisenarten, 152
Amerikanische Schabe, 149
Anaplasmose, 17
Anopheles-Arten, 113
Anoplura, 120
Arboviren, 51
Argas reflexus, 42, 63
Auenwaldzecke, 61

B

Babesiose, 17
Bacillus thuringiensis, 111
Bdellonyssus, 76
Beißlaus, 128
Beratung, 171
Bestimmungsschlüssel, 6, 7
Bettwanze, 137
Biene, 155
Blatella germanica, 148
Blatta orientalis, 148
Blattschneiderbiene, 160
Blutsauger, 19
Borrelia, 54
Borreliose, 17, 54
    Symptome, 58
Braunbandschabe, 149
Braune Einsiedlerspinne, 37
Braune Hundezecke, 44
Bremse, 18, 106

C

Calliphora, 17
    erythrocephala, 100
Calliphoridae, 98
Camponotus ligniperda, 154
Ceratophyllus-Arten, 135
Ceratopogonidae, 116
Chagas-Krankheit, 143
Cheiracanthium, 36
Cheyletiella, 85
Chrysops caecutiens, 106
Cimex-Arten, 137
Clubonia, 36
Conorrhinus, 141
Ctenocephalides, 17
Culex-Arten, 109, 111
Culicidae, 108
Culicoides-Arten, 17
Culicoides obsoletus, 116
Culiseta-Arten, 109, 111

D

deer flies, 106
DEET, 22
Demodex, 83
Demodex-Arten, 17
Demodicose, 17
Dermacentor
    marginatus, 63
    reticulatus, 57
Dermanyssus gallinae, 74
Dermatocentor reticulatus, 62
Dermatophagoides pteronyssinus, 69
Dermatozoenwahn, 2
Deutsche Schabe, 148

Deutsche Wespe, 156, 157
Dipetalogaster-Arten, 141
Dolichovespula, 158
Dornfinger, 36

E

Echidnophaga gallinacea, 136
Ehrlichiose, 17
Ektoparasit, 16, 18
Encepur®, 53
Endoparasit, 16
Entwesungsmittel, 167
Erkrankung, 51
    auf Reisen, 26
Erythem, 10, 56, 131
Erythema
    chronicum migrans, 50, 58
    migrans, 55

F

Falsche Stallfliege, 94
Fannia, 17
    canicularis, 95
    scalaris, 95
Federlinge, 128
Fensterspinne, 35
Fettspinne, 35
Fiebermücke, 113
Filariose, 17
Filzlaus, 127
Fleck, hämorrhagischer, 10
Fliege, 89
Fliegenarten, 91
Floh, 18, 129
Floharten, 130
Flügeläderung, 101
Formicidae, 151
Frühsommer-Meningoencephalitis (FSME),
    17, 51
FSME s. Frühsommer-Meningoencephalitis
FSME-Immun®, 53
Fuchszecke, 63

G

Gelsen, 108
Glanzfliege, 103
Gnitze, 18, 116
Goldgrüne Schmeißfliege, 102
Grabmilbe, 69, 79

Granulom, 10
Graue Fleischfliege, 98
Große Stubenfliege, 89
Güllefliege, 96

H

Haarbalgmilbe, 18, 83
Haarlinge, 128
Haemaphysalis
    concinna, 63
    inermis, 63
Haematopota pluvialis, 106
Hämorrhagie, 116
Hausgrille, 162
Hausmaus, 166
Hausratte, 165
Hausschabe, 148
Hausspinne, 35
Hausstaubmilbe, 18, 69
Hautläsion, 120
Hautreaktionen, 10
Heimchen, 162
Herbstmilbe, 18, 76
Hippoboscidae, 104
Holzameise, 155
Holzbock, 48
Hornisse, 156, 157
horse flies, 106
Hospitalismus, infektiöser, 149
Hühnerfloh, 136
Hühnermilbe, 18, 74
Hundefloh, 135
Hundezecke, 63
Hyalomma, 51
    marginatum, 63
Hypoderma, 17

I

Icaridin, 22, 24, 59
Igelzecke, 63
Insekten, 87
Insektizide, 169
Insektizidklassen, 170
IR3535, 22, 59
Ixodes
    canisuga, 63
    hexagonus, 63
    persulcatus, 50, 54
    ricinus, 17, 47, 48, 57, 60
    trianguliceps, 63

K

Kadaverfliege, 18
Katzenfloh, 135
Kleiderlaus, 121
Kleine Stubenfliege, 95
Kopflaus, 121
Kotwanze, 141
Krätze, 17
Krätzmilbe, 18, 79
Kreuzspinne, 35
Kriebelmücke, 18, 115
Küchenschabe, 148

L

Lasius, 155
Lästlinge, 27
Latrinenfliege, 95, 118
Latrodectus-Arten, 33
Läuse, 120
Lausfliege, 18, 104
Leishmania
    donovani, 120
    tropica, 120
Liponyssus, 76
Lucilia, 17
    sericata, 102
Lyme disease s. Borreliose

M

Mallophaga, 120, 128
Materialschädlinge, 27
Mauerbiene, 160
Mauerspinne, 35
Mauszecke, 63
Meldepflicht, 51
Melusina columbaczense, 115
Menschenfloh, 134
Milbe, 69
Milbenarten, 70
Möbelschabe, 149
Monomorium pharaonis, 153
Moskito, 108
Mücke, 108
Musca, 17
    autumnalis, 96
    domestica, 89
    sorbens, 96
Muscina stabulans, 94
Mus musculus, 166
Myiasis, 2, 118

N

Nagemilbe, 69, 79
Nager, 165
Nagerfloh, 135
Neotrombicula autumnalis, 17, 76
Nordische Vogelmilbe, 18, 76
Notonectus, 143
Nützlinge, 27

O

Odagmia, 115
Oestrus, 17
Ophyra aenescens, 96
Orientalische Schabe, 148
Ornithonyssus, 76

P

Panstrongylus megistus, 141
Papel, 11
Papillon d'amour, 127
Paravespula
    germanica, 156
    vulgaris, 157
Pediculus humanus corporis, 121
Pelzmilbe, 18, 85
Periplaneta americana, 149
Pharaoameise, 153
Pheromone, 145
Phlebotomidae, 118
Phlebotomus-Arten, 17
Phlebotomus perniciosus, 119
Phobie, 150
Phormia regina, 103
Phthirus pubis, 127
p-Menthan-3,8-diol, 25
Polistes, 158
Pruritus, 10
Psoroptes-Arten, 17
Psychoda, 118
Psychose, 3
Pulex irritans, 134

Q

Quaddel, 11, 131

R

Rasenameise, 154
Raubwanze, 140
Räudemilbe, 79

Reaktion, allergische, 11
Reduviidae, 140
Reduvius personatus, 141
Regenbremse, 106
Reh, 63
Repellentien, 60
Repellents
    Wirkungsdauer, 172
Rhinocoris-Arten, 141
Rhipicephalus sanguineus, 44, 45, 60
Rhodnius-Arten, 141
Rickettsiose, 17
Rocky-Mountain-Fleckfieber, 59
Rosacea migrans, 56
Rossameise, 154
Rote Vogelmilbe, 74
Russische Frühsommer-
        Meningoencephalitis, 54

S
Sandfloh, 135
Sandmücke, 118, 120
Sarcophaga, 17
    carnaria, 98
Sarcophagidae, 98
Sarcoptes-Arten, 17
Scabies, 17
Schabe, 144
Schafzecke, 63
Schmeißfliege, 100
Schmerz, 10
Schnake, 108
Schutz, 22
Schwarze Dungfliege, 96
Schwarze Witwe, 33
Schweinelaus, 124
Seidenbiene, 160
Simulium, 115
Simulium-Arten, 17
Siphonaptera, 129
Skorpione, 39
Spinnen, 34, 35
Stallfliege, 97
Stechmücke, 18, 108
Stegomya, 115
STERILE-MALE-Methode, 112
Stomoxys calcitrans, 17, 97
Stubenfliege, 18
Supella longipalpa, 149

T
Tabaniden, 106
Tabanus, 107
Tabanus-Arten, 17
Taiga-Zecke, 50, 54
Talgdrüsenmilbe, 83
Taubenzecke, 42, 63
Tetramorium caespitum, 154
Triatoma-Arten, 141
Triatoma infestans, 142
Trichternetzspinne, 38
Trypanosoma cruzi, 143
Tunga penetrans, 135

U
Ungezieferphobie, 3
Ungezieferwahn, 3
Urtika, 11

V
Vespa crabro, 156, 157
Violinenspinne, 37
Vogelzecke, 63
Vorratsmilbe, 73
Vorratsschädlinge, 28

W
Wadenstecher, 18, 97
Waldmücke, 114
Waldschabe, 148
Wanderratte, 165
Wanze, 136
Wasserbiene, 143
Wasserwanze, 143
Weberknecht, 36
Wespe, 155
Wiesenmücke, 114
Wilhelmia, 115
Wirkstoff, 64
Wundmyiasis, 102

Z
Zecke, 17, 18, 41
    Entfernung, 60
Zeckenborreliose s. Borreliose
Zitterspinne, 35
Zufallsgäste, 27